企業診斷

吳松齡 著

五南圖書出版公司 印行

葉司長序

　　處於當前金融風暴、經濟不景氣、經營環境快速變遷與競爭激烈的企業競爭疆域，企業需要具備核心能力來創造競爭優勢，以有效整合企業資源，並產生源源不斷的經營活力。所以，企業的經營與管理者就有必要練就企業診斷的技術與能力，如同人們做五臟六腑的健康檢查一樣，必須依靠診斷來提早發現問題，藉著分析的手法，找到問題的真正原因，在問題尚未惡化之前加以有效地改進。而且是不能夠停止的，是要歷經無數次的診斷、分析，以及持續改進的過程，如此才能讓企業組織維持成長、茁壯的原動力。

　　企業診斷是一門相當複雜，且極為多元性、整合性的學問。它乃是利用了各種定性與定量資料分析，以及秉持三現主義（現場、現物、現實）的原則，加以探討企業組織可能存在的問題，同時更為強調發掘各種問題的產生之根本原因。由於企業經營與管理問題往往並非單一問題所造成，而是各種問題彼此間存有互動關聯。因此企業診斷必須經由整體角度的分析，以及了解各種定性與定量資料之意涵，並兼及經營管理的系統性與考量層面之廣度深度，進行整合性的研究與探究，如此才能讓企業診斷獲得最大的成效與價值。

　　當吳松齡邀請為其著作《企業診斷》寫序，讓我感受到相當訝異，但也給予支持。訝異的是在這個經濟衰退、全球性大失業潮、產業整合與轉型關鍵時刻裡，作者仍然能夠兢兢業業於企業發展之研究，勇敢撰寫這本書以提供業界人士與管理系所學生參考學習；支持的是因為此書將企業診斷作了極為精闢的論述，建立系統性的企業診斷理論基礎與實務運用的連結，足堪作為對企業診斷有興趣之業界人士與管理系所學生研修的好書。

　　我一直以來就相當期待為產業之經營管理與創新發展盡一份心力，如今由於此書的出版，我期待它能夠扮演某種程度的影響力量，也更為期盼讀者們得

以透過對這本書的學習與應用，了解與應用企業診斷，以及達成企業變革、適
應、健康與永生的目標，所以我相當樂於為這本書寫序。

2010 年 04 月 30 日

自序

　　在當今的時代，企業經營管理充滿著風險與危機，從天災（如：SARS、921 大地震、南亞海嘯、八八水災、H1N1 新流感等），到人禍（如：911 恐怖攻擊、經營管理弊案、金融海嘯、惡意併購、五鬼搬運掏空公司資產等），皆會對企業組織造成猝不及防的大衝擊，同時這些衝擊更會給予企業重要且嚴肅的提醒，就是任何疏忽於體檢經營體質、診斷經營績效與組織文化、持續改進經營管理異常問題、永續發展優勢競爭力，以及管理風險與危機能力的企業，雖曾有偉大的經營成就，也會因此而灰飛煙滅，就如同高雄甲仙鄉小林村於八八水災時，於須臾之間成為歸零地（ground zero）。

　　企業診斷正是現代企業與其經營管理者必須具備的技術，現代的經營與管理者應該拋棄單向的思考方式，不可僅對於既有的經營管理作法加以改良，而是要應用企業診斷的技術，並建立一套系統性的整合概念，從各種不同的角度與層面出發，針對企業功能、管理功能及決策層面，進行系統性與整合性的診斷分析，甚至於重新定義其企業組織之目標與價值觀（包括所處的環境與市場），如此才能有效的改進經營管理缺失、蛻變與轉型、再造與重生、永續經營與發展。

　　本書共分四部十五章，其目的乃在於提供大學院校經營分析與企業診斷等專業課程之教科書，並期盼能夠成為企業經營管理階層與分析人員之工具書。本書以理論學習、企業診斷概念與技術培養出發，並經由實務說明，以利學習者輕鬆進入企業經營管理與企業診斷之真實世界，進而得以將理論與實務靈活與有效的結合，以培養出企業診斷之能力。本書乃筆者多年來從事商管課程教學研究、企業經營管理輔導、NPO 組織諮詢輔導之經驗與知識，基於當前企業經營環境的惡化，有感於許多成功企業於一夕之間徹底失敗，而興起將此等

研究成果、知識、經驗予以傳遞給有志於企業變革者與學生們分享，當然更為期待本書的出版，將有助企業界與學生們的企業經營診斷知識與技術更上層樓。

本書得以順利完成，必須感謝父母的栽培、師長的教誨、同儕好友的鼓勵、企業朋友的支持及內子洪麗玉與兩個小孩的分攤家事與支持，當然更應感謝五南文化事業公司的經營者、張毓芬副總編輯與編輯群的支持與協助，才能讓本書順利出版，筆者於此一併衷心感謝。另外，由於本書所涵蓋的層面極為廣泛，內容雖力求嚴謹與完整，惟因筆者才疏學淺，其中之疏漏與缺失仍在所難免，除一切應由筆者負完全責任之外，尚待各位先進方家不吝指正，是感。

吳松齡　謹識

本書簡介

　　本書以四部曲編寫，共分四篇十五章，藉由理論學習、企業診斷概念與技術培養出發，並經由實務說明，以利學習者輕鬆進入企業經營管理與企業診斷的真實世界，進而將理論與實務靈活與有效的結合，以培養出企業診斷之能力。

　　本書貼近經營分析與企業診斷之理論與實務層面，也探究了各種企業診斷的技巧與方法，藉以強化如何讓企業診斷能力不斷向上提升，引領讀者進入條理分明與結構嚴謹的架構，指出可行的企業診斷計畫方案。

　　本書撰寫之目的乃在於強化學習成效與易讀、易懂、易運用之助力，並提供大學院校經營分析與企業診斷等專業課程之教科書，以及期盼能夠成為企業經營管理階層與分析人員之工具書。

目　錄

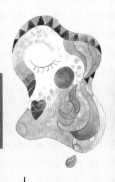

PART 1

企業經營與診斷概念

CHAPTER 1

企業經營系統與經營分析

　　自由經濟、全球化發展下的現代商業社會裡，企業營運活動的多元化、複雜化、跨國化，企業組織的經營管理系統將愈趨複雜，而企業組織的利益關係人，更是愈為關注企業經營系統化程度與經營績效。企業領導人與管理者勢必要更了解，企業內部與外部各項作業系統的運作與其間的互動關係，並且要能進一步對其企業整體營運活動加以了解、分析與診斷，期以最佳的營運活動、標竿的經營與管理典範、最具績效的經營管理系統，讓其企業在此多元化、競爭激烈、顧客至上的時代裡，嶄露出成為標竿企業之卓越經營實力與企圖心。

　　第一節　知識經濟時代的企業經營管理系統
　　第二節　知識經濟時代的企業經營管理分析

現代的企業組織、政府組織與 NPO/NGO 組織無不受到全球化與科技數位化浪潮的衝擊，以致各種組織的經營管理活動更顯得多樣化、多元化、快速化，尤其企業組織的經營管理活動更左右了現代國家、社會與人民的發展方向。企業組織運用了內部與外部的各種資源（諸如：資金、人力、設施設備、原物料與零組件、技術方法、資訊與資料、時間、法令規章與倫理道德規範、交通與基礎公共建設等），經過實體與過程基礎的轉化，以達成高顧客滿意度與高忠誠度為目標之商品、服務與活動，並提供給人民、社會與國家需求與期望的滿足。在這種實質與過程基礎的轉化過程中，一方面是以「顧客關係導向的市場機制」提供媒介轉換功能，另一方面則以「顧客關係導向的管理活動」發揮組織的經營管理績效，促使其組織的永續經營與發展，進而引導整個社會、國家的進步與發展。

🌀 第一節　知識經濟時代的企業經營管理系統

　　本書所稱的企業組織乃採用廣義的企業組織定義，也就是追求某種特定目標的事業組織。包括傳統製造產業、農工產業、科技製造產業、休閒觀光產業、文化創意產業、傳統服務產業與科技服務產業之營利性活動，以及其他NPO/NGO 組織的非營利性活動，凡是具有提供有形或無形的商品、服務與活動，而且必須具備滿足其內部與外部顧客需求與期望的功能，當然其事業組織更應具備自給自足與賺取利潤，以維持其組織生存與發展之特質，或是兼具有回饋社會、關懷弱勢族群、保護環境生態、參與文化建設與履行社會責任之目的。

　　據劉平文（1993; p.9）的系統（system）應具備特性：①整體係由一群個群（或基本單位）所構成，這些個體乃視為元件（component）或要素（elements）；②各單位之活動應具有一定與一致性的方向與目標；③個體之間或個體與系統之間存有某種互動關係，且非互不相干之實際運作；④整體系統運作所產生的功能應大於各個體分別活動所發揮功效的總和。因此，系統的構成應該具有三個主要部分：即經由產業與組織環境取得輸入（input）；經由組織所發展、實施與改進的各項作業管理系統的轉化（transformation）；而後將商品、服務與活動輸出（output）以回饋市場與顧客之需求與期望，同時要能夠維持均衡關係。

　　為使企業組織有效的運作與發展，必須決定與管理許多相連結的經營管理或作業系統的活動，使用資源並予以管理，將輸入轉化為輸出的一項或多項活動，這就是 ISO9001（2008）所稱的過程。通常一個過程之輸出可直接地成為下一個過程的輸入，所以就系統的範圍來看，任何系統的內部均可細分為許多個子系統（sub-system），各個子系統之間的相互作用，可以形成相輔相成與均衡互惠的內部環境；而各個系統外部更是存在一個超系統（即為外部環境），此一超系統也會對整個系統的運作有所影響（如圖 1-1 所示）。而且 ISO9001（2008）更把組織內各個過程系統的應用，連同這些過程之鑑別與交互作用，以及其管理以產生期望的結果，稱之為「過程導向」（如圖 1-1 所示）。

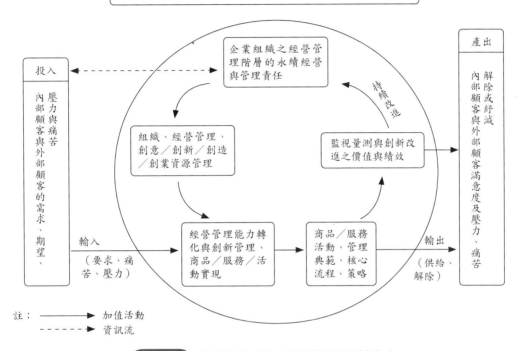

超系統（政治、經濟、社會、科技技術與自然等外部環境）　組織內部環境與營運環境（組織文化、經營理念、願景使命、管理典範、勞資關係、供應鏈與顧客鏈關係、資源管理、利益關係人等）　超系統（政治、經濟、社會、科技技術與自然等外部環境）

各項作業系統的創新管理與持續改進（轉化處理、交互作用）

投入
內部顧客與痛苦與外部顧客的需求、期望、壓力與痛苦

企業組織之經營管理階層的永續經營與管理責任

組織、經營管理、創意／創新／創造／創業資源管理

監視量測與創新改進之價值與績效

持續改進

經營管理能力轉化與創新管理、商品／服務／活動實現

商品／服務活動、管理典範、核心流程、策略

輸入（要求、痛苦、壓力）

輸出（供給、解除）

產出
內部顧客與外部顧客滿意度及壓力、痛苦
解除或紓減

註：　───▶　加值活動
　　　- - - ▶　資訊流

圖 1-1 以過程為基礎的企業經營管理系統模式

一、知識時代的企業經營重點轉變

　　二十一新世紀時代的來臨，企業組織必須要能夠因應知識經濟時代的衝擊。在這個時代裡，知識經濟乃是一條必須經歷的路，雖然走上這條路並不保證一定能夠成功，但是不走卻是註定會被淘汰出局。這個知識經濟乃是要求企業組織必須具備適當的企業文化，也就是企業組織要能夠具備及塑造出人文精神與人文素養的文化價值，同時更要厚植以價值導向為依歸，以及以關係管理智慧與滿意為基礎的組織文化。

　　知識經濟時代的企業經營管理，已由以往著重在有形資源（例如：土地、資產、勞動力等），轉變為重視無形的生產與服務資源（例如：知識、技術、

服務、環境、專利、商標、組織,以及市場、供應商、顧客、員工、社會與股東的夥伴關係等)。如此經營管理價值體系的轉變,將企業經營與管理的利基做了相當幅度的改變,例如:①從過去重視土地、廠房/營業場所或資產的企業經營管理,轉變為重視人力資本、智慧資本與顧客資本;②企業家從過去以賺取利潤為依歸的經營管理重點,轉變為以利潤與社會責任兼顧的經營管理哲學;③企業經營管理模式從以往由企業家獨攬責任,到現在講究授權與賦權;④從以往在地化與國際貿易經營,轉變到現在在地化行銷與全球化經營;⑤從以往的實質溝通,到現在的虛擬溝通模式。

由於知識經濟時代的企業經營管理利基又有相當大幅度的轉變,以致於企業經營管理重點與營利概念出現了相當大的改變,例如:①現代企業經營管理講究速度、轉型、蛻變與接受變化中混亂的企業文化;②現代的顧客與商品/服務/活動已相當深入的結合,成為以市場聲音與顧客聲音為導向的顧客經營與市場經營概念;③現代的商品/服務/活動又轉變為講究標準化與客製化的平衡、價格低與品質高的訴求、服務好與快速回應顧客的基本要求;④企業組織的再造與變造乃是因應「顧客滿意、員工滿意、股東滿意、社會滿意與供應商滿意」的企業永續經營目標;⑤現代企業生存的資產除了有形資源之外,更應著重無形資源的經營管理,而這些無形資源乃依賴具有競爭力的人力資本與智慧資本、顧客資本、企業文化,與市場/顧客導向的企業經營管理策略。

二、知識經濟時代的企業經營系統

由於企業的經營與管理,受到相當多人、事、時、地、物的影響,所以企業的經營管理系統,也就涵蓋了可控制與不可控制因素,這些因素乃一般所稱的企業環境。企業環境包括四大項:內部環境(internal environment)、營運環境(operating environment)、總體環境(macro environment)、自然環境(natural environment),這四大企業環境所形成的企業經營系統(如圖 1-2 所示)涵蓋了五大部分(即投入部分、產出部分、轉化處理部分、回饋部分與超系統或環境系統部分),同時這五個部分具有相互的影響關係(劉平文;1993,p.13～15)

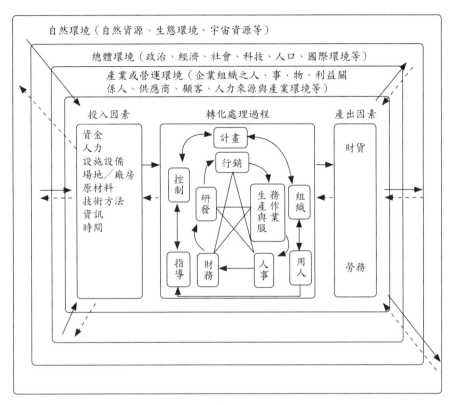

（註：──► 決策流程，- - -► 回饋流程）

（資料來源：劉平文（1993），《經營分析與企業診斷──企業經營系統觀》（第一版），台北市：華泰文化事業公司，p.15）

圖 1-2 企業經營管理系統圖

⸙ 三、知識經濟時代的策略管理

（一）知識經濟時代的企業經營管理變項

知識經濟時代的企業經營管理變項有：①企業經營必須立於技術（如：科學知識、科學方法、邏輯數理、分析綜合等思考性活動）與人文精神（如：以人性、理性、人權為基礎的文化、哲學、神學、人文、社會、心理等知識）之上，如：正派經營、誠信經營、信任關係、尊重生命、尊重員工、學習激勵、成長發展、規範、行為、貢獻、需要、滿意、雙贏、合作等富有人文精神的概念、信念與價值（李長貴；2006）；②以人文與技術的組織文化、知識、價值

與規範為核心，納入企業組織的策略規劃思考之內，達成策略規劃之目標，此乃依據 PDCA 模式進行策略思考、策略產生、策略選擇、策略執行、策略評估等系列策略管理有關程序來加以進行者；③秉持滿足內部與外部利益關係人聲音與要求的具有人文之組織文化，進行策略規劃、商品／服務／活動的創新發展、企業組織的再造與蛻變、及以知識經濟為核心的企業組織；④著重人文精神的人力資源管理，例如：參與管理、整合式溝通、授權與賦權之領導、共用績效領導的效益、激勵獎賞激發員工潛能與能力等；⑤著重強化企業組織的生產力、競爭力與全球化能力與效率；⑥建構組織創意、創新、創造與創業的能量，為企業組織帶來永續經營的契機；⑦在組織內部建立學習型組織，推動知識成長與學習發展動態模式（知識—學習—應用模式），提升企業組織的競爭力與生產力；⑧將知識管理導入企業經營管理系統，並與企業組織的策略績效目標相連結，以提升企業組織競爭優勢，建構企業組織無形智慧資本的目標；⑨善用網際網路的連結速度、商品／服務／活動的創新活動，快速地在企業組織內部與外部關係人之間建立有效與迅速的溝通。

（二）知識經濟時代的企業經營策略思考

　　知識經濟時代的企業組織必須追求生產力、競爭力與國際化，因此企業組織應該對其經營管理的變項有相當認知，經由策略思考出發與創意創新的形成，進而將創新策略性的生產與服務作業能力，以及市場與顧客為焦點的經營競爭優勢，順利展現出來（如圖 1-3 所示）。企業組織的經營管理階層，必須勇於面對現階段和未來的市場與顧客之多元需求及期望、關切議題，而且必須付出相當多的努力與尋求滿足他們的一切要求，否則企業組織勢必會被淘汰與拋棄的。所以經營管理階層應該要充分理解與掌握，現代與未來的企業經營管理系統更具有多樣性（diversity）、互依性（interdependence）與動態性（dynamic）的特性，定時與不定時的針對其組織的各項作業系統進行分析、診斷與創新改進，如此才能追求企業組織的市場競爭力與產業吸引力，創造企業組織的經營利潤與企業價值（員工滿意、顧客滿意、股東滿意、供應商滿意、社會滿意），迎接任何競爭挑戰。

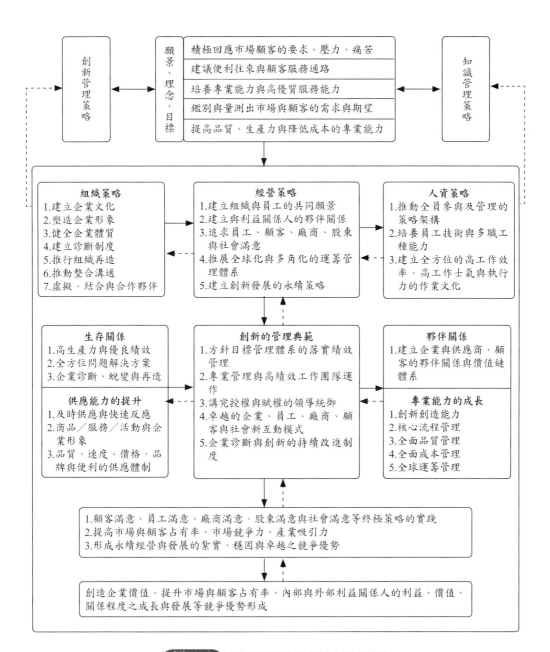

圖 1-3　知識經濟時代的競爭力形成策略

🏵 第二節　知識經濟時代的企業經營管理分析

　　在變動的時代裡，企業組織為了永不落伍，就應該不斷的終身學習；所以企業組織為了維持與持續發展其優勢競爭力，更應該要將其組織塑造為學習型組織。在二十一世紀裡，由於資訊、通訊與網際網路科技產業的發達，促使知識、技術與市場價值之間產生相互影響（如圖 1-4 所示），進而確立了以研究、發展與創新為主軸的知識經濟時代的來臨。知識經濟乃建立在知識與資訊、通訊、網路科技的生產與服務作業、分配與使用之上的經濟。知識經濟時代要求企業組織必須要能夠分散化、個別化與資訊化，同時更是講究個人化、個性化、新穎化、感受化與幸福／感動化，所以在知識經濟時代，企業組織必須快速回應顧客與市場的需求與期望，並且提供便利的、價格便宜的、及時供應需求、優良品牌形象、適宜的商品／服務／活動品質，以滿足顧客／市場的需要。

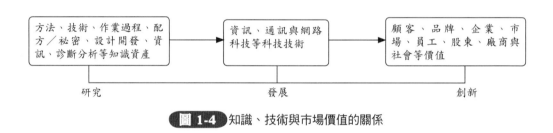

圖 1-4 知識、技術與市場價值的關係

　　企業組織經營管理的成敗，基本上取決於該企業的經營管理階級，他們對於組織內部與外部環境的敏感能力、調適能力、反應能力、突破困境能力、迅速取得利益關係人共識與調和之能力、整合組織內部與外部資源之能力，以及能否充分運用組織之專業工作團隊的專業能力等，均足以導引其企業組織是否能夠安度難關、持續成長與發展、轉型蛻變與突破創新。而這些經營管理階層的膽識、觀念、智慧、魄力與做法，乃源自經營管理分析過程中，對其企業組織的錯誤經營管理策略、不當的組織與人力資源策略、消極的新商品新事業創新發展策略、呈現滑落的經營與管理績效、不佳的企業評價與品牌形象、不具市場吸引力的商品／服務／活動、逐漸遠離顧客與市場的行銷與服務品質策

略、缺乏生產力與競爭力的生產與服務作業程序等所受到的刺激，因而頓悟、覺醒，從而採取的具有生產力與競爭優勢之作為。

✍ 一、企業經營分析的基本概念

　　企業經營分析，一般乃係就企業經營管理行為所表現出來的財務資料或數量性資料均加以分析，以評斷其經營管理之成果（劉平文；1993）。基本上，財務報表可以將企業組織內外環境的綜合影響呈現出來；這些財務報表（如：資產負債表、損益表、現金流量表）以量化的財務資料提供企業策略與政策成敗的一個衡量標準。而財務報表不但提供企業組織的經營管理階層相當有價值之資訊，尚可提供證券分析師、股票投資人、基金經理人與投資人、銀行放款人員，以及競爭者相當的資訊價值。這些財務報表之所以能夠呈現出有價值的資訊，乃在於財務報表係採用標準化會計原則，即以一般公認會計原則（generally accepted accounting principle; GAAP）作為編財務報表的準繩。雖然其中仍有一些自由揮灑的空間（即不同的企業組織可能會以不同的方式，為一筆基本上相同的交易列帳），也有相當多的會計弊端可能發生，但是一般公認會計原則的存在，確實可以提升財務報表的可靠性，而且可減輕代理成本（如會計師查帳、鑑證、稽核財務報表可靠性的代理問題）。

（一）企業經營分析的定義

　　企業經營分析可分三個方面加以定義（劉平文；1993，p.20）：①狹義而言，企業經營分析乃指依據財務報表分析，主要是針對資產負債表、損益表與現金流量表、各期期末結算表，以及生產銷售活動狀況等資料予以檢討，做為判斷企業經營績效之依據；②企業經營分析又稱為財務報表分析，乃依財務報表加以診斷，以分析其企業經營績效、適應性及長短處；③廣義而言，企業經營分析乃依據會計資料加以評價其企業的收益性與流動性，並透視影響其收益性與流動性的各種原因，藉以測定其企業潛在的收益性與流動性；如此的經營分析乃在檢討企業的經營目標達成度是否滿意，進而了解各項產銷活動，或一般經濟狀態的變化，對其企業達成目標所發生的作用。

（二）企業經營分析的限制

如前面所說，財務報表的編製會受到企業經營管理階層的理念、心態與認知偏誤的影響，以致於雖然財務報編製乃依據 GAAP 之原則，但仍然出現相當多的會計弊端（如：美國恩隆公司案、台灣博達公司案）。同時在前面章節中，我們曾將企業經營管理系統定義為複雜系統，若僅以財務報表與其他數量報表加以衡量分析，是不夠完整的，財務報表分析雖然是企業經營分析的重要依據，卻也存在一些限制（如表 1-1 所示），所以我們才會將企業診斷和有關企業診斷與經營整合技術，以及影響經營之環境、資訊與基本意識部分列為本書的範疇，以補足僅採用財務分析層面之不足。

表 1-1 以財務報表為經營分析依據之限制

1. 財務報表僅能表達企業經營成果的重點，並無法僅憑數字就可以讓企業產銷營運活動的真實意義或面貌全面呈現出來。
2. 財務報表的各科目問題雖然存有互動關係，卻是無法明確判斷出該企業經營的良窳與消長變化之真相。
3. 財務報表需依據 GAAP 原則與政府稅法規範加以編製，惟此等科目名稱均具有其專業性，不易為一般人所充分了解。
4. 財務報表的一般通用形式編製，不易周延呈現出各業種、各組織體制、資本來源與業務性質。
5. 知識經濟時代，無形資產價值往往無法在財務報表中，以具一致性、合宜性與合理性的鑑價／評價之價值呈現出來。
6. 習慣多套會計帳的企業，就沒有辦法忠實呈現其經營績效於財務報表分析之中。
7. 企業組織的各種利益關係人會因其不同需求而在閱讀財務報表之重點上有所不同，因此財務報表就無法滿足各種利益關係人的要求。

（三）企業經營分析的範圍

基本上，本書將企業經營分析的運用範圍予以採取廣義的定位，也就是將經營分析的方法、經營分析與經營決策、經營計畫與預算控制、資金管理與利益管理、營運特性分析均納入經營分析的範圍（如表 1-2 所示）。

表 1-2　經營分析的範圍

項目	簡要說明
1.經營分析的方法	一般常用的方法有：比率分析、比較分析、趨勢分析、圖表分析、指數分析、差異分析，以及各種數量模型與機率模型的分析等。
2.經營分析與經營決策	利用經營分析所呈現出來的結果（數字或各種科目間的互動關係），作為企業經營決策與擬定經營計畫之參考或依據。
3.經營計畫與預算控制	經營計畫中呈現銷售預算、生產預算、資金預算，以及構成其基礎的利益預算，而這些預算是一種前瞻性的數字計畫，企業組織再依據這個計畫來實現其預期的目標。
4.資金管理與利益管理	利益計畫是從目標利益的決定開始，而利益目標則依其計畫期間應達成之金額或利益率來表示。資金管理則是為達成其利益計畫所需要的資金預算；且此資金管理之目的乃在於對投入資金的各種資產形態加以控制，使其能夠有效與靈活的運用，及實現該企業的營運與利益目標。
5.營運特性分析	一般乃針對財務結構、償債能力、經營能力，獲利能力、現金流量，與財務／營運槓桿度等財務報表分析項目進行分析，以掌握該企業的收益性、活動性、安全性、生產性、成長性等五力狀況，及時調整財務投資與營運方針，以達成營運與利益之目標。

✎ 二、企業經營分析工具與步驟

（一）企業經營分析的基本工具

　　企業經營分析需仰賴財務報表所揭露的定量資訊與資料，以提供企業經營管理階層、投資人、債權人、稅務機關、金融機構與證券機構做決策之用。企業營運過程中的每一項決策均須利用會計記錄所獲得的會計資訊，只是不同決策所需的資訊並不相同，因此，如何於眾多資訊中選取適當者，以協助營運過程中各種不同決策之形成，則是現今企業經營管理階層所面臨的最大挑戰。要達成以上目的，可藉由管理會計之技術，運用財務會計資訊，進一步分析闡釋，以協助經營管理階層掌握其企業營運狀況，達成改善經營缺失與提升經營績效之目的，協助解決複雜的管理問題。至於管理會計則可定義為：「將企業的經營活動加以認定、衡量、記錄、分析、彙總，並將其傳達給企業經營管理階層，以協助其規劃、評估及控制企業組織的活動，並確保資源適當、有效運用的過程。」（李宗黎、林惠真；2003，p.3）。

　　所以企業經營分析的基本工具，乃是利用財務會計與管理會計（如表 1-3

所示）之技術，對會計資訊加以了解與適當運用，作成較佳的決策（徹悟成本、效益觀念），掌握其落實與執行營運過程之要領，必能成為成功、高績效及具競爭力與競爭優勢的企業。（至於經營分析的方法則留到第三章再做說明）

表 1-3　管理會計與財務會計的比較

1.資訊使用者	會計資訊之使用者，可分為內部使用者與外部使用者兩大類： (1)內部使用者為企業組織的經營管理人員，而會計資訊係為提供經營管理階層各項經營決策用途之系統者，即為管理會計。 (2)外部使用者則為投資者、債權人、供應商、顧客、員工、稅務機關、金融保險與證券機構，產生外部使用者所需要會計資訊之系統乃是財務會計。
2.資訊編製之準則及其公信力	(1)提供外部使用者使用之財務報表必須依一定的規範（如 GAAP、政府法令規章），同時在提供外部使用者之前必須經過會計師的查核，並對查核結果（是否依照 GAPP 編製、是否允當表達企業之財務狀況、現金流量狀況及經營結果等）表示意見。 (2)提供內部使用者之會計資訊並不外流，因此無需取得外界信賴，所以會計人員可依照經營管理階層之需要，選用適當的方式，以產生符合決策需要之資訊。
3.資訊內容與提供頻率	(1)提供外部使用者必須定期以完整與可比較的財務報表，及時提供投資人、債權人、供應商、顧客、員工、稅務機關、金融保險與證券機構，而此所謂的定期則視法令規定，以及和利益關係人所約定之頻率而定。 (2)提供內部使用者之經營管理用報表，則無一定的時間、格式與內容限制，端視經營管理階層決策上的需要而定。
4.資訊的可靠性與攸關性	(1)財務會計乃著眼於該企業過去所發生之交易的彙總報導，注重客觀與可靠的歷史成本資訊。 (2)管理會計則著眼於會計資訊的報導，以及和經營管理決策攸關的未來成本，如此乃在預測未來、掌握成本趨勢，進行睿智的經營管理決策。
5.資訊的詳細程度及對資源分配之影響	(1)財務會計的報導以企業整體為主，其次為各部門資訊，外部使用者依此報導加以評估是否增、減對該企業之投資額度與信用額度，所以財務會計所報導／揭露的資訊，將會影響整個利益關係人的資源對該企業之分配。 (2)管理會計則對企業之營運整體性作報導，並揭露給經營管理者所需要的更詳細資訊，其目的在於提供經營管理者進行有限資源的充分與有效運用，所以其資訊對於企業內部資源之分配與運用，具有相當程度之影響。

（二）企業經營分析的基本步驟

　　由於企業組織每年均會依據其經營目標、政策與戰略，制定其組織的經營計畫與預算基礎的經營方案，再傳遞給各層級部屬制定各類別的行動方案（action programs），同時各層級主管也據此經營方案，檢討與修正其執行行

動方案的作業程序與作業標準。

　　企業經營分析是就企業經營所表現出的財務資料或數量性資料加以分析，以為判斷經營成果是否如期、如質、如量地達成經營計畫之目標、政策與戰略，以為提供經營管理階層修正或改進其營運活動。因此企業組織每年至少要進行一次經營分析，以掌握其經營方案與行動方案是否依其組織目標、政策與戰略進行，必要時應進行改進。至於企業經營分析之步驟，大致可分為如下幾項：確定分析目的與範圍、蒐集相關的資料、資料的整理與重編、資料的分析與比較、分析結果的研判、初步分析報告的撰寫、報告的再評估與最終報告的撰寫。茲分別簡述如下：

1. 確定分析目的與範圍

　　在進行企業經營分析之前，須確實了解企業經營計畫與經營方案，才能確立進行經營分析時所採用經營分析之方法與工具。況且企業的最高經營階層，大多會為其經營計畫與經營方案確立明確的目標、政策與戰略。為了與經營方針相契合，必須在經營分析之前確立進行之目的與範圍，否則往往忙了一圈才發現未能「做對的事」，只是「把事情做對」而已，豈不事倍而功半？何況企業經營分析的方法與工具有如牛毛，若要將企業經營管理的所有範圍均一次分析完成，也許耗費的人力、物力、財力與時間，可能會拖得很長、很多、很大，以致於分析出來時往往只能提供參考而已（因為時間是永不停下來等你分析完成的）。

2. 蒐集相關的資料

　　可以經由：①該企業組織的相關部門（如財務部門或會計部門）負責記錄與編纂之資料；②金融機構之聯合徵信中心，負責蒐集與銀行有貸款往來之企業組織的財務資料；③上市、上櫃與興櫃公司的定期財務報表與公開說明書等管道蒐集到相關的財務資料。

3. 資料的整理與重編

　　經營分析人員於蒐集資料完成之後，即可進行重新整理與編製、調整，以適合財務分析之使用。在進行此項步驟之時，須注意到所蒐集資料的不當科目分類、數字的筆誤或計算錯誤，遇有此情形時則須分別加以調整與重編報表，以利進行經營分析時的參考。

4.資料的分析與比較

進行資料重編與整理之後,即依分析之目的與範圍,選擇合適的分析技術開始進行分析,也就是正式進入經營分析的重點工作/過程。此時,不但要注意分析目的與範圍,更要注意所選用的經營分析方法與工具,以免浪費人力、物力、財力與時間,所得的分析結果卻是不具參考價值的垃圾資料。

5.分析結果的研判

經由初步的分析與比較之後,即可根據所得的分析資料進行判定與解讀。惟在進行判定與解讀之時,除應確實深入了解各種理論基礎之外,尚須考量到業種、業態與業際之間的差異性,以免誤引不適合、不符實際、不同規模的同業平均標準,而導致不客觀或削足適履,以小比大之落差。

6.初步分析報告的撰寫

經過細部的整理、分析與推論之後,即可依據所得資料作成初步的診斷報告(應包括:摘要、目的、經營分析的程序與方法、主要問題重點、經營分析、總結、初步建議改進對策等)。

7.報告的再評估與最終報告的撰寫

初步分析報告提出之後,尚須持續追蹤、回饋、後續檢討與提出具體建議。這就是對分析報告的再評估(其目的在於持續評估所作初步建議是否可行?是否可達成預定目標?)以利再度建議經營管理階層持續採用或修正對策。惟在最終報告撰寫時應注意如下幾個事項(劉平文;1993,p.45~46):①須與分析問題與目的相關聯;②用字遣詞須簡明,且以標題明示重點,以利閱讀;③資料的來源與修正,須詳細註明經營分析所使用的各項財務資料之來源或經調整;④強調各種數字或比率之意涵。

✎ 三、財務資訊的來源與分析方法

(一)財務資訊的來源

一般進行企業經營分析時,所蒐集的財務資訊來自於下列各項:

1.定期性財務報告(periodic published financial reports)

在台灣的證券交易法、財務報告編製準則、營利事業所得稅查核準則,以

及其他有關上市、上櫃公司等，規定了企業組織必須在一定期限內編製有關財務報告，這些財務報告包括：資產負債表、損益表、盈餘撥補表（即盈餘分配表）、各科目明細表、說明事項等。

2. 查帳報告書（auditor's or independent accountant's report）

會計師於確實查核企業的財務報表後，必須於查帳報告書內表示該項財務報表是否公平表達，以及可信賴程度的意見，藉以揭露財務報表所隱含的有關重要問題。會計師之表示意見可分為四種：無保留意見（unqualified opinion）、保留意見（qualified opinion）、相反意見（adverse opinion）及拒絕意見（disclaimer of opinion），但是會計師在表示意見之保留意見、相反意見與拒絕意見均必須申述理由，藉此提醒閱讀者注意。

3. 會計政策（accounting policy）

會計政策乃指企業在編製財務報表時，所根據的各項會計原則與方法，以及對此等原則與方法的特殊應用，以資配合該企業的特定需要（會計政策須包括於財務報表之內，形成該項財務報表整體的一部分）。

4. 其他

除上述各項財務資訊之外，其他專業性徵信機構、投資人諮詢服務機構、證券期貨管理機關（含證券交易所、櫃臺買賣中心）、同業公會、學術機構等所提供的有關資料，以及企業經營管理階層對其企業在當年度與未來的營運展望（含 SWOT 分析）等，均可提供財務報表分析／經營分析時所需要之財務資訊。

（二）財務報表分析的方法

企業在進行財務報表／經營分析時，乃在研究該企業所隱含的長期、中期與短期的財力（financial strength）之大小。所謂財力，是指企業組織對於償債能力、投資能力與支付股利能力等方面的能力。其利用財務報表分析的方法有很多種，一般較為常用的方法有下列五種（洪國賜、盧聯生；1981，p. 60～61）

1. 比較性財務報表（comparative financial statement）

包括比較性資產負債表、比較性損益表、比較性盈餘分配表等，比較方法

有：絕對數字、絕對數字的增減變動、百分率增減變動、比率增減變動、圖解法等。

2. 趨勢分析（trend analysis）

包括財務狀況、經營成果、財務狀況變動分析等。

3. 共同比財務報表（common-size statement）

包括資產負債表、損益表、盈餘分配表等，以及此等報表內各項個別科目／項目的分析。

4. 比率分析（ratio analysis）

包括資產負債、業主權益及損益各項目的比率分析。

5. 特定分析（specialized analysis）

包括資金流量與財務預測、財務狀況變動分析、銷貨毛利變動分析、成本－數量－利潤關係分析等。

CHAPTER 2

企業經營診斷技巧與程序

　　企業診斷就如同醫師診治病患一般，其目的在於找出病人的病因與病灶，並了解病患體質而對症下藥，以治癒病患的病症，同時確保病患不會有副作用，身心健康與快樂生活。企業診斷則對企業組織的各項營運活動加以鑑別與找出問題所在，並對企業經營體質予以深切了解，提出問題改進與解決對策，其目的在於改進企業經營體質，維持企業經營管理永續發展。而企業診斷的程序是對於經營管理系統的全部或局部，進行客觀性的研究、分析、評估，並提出改進建議方案，以供經營管理者參考改進。

　　第一節　企業診斷的意義、認知、分類與重點
　　第二節　企業診斷的條件、技巧、方法與程序

　　企業診斷（business diagosis）乃是企業經營管理的方法與技術之運用。1908 年哈佛大學（Harvard University）首先創立運用「個案研究」（case research），以實務上的個案之有關問題，採取問題方法（problem methods），聘請企業界專家為學生諮詢各種企業營運上的問題，這就是現今企業診斷的由來。企業診斷在英美稱為管理顧問或管理諮詢（management consultant），企業診斷是台灣較常見的譯意，在日本則稱為「經營診斷」、「能率指導」。

　　企業診斷的開始就如中醫師的「望、聞、問、切等四診之後，找出病症原因，再對症下藥」一般。基本上，企業診斷專業人員（或稱管理顧問、企業診斷師、經營輔導專家）的診斷程序是相同的，卓越的企業組織與優秀的經營管理者，大多很重視企業診斷專業人員的初步檢查與診斷。至於應該要找具有什麼專業的企業診斷人員，為其企業組織進行診斷與治療，則應依據症狀之輕重而定。例如：①在行銷上發生問題，行銷管理顧問／專家／學者、市場研究

公司、業內研究人員、國外同業或國外行銷顧問／專家／學者等都是求診的對象；②財務上發生問題，則會計師、內控專家、稽核師、財務管理顧問／專家／學者則是求診對象；③產品價格問題，則應求教於成本會計師、行銷管理顧問／專家／學者、市場研究公司等。

　　一般而言，企業診斷乃針對企業組織之經營管理系統的全部或局部，進行客觀性的分析與評估，以提出改進建議方案，並供經營管理階層改進之參考。而從事企業診斷業務的企管顧問公司，大致上可依據其從事的業務範圍區分為：①管理與策略諮詢／顧問公司；②IT 諮詢／顧問公司；③人力資源諮詢／顧問公司；④財務策略諮詢／顧問公司；⑤行銷策略／顧問公司；⑥創意設計諮詢／顧問公司；⑦法律策略／顧問公司；⑧智慧財產權諮詢／顧問公司；⑨其他類諮詢／顧問公司等。

🔅 第一節　企業診斷的意義、認知、分類與重點

　　企業組織之所以需要外部的診斷，其原因在於：①其不具備進行經營管理決策所必需的資訊蒐集、處理手段，而藉助於企業顧問公司綿密網路之資料蒐集與分析方法、專業的研判知識與經驗；②其缺乏專業管理力量，則藉由企業顧問公司的專業培訓技術，以培養企業組織內部的管理技術；③雖有自己公司的諮詢參謀部門與人員，惟易受到主觀因素干擾，以致無法做到公平、公正、公開的客觀目標，因而需藉由立場公正的外部企管顧問／諮詢公司來規劃客觀公正的解決方案。

🖎 一、企業診斷之意義與目的

（一）企業診斷的意義

　　企業診斷乃對於企業經營管理系統之全部或局部，進行客觀性的分析、評估，並提出改進建議方案，以為經營管理階層改進參考。根據這個一般性的定義，本書蒐集中外學者專家之企業診斷定義（如表 2-1 所示）。惟本書以為在此知識經濟時代裡，企業診斷應具有的意義與觀念為：

表 2-1　中外學者專家對企業診斷之定義

W.L. Campfield	企業診斷乃針對一個經營單位的計畫、作業方法、人員、工作等相關問題做一建設性的分析、評核，並以報告方式提出一系列的改善建議。
W. Leonard	企業診斷乃針對一企業、學術機構、政府機關等全部或部分的組織、計畫、作業、人力、物力之有效的運用，做綜合性與建設性的審查與建議。
劉平文（1993）	企業診斷係基於總體性、動態性之觀點，針對企業經營所發生的問題，運用各種診斷方法及技術，就現況及未來發展需要，以客觀態度，找出根本原因，並提出具體改善體質、提升經營效率的方案，達成企業經營之目的。
馬君梅（1995）	企業診斷乃運用各種診斷方法與技術，找出企業經營管理上的弊端與缺失，並以客觀的方式，提出具體之改善方案，同時協助進行之，以求改進企業體質，提高經營效率，達成預期目標。
吳松齡、陳俊碩、楊金源（2004）	企業診斷乃分析調整企業經營的實際狀況，發現其性質特點及存在的問題，最後提出合理的改善方案。

1. 企業診斷需要透過企業經營分析來進行

　　企業經營分析著重在企業營運所得的事後結果，加以分析與探討出企業所存在的問題（如病癥），而企業診斷則係運用事後的數字資料或事實，經由分析、探討之後而找出問題點，同時要探究出其發生問題的真正原因（如病因），以及提出如何解決問題，改進企業營運，促使其健全發展。因此企業診斷除了進行事後資料分析與評核之外，尚應提出企業經營之計畫、執行報告之檢查，配合事後績效之分析做整體性深入檢討，並提出對策（包括事後分析與事前事中的規劃、預防在內）（劉平文；1993，p.50～51）。

2. 企業診斷應採取整體觀與企業營運活動互動來進行

　　中國大陸國營企業虧損達 40%，其中 80% 來自於管理不善所致，所以提高企業經營與管理水準，乃是提高企業經營效益的重要措施。而企業營運活動乃是系統性的，各項作業活動之間均存有相當的關聯性，因此問題與症候之間也就存在著相互關聯性，亦即諸多的問題或症候可能來自某一個症候或問題，也可能來自諸多的問題或症候。所以企業診斷必須了解各種原因，在進行診斷時要抱著整體性觀點審視各項問題，以防「頭痛醫頭、腳痛醫腳」的掛一漏萬的作法，造成問題一再發生而無法根治。

3. 企業診斷必須要及時因應環境的變化

　　知識經濟時代的產業環境（政治、經濟、社會、技術構面）變化莫測，

企業診斷的進行更要配合開放的企業經營管理系統之變化，採取不同的因應對策。因此企業診斷時，除了針對企業組織內部，整體考察各項作業系統的問題與成因之外，尚要對於外在環境的變化趨勢有所掌握，如此才能協助企業真正改進問題與達成經營目標。

4. 企業診斷應該顧及前瞻性

企業診斷應針對過去或目前所發生的缺失或問題，以及潛在或未來可能發生的問題或缺失，提出改進或預防對策，因此防範未來危機與建立發展方針，乃是企業診斷的正確概念。

5. 企業診斷應該將之作為一種產業來發展

企業診斷乃是隨著經濟的發展而發展出來的，企業診斷的發展促進了經濟的發展，經濟的發展更促進了企業診斷的發展。所以企業診斷在企業經營管理、營運發展過程中，有必要形成一種知識產業，如此才能扮演企業醫生的角色，及與國家經濟發展相輔相成的角色。

（二）企業診斷的必要性與目的

1. 企業診斷的必要性

企業診斷之所以有存在與發展為一個產業的理由，乃在於企業診斷如同企業醫生的角色，診斷病人的疾病，再分別從病人的生理與心理的各個層面，進行有系統的診斷作業。所以，在知識經濟時代的企業診斷，就有其存在與發展的必要性，諸如：①建構企業長期安定性，且能獲得預期利潤之企業營運活動的先天強度機能。同時，為順應時代變化與產業環境之變動，而採取防患未然的變更企業組織營運有關機能之強度，則是企業診斷的正確概念；②因應激烈競爭的產業環境，企業診斷提供企業組織儲備潛力與競爭力對策，是協助企業組織不斷創新、變革、轉型與確保卓越競爭優勢地位的最重要價值所在，而這個價值具有深厚的投資性與策略性色彩；③因應任何風險危機、衝突的發生，企業診斷提供企業組織化解衝突、降低風險、管理危機的對策，以利企業組織預防危機與保持緩衝之優勢；④站在客觀的立場，企業診斷可以提供企業組織避免誤入成功陷阱的警告與對策，及時改變經營管理典範，創意創新出新典範以供持續成長的動力與潛力；⑤企業診斷提供持續改進的機能，協助企業組織

時時刻刻顧及更合理的改進，秉持「好還要再好」的精神，追求永續經營目標的實現。

2. 企業診斷的目的

　　企業診斷的目的，具體而言，應涵蓋如下數項：

(1)找出經營惡化的病症成因，找出經營與管理的癥候，以對症下藥（真正有效的矯正預防措施）。

(2)指出管理失當的措施，以健全整個組織的運作。

(3)強化企業體質，提高企業的長期財務收益。

(4)了解現狀與優劣勢，以作為經營管理決策之參考。

(5)重視組織的再生，乃在於偵測內外環境的變化。

(6)分析經營問題的根本原因或真因。

(7)檢討經營策略的方向。

(8)提高長期財務的收益（以改善企業經營體質）。

(9)確保整體目標的達成。

(10)防範衝突、風險與危機的發生。

(11)扶植企業組織由衰弱的階段，轉變為強盛的境界，促使危機得到妥善處理並順利地找到新機會。

二、企業診斷的認知與條件

（一）企業診斷的基本認知

　　企業診斷者在進行企業診斷之前，應該要有下列基本認知，方能有助於進行診斷，且能提升診斷的效能：

1. 診斷者應具備的企業診斷之指導思維

(1)著眼於受診斷企業的全域與發展，從關鍵的問題切入，並探索出解決問題的方法。

(2)對於受診斷企業之發展沿革與現實經營管理條件，應該予以尊重，從確實可行的原則與具有可行性的改進方案著手，企圖使改進績效得以顯現出來。

(3)站在協助受診斷企業的立場，不僅提出可行的改進方案，尚應藉診斷過程，培養訓練出「他日該企業可進行自我診斷的能力」。

(4)要廣泛而深入研究受診斷企業的問題根源，同時要一併考量有關於人的認識、觀念、態度與行為模式之轉變，如此才能提出治標與治本的改進方案。

(5)當提出改進方案時，應基於受診斷企業自尊心的立場，加以尊重，切忌挑動受診斷者的面子問題，以免觸怒對方，導致診斷作業失敗。

2.診斷者在診斷前應先了解受診斷企業的體質與特色

針對與企業經營管理有關的所有資源之投入、轉換與產出的活動，從組織型態、領導行為、產品種類、職能區分、財務結構、經營方式、行銷策略、銷售服務、經營管理政策等，一直到經營績效均應加以了解，因為上述各項作業活動均會相互影響到經營績效。

3.診斷者在進行診斷時需藉助於計量性與非計量性分析工具

企業診斷往往需要藉助於經營分析（即財務報表分析），而經營分析乃是根據企業營運所產生的數字資料加以分析。藉經營分析所提供的資訊與資料以找出問題根因，進而提出改進方案，促使組織提升經營績效。除了這些計量性分析之外，往往在診斷過程中，還要注重企業經營計畫與利益計畫執行過程之檢核與分析，並配合事後績效作總體性深入分析（包括心理分析、行為科學分析、環境對應性分析等非計量性分析在內），當然也應考量到管理哲學、組織行為、資訊傳播與溝通、員工士氣、領導行為模式、企業文化、經營理念等非計量分析項目，如此所提出的改進建議方案，較易被受診斷企業所接受，與採納付諸改進實施。

4.企業診斷者應該具備企業診斷思維

這些企業診斷思維包括：①從企業的綜合經濟效益分析來看，企業所有營運活動之績效與問題，就應該具有制定相對應的績效指標（KPI）；②根據綜合經濟效益分析，找出企業營運活動各項環節，有哪些作業活動或經營管理活動表現較佳，而哪些方面卻出現較差的績效，這些好或不好的經驗或原因又是如何？③要能夠從組織結構、管理行為模式、領導統御模式、激勵獎賞制度、內部溝通行為等根本的體制或制度上進行分析，另外也要參考經營管理政策與

企業文化構面，才能找出真正原因；④針對所找出的原因與根源，向企業組織提出確實可行的改進方案；⑤就所提出且已經由受診斷企業確認的改進方案，協助方案付諸實施，直到改進成效追蹤，證實其成果確實真正提高時，才是診斷活動的結束；⑥但是，在診斷過程中，診斷者負有培養出受診斷企業有能夠自行診斷以發現問題、找出原因及提出改進方案的優質管理團隊之義務；⑦在診斷任務結束後，診斷者也應具備售後服務的思維與行動。

5. 企業診斷者在診斷時應避免目的與手段的混淆不清

　　企業診斷者切忌未經進行整體診斷分析（即綜合性經營評價，除了經濟性外，還包括社會性、法律性、倫理性與道德觀在內），即隨意引進他人的成功方法與技術，如此的模仿作法最易失敗。所以進行企業診斷時，必須完全針對受診斷企業的問題，選擇適當的對策與工具、手段，也就是應該要講究客製化的診斷思維。

（二）企業診斷的必備條件

1. 企業診斷的進行必須事前、事中與事後，皆取得受診斷企業的高階經營管理階層的全力支持。

2. 企業組織想進行企業診斷時，得由外部（如企管公司、學者、專家、競爭者）尋求診斷者，也可由企業內部自行選擇優質管理團隊擔任。

3. 診斷人員應該獨立公正與客觀、以企業整體為考量、注重人際關係、擅長計量與非計量分析技術、具有企業診斷理論與實務經驗，以及站在受診斷企業的立場與需求來思考。

三、企業診斷的分類與重點

（一）企業診斷的分類與範圍

　　企業診斷的分類與範圍，大致可分為三個構面（即依診斷對象、依診斷主體、依診斷性質）來說明如下：

1. 依診斷對象的分類與範圍：可分為工廠診斷、商店診斷、非營利組織診斷、政府機關診斷、管理機構診斷、訓練機構診斷等。

2. 依診斷主體的分類與範圍：可分為自我診斷、外部專家診斷、顧客或／與供應商診斷等。

3. 依診斷性質的分類與範圍：可分為綜合診斷、基礎診斷、專門診斷等。（如表 2-2 所示）

表 2-2　以性質為分類的企業診斷類別

綜合診斷（全面診斷）	1. 綜合診斷係指針對一般性整體經營管理問題之分析與判定。一般而言，綜合診斷可分為：營運特性診斷、經營管理診斷、企業功能診斷等三類。（如圖 2-1 所示） 2. 惟在進行綜合診斷之時，應判定企業經營與管理問題之緊急程度，視其是否有必要採取如下順序進行：①檢討綜合診斷之前的基本問題是否不足／缺少或未建立？②判斷企業之先天強度，把握易於發生的問題，並提出診斷重點；③針對企業之經營管理績效問題，找出其潛在原因，並診斷其可能發生之程度，同時施予矯正預防措施；④依據潛在因素（如企業組織之商譽、形象、信用、品牌、財力等）逐項診斷。 3. 綜合診斷實施之時，應先蒐集該企業的生態環境（包括：政治法律與行政管理環境、社會與文化環境、國際環境等）資訊，以為企業外在環境的了解。另外，對於企業組織的利益關係人（內部與外部利益關係人均包括在內）之互動系統與互動關係之變化，均應一併加以偵測。 4. 綜合診斷乃在研判推論與提出解決方案，即針對外在環境變化與企業本身資源、營運狀況進行問題假定，並研擬解決方案。 5. 營運特性診斷乃針對各項目，由相關之財務資料加以分析，並對企業深入了解探討，找出真正問題。而經營管理診斷及企業功能診斷則針對營運環境、企業組織、經營策略、經營者、管理機能、企業功能等進行診斷。
基礎診斷	1. 基礎診斷乃指對企業經營的基本目標、方針、計畫、組織與經營活動，個別的、相互的達到連續與結合的診斷。 2. 基礎診斷包括：①地理條件診斷（包括廠場／商店／據點園區所在位置是否適合該企業設址／開店？考量項目例如：原物料供應狀況、市場需求條件、勞動力供給情形、交通便利性與基礎建設、天氣氣候與自然／人文景觀環境等）；②企業結構診斷（包括企業門面大小、具有吸引力？整潔與親切感？商店／休閒景點園區之商品／服務／活動之呈現？有無讓顧客／休閒者參與或選擇？企業門面構造是否有彈性等）；③形象識別診斷（包括企業招牌、廣告、照明設備、企業 VI 體系等）。
專門診斷（部門診斷、分項診斷）	1. 綜合診斷所得的資料，可提供專門診斷基本依據，以進一步進行必要且詳細的分析。專門診斷乃就企業經營管理系統之特定項目進行更詳細與深入的探討，其診斷範圍包含一般性整體經營管理問題診斷的所有範疇。 2. 專門診斷包括：生產與服務作業部門、研究開發／創新發展部門、市場行銷部門、人力資源管理部門、財務管理部門等各部門活動與經營管理情形所進行之診斷活動。當然更包括進貨計畫、商品／服務／活動之產銷管理、顧客服務與顧客關係管理、供應商管理、促銷廣告效益管理、員工心理與溝通管理、財務管理等分項診斷在內。

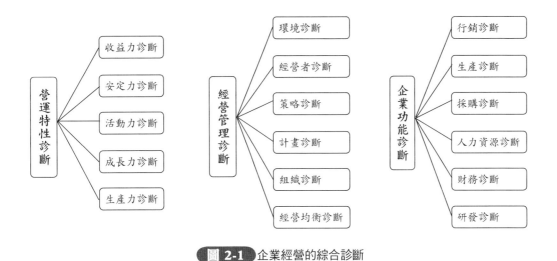

圖 2-1 企業經營的綜合診斷

（二）企業診斷的重點

1. 採取重點與集中的原則，也就是找出急迫性的重要項目。

2. 要考量到各項問題之間的互動層面關係，也就是各問題項目之間的相互關係與影響性。

3. 分辨癥候與問題的表相與真正原因，也就是要能夠分析各項目問題之間的因果關係。

4. 注意系統化的原則，也就是要根據管理機能與企業機能所涵蓋的項目，逐項診斷與細項分析。

5. 重視比數分析的原則，也就是要了解：①經營改變之縱斷面，將現況與過去作比較，以浮現出經營之演變情況；②同時探索企業與同業／競爭者之間的比較，以橫斷面進行比較分析。

◎ 第二節　企業診斷的條件、技巧、方法與程序

　　二十一世紀初，知識經濟時代遭逢百年難見的世紀性金融海嘯的衝擊，無論是傳統生產製造業、科技生產製造業、傳統服務產業、科技服務產業、休閒觀光產業，甚至公共服務產業、非營利事業均遭受極其嚴厲的衝擊與考驗。在

這個存亡關鍵時代裡,企業組織所面臨的難題紛至沓來,諸如:①在內需市場已無法支撐其企業生存之際,如何向外(尤其國外市場)求生存?②要如何追求國際化,同時又能本著在地經營與在地行銷的平衡?③內部人才在 2008 年末到 2009 年間嚴重缺乏訂單的艱困經營中流失,如何延續企業經營?以及如何留用人才與吸引外部人才精英的投入?④商品/服務/活動品質的要求,已與客製化、感動化、優質化、低價化相結合,企業該如何不斷提升品質又保有利潤?⑤金融危機裡殺價流血行銷,已為企業奠定日後低價格高品質高服務的要求之伏筆;⑥人力派遣時代的來臨,白領與藍領階層無一倖免,企業經營管理階層如何管理與激發派遣人力之潛能?⑦內部管理的溝通、協商、說服、談判與仲裁時代已經來臨,企業組織要如何建構暢通而有效益的「內部溝通過程」?⑧企業文化的改變已不可免,經營管理階層要如何維繫優良與合乎時代潮流、企業/員工/顧客服務/社會價值的文化,以引導全體員工的努力方向?⑨客製化與專業化已成為時代商品/服務/活動規劃設計與經營管理的主流思維與要求,企業組織要如何因應時代潮流,同時保有合理利潤與高顧客滿意度?

一、做個稱職的企管顧問

「沒有問題就沒有顧問師」一語道盡了企管顧問的存在價值,企管顧問基本上有專業的企管顧問師(又分為行銷顧問師、財務顧問師、生產管理顧問師、品質管理顧問師、創意創新管理顧問師、經營管理顧問師、人力資源管理顧問師、創業顧問師等多種),也有在企業組織內部的顧問/專家或主管,以及企業志工(如台灣的中小企業榮譽指導員、創業圓夢坊顧問等)等多種。

(一)企業顧問師應具備的基本條件

一般來說,要擔任管理諮詢顧問或企業診斷專家者,必須具備豐富的管理知識與經驗,並且要能掌握諮詢/診斷技法,企管顧問乃從事高智慧的服務事業。企管顧問必須深入有諮詢或診斷要求的企業組織內部,並且要能夠與經營管理人員密切配合,運用科學的方法,找出企業生存的主要問題,並予以定性與定量分析,以找出問題的真正原因,再提供可行性高且合理、合情、合法的

改進／矯正預防方案。另外，必須要能夠親自指導該受診企業實施有關方案，以利該受診企業能夠確實改善、脫胎換骨、轉型再造。

至於企管顧問專家的基本條件，可分為如下數點來說明：

1. 必須具備有冷靜與研究分析的學者頭腦。

2. 必須具備有志工、傳教士與醫師服務人群、社會的熱忱。

3. 必須有勤於走動、到現場、看現狀、了解現況如醫師或農夫般的敬業心理。

4. 必須練就溝通、協調、說服、談判與仲裁的企業談判專家功力。

5. 必須能夠撰寫出感性、自如、具吸引力與說服力的診斷報告。

6. 必須具備豐富的管理理論知識與實踐經驗。

7. 必須充分掌握諮詢／診斷技巧，以確切、快速地掌控到問題點。

8. 必須善用 PDCA 管理手法、8D 問題解決技巧、創意思考技法來發掘問題真因，並提供有效性的解決／矯正預防方案。

9. 必須持續不斷的進修，以跟上時代與總體環境變化的腳步與脈動。

10. 必須遵行企管顧問師三感三心理念（新鮮感與求變心、使命感與圖強心、危機感與平常心），一切從基層做起。（林明杰；1995）。

11. 必須具備不斷學新棄舊，化阻力為助力，贏得口碑的顧問特質：①以管理事物到管理人員與安定人員的運作，以掌握 key-man；②以經營階層的關心、幹部的細心、員工的信心等三心安天下；③堅持共識、共鳴、共行、共享的四共原則；④讓方向感、利益感、安全感、參與感、成就感等五感交集；⑤以微笑、傾聽、寬容、讚美、忠誠、關懷等六神丸待人。（林明杰；1995）

（二）企管顧問師應有的認知與心態

企管顧問產業乃是一個純知識資本型產業與服務型產業，企管顧問面臨許多的替代者（如：政府機構研究資料、大專院校研究資料、大專院校的教授／專家、專業性書刊資料、企業組織的內部顧問專家、各產業之公會等）、競爭者（如：各個企管顧問公司、協會、法人團體、MBA 畢業生、企管 SOHO 族工作者等），所以企管顧問必須要能隨著數位時代的快速發展，知識與資訊的蒐集與學習了解就顯得更為迫切需要了。因此企管顧問要扮演好企業醫生、企

業診斷專家、經營輔導專家的角色，就必須具備如下數項特質：

1. 企管顧問師於診斷服務時的正確認知

(1)必須學習與具備 IQ、EQ 與 AQ 的能力與智慧，善於化解受診企業組織內部員工（尤其幹部）的抵制與排斥。

(2)必須善於人際關係與公共關係技巧，以利蒐集得到診斷所需的資料、資訊與證據，以免診斷報告缺乏具體性與客觀性。

(3)必須要能夠憑藉本身的人格特質、專業知識與技能、豐沛的知識與實踐經驗推銷自己，以取得受診企業與其員工的信任與支持。

(4)必須能夠傾聽他人，不可淪為先入為主與自說自話。

(5)必須能夠尊重受診企業的歷史、文化、經營成果，切勿擅自批評而導致受診企業與員工的反彈。

(6)必須與同業／競爭者相互尊重，本著「競合」原則，切勿說人長短，否則會被淘汰出局。

(7)必須廣泛涉獵人文社會科學知識（如：心理學、行為科學、管理學、倫理學、邏輯學、口才學、表演學等），讓自己的專業知識得以如藝術工作者一般傳遞出去，才能取得受診企業與同業之間的敬重。

2. 企管顧問師於診斷服務時的正確心態

(1)對於本身應有的態度：必須具有持續的終身學習精神，在工作中要以十足的信心與自尊心全力以赴，要不斷的學習新穎知識、培養魅力氣質、勇於創新突破不故步自封、尊重他人與自重自尊並重、時時自我檢討與持續改進本身的診斷技巧等。

(2)對於管理諮詢或企業診斷的態度：必須從受診企業的輸出效果看經營績效與問題、從管理環節找經驗與原因、從體制與觀念上分析根源、針對原因與根源提出確實可行與合法、合理、合情的改進方案幫助實施，以達到改進輸出效果的目的等態度，乃是企管顧問師必須遵循的態度，也就是以己之長補他人之短，忠於受診企業的認知與行動。

(3)對於受診企業之診斷服務態度：必須極力促使所提供的服務價值，遠大於受診企業的支付診斷／顧問之費用，如此才能得到訂單。同時在診斷／諮詢過程中，應基於受診企業的最大利益原則，以及謀取受診企業與

其員工利益衝突平衡原則，如此所提供的改進建議才能落實。

(4)對於受診企業應有的態度：必須秉持受診企業的利益與對受診企業的尊重之理念，為受診企業與其員工謀取最大利益；同時必須要能夠指導受診企業能夠開源節流、創新管理典範、蛻變轉型與永續經營的策略與方法。

(5)對於未來企管顧問前途之態度：必須秉持積極、樂觀的態度，迎接數位經濟時代的挑戰，不但要培養良好的 IQ、EQ、AQ 與 MQ 能力，更要具有全力以赴的認知，完成受診企業委付之任務。企管顧問不但「學有專精、術有專攻」，尚且要能夠整合各項經營管理知識與經驗，才能真正成為具有競爭力的顧問師／企業診斷專家。

（三）企管顧問師的成功診斷過程

　　企管顧問師／企業診斷專家在進行診斷時，必須懂得診斷方法，而且要徹底地掌握受診企業的企業文化與經營理念、經營管理者與幹部的認知與心聲，並且經由診斷過程確立診斷方向，以及提出改進與矯正預防措施。

1. 企業診斷的方法

　　企業診斷的方法乃是要深入受診企業，並與企業有關經營管理人員密切配合，運用中醫師的「望、聞、問、切」技術（如表 2-3 所示），以及運用科學方法，進行定量與確有論據的定性分析，找出主要問題，並確認產生問題的真正原因，擬定並向受診企業提出確實可行的改進與矯正預防方案，進而指導與協助受診企業進行改進方案。

表 2-3　望聞問切的診斷技術

區分	簡要說明
望	深入受診企業內部，進行深度觀察該企業組織內部的「人、事、物、設備、時間、資訊與內部溝通關係」之運作、互動與發展狀況，充分掌握該企業的經營與管理狀況。
聞	經由和受診企業內部的經營者、管理者與員工之間的互動交流過程，以確切了解經營者理念與心態、管理者領導行為與決策模式、員工的做事與敬業心態，將可提供診斷專家判斷與提供對策之參考。
問	在診斷過程中，遇到優良或異常事件時，診斷者必須本著 5W1H 的方式與「打破砂鍋問到底」的精神，問出有關成功或／與失敗的原因／問題，如此才有助於診斷的有效進行。

（續前表）

區分	簡要說明
切	診斷過程中經由上述三階段之後，即應當機立斷、觸到癢處、聚焦問題、簡短評論、吸引眼光、埋下伏筆。也就是以專業身分，向受診企業與其經營管理者提報問題與簡易對策，讓企業經營管理者願意進一步了解與進行改進。

2. 診斷時的注意事項

(1)診斷前，要認清管理諮詢／企業診斷的特點。（如表 2-4 所示）

表 2-4 企業診斷的特點

特點	簡要說明
科學性	企業診斷必須體現：①整個診斷過程均應依循管理科學與其他相關學科的理論；②診斷過程必須符合表裡合一、去偽存真與由局部到全部的「望聞問切」過程；③提出改進對策須一對一式的針對性提出各個問題的解決對策建議方案。
創新性	診斷手法必須時時推陳出新，不能有「一招半式走江湖」的思維。同時診斷建議之改進對策，也應因為經營管理理念、管理典範、管理方法，而有多元化、多角化的方案可供受診企業採行。
有效性	診斷報告與改進建議方案的提出，必須考量診斷存在的目的與前提，而提出具有確實可行性與品質有效性之改進建議方案。
獨立性	診斷人員必須秉持客觀性、中立性的精神，來看待與思考受診企業的既有問題與潛在問題，並提出不會受到受診企業員工的既定意見影響之獨立見解，才能發揮診斷效果，而不會淪為背書或花瓶之角色。
合作性	在診斷過程中，參與診斷的各項經營管理機能專家必須密切配合、相互合作與相互信任的發揮各自專業，形成診斷團隊優勢，如此才可形成企業診斷成功的有利條件。

(2)診斷前必須要能夠準備充分。例如：①了解受診企業之需求與期望；②了解受診企業所提供之資料的涵義；③了解診斷前自行蒐集到的受診企業之資訊與資料。

(3)診斷進行時必須要能夠「聽、問、記、講」，絕對不要忽視任何一個環節。例如：①企業員工對經營者或管理者的小批評，或許可能是大問題；②企業經營者刻意忽略的環節，也許正是其最重要的成功典範或致命所在；③任何利益關係人的無心說詞所隱含的意義，可能會是驚喜或痛苦的訊號。

(4)診斷必須經由「三現五原則」技巧（如附表 2-5 所示）來進行。例如：

①企業文化、經營理念、願景使命、目標方案是否明確？②管理制度、經營管理的主要流程與次要流程、作業程序與作業標準是否明確？③從業人員的士氣、企圖心、憂患意識是否足夠？④內部互動交流與溝通氣氛、管道是否良好？⑤企業經營與管理者之執行力、邏輯力、思考力、創意力與創新力是否足夠？⑥品質意識與品質成本、品質改進 PDCA 大法輪與 QCC 手法，是否已為全組織所共識、應用與執行？⑦統計技術與資料分析是否已為企業所採用，並作為改進的技術？⑧各項管理制度、作業程序與作業標準是否已標準化？遇需要時可否修訂與公告實施？⑨企業倫理與道德規範是否已為全員共識與遵行？

(5)診斷結束前必須及時／順勢提出具有說服力、吸引力與威嚇力／價值力的口頭與書面報告，切勿拖延三、五天之後才提出書面報告，那時將會喪失受診企業的信賴度與興趣。

表 2-5　診斷技巧（問題解決）──三現五原則

三現	1.現場：到發生問題之現場了解發生問題之現場與其環境因素。 2.現物：到現場看不符合問題的現物（異常狀況、過程、結果）。 3.現狀：發掘不符合問題發生的狀況（包含正在發生中的情況）。
五原則	1.把握現狀。 2.查明不符合或異常發生的原因。 3.採取適當的對策。 4.建議矯正預防措施，以及協助執行，並考核執行成效。 5.協助將矯正預防措施實施過程與成效呈現出來，並建立檔案以供往後參考。

二、企業診斷的基本程序

一般而言，企業診斷的基本程序應可分為五大階段十三大步驟（如圖 2-2 所示）。基本上，企業診斷的方法與中醫師診斷病人的方法有幾分相似，也就是須先接受病人掛號（接洽顧客）、確定病人就診之科別，以確定診斷目的與範圍、根據病歷表與病人口述症狀（乃至於檢驗報告），蒐集有關的次級資料、實際進行看診與必要醫療檢驗作業來取得次級資料（病症與原因）、依據病症與各項相關資料數據，以確認病名與判斷病情（即初步診斷報告）、最後進行診療成效評估與追蹤（即為方案再評估與追蹤）。

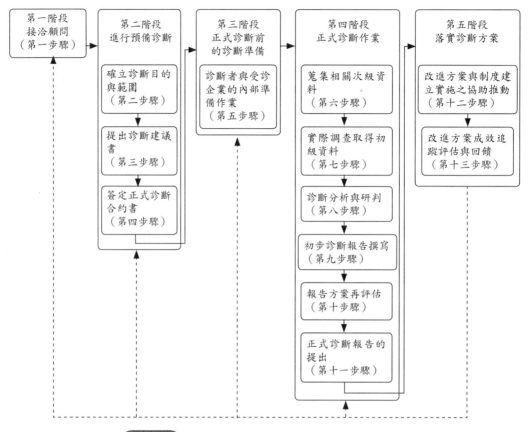

圖 2-2 企業診斷作業程序（以企管顧問公司為例）

（一）第一階段：接洽顧客

　　企業診斷／管理諮詢之客戶來源有慕名而來、廠商／朋友介紹、企管顧問／診斷專家自薦等種類。不論以何種方式來源的顧客，診斷專家／組織必須以積極的心態面對顧客，在最短時間內安排與顧客洽談。洽談時必須盡可能讓顧客多方說出其急需解決的問題，以及顧客對其問題的看法，與對顧問專家期待的目標，如此才能了解顧客真正的要求與企圖，再權衡與判斷受理之能力與條件。此時最好能請顧客提出主要的診斷／諮詢服務內容（如：①其企業業種、業態與業際；②其企業規模與面臨的主要問題；③期望解決的課題與解決期限），若可行的話一併提出近三至五年的資產負債表／損益表／產品成本分析表，以利下階段的進行。

（二）第二階段：進行預備診斷

進行預備診斷階段有三個主要步驟：

1. 確立診斷目的與範圍

確認診斷目的、範圍與特性，乃是進行企業診斷時最重要的任務。因為要進行診斷作業時，基本上高階經營管理者已事前設定好明確的診斷目的，但是企業診斷專家必須再讓該顧客有明確的診斷需要，以及確認診斷課題的選擇是否恰當，所以有時候需要經由預備診斷的工作，以求取公正、完整的資料，找出經營管理上的主要與關鍵問題。當然並不是診斷專家說了算，在基於滿足顧客前提下，宜與顧客共同確認診斷課題乃是有需要的，惟此時，診斷專家宜在內部召集有經驗的專業人員組成調查研究小組，對顧客的現狀進行調查與分析，再依據急迫性、可行性、關鍵性、有效性等原則，將顧客的關鍵問題分類、比較之後，確立優先次序的診斷課題，並與顧客高階經營管理者交換意見，取得共識後確定正式診斷課題。此步驟目的在「做對的事」、「滿足顧客需求」，以免影響正式診斷作業之效能。

2. 提出診斷建議書

在上述步驟取得診斷課題之共識後，診斷專家內部即應撰寫診斷建議書（內容包括：顧客背景與經營狀況分析、目前經營管理上的主要問題、確認診斷課題範圍與目的、診斷進行步驟／方法與時程安排、診斷專家背景介紹、診斷費用預算等），提交給顧客進行審核與診斷決策。此步驟相當重要，診斷建議書必須具有說服力與吸引力，否則可能會失掉接案機會。

3. 簽定正式診斷合約書

上述診斷建議書經由顧客審驗確認之後，即可進一步進行正式診斷合約書的簽定，以作為診斷專家與受診企業間合作與權利義務之依循。正式診斷合約書有時與診斷建議書之主要內容是相同的，即診斷建議書經雙方討論與修正部分內容（主要為診斷時程、診斷費用預算）後，經簽定之後，即轉為正式的診斷合約書。

（三）第三階段：正式診斷前的診斷準備

基本上，此階段始於雙方簽定正式診斷合約書之後，診斷專家／組織與受

診企業組織即應各自做好準備診斷的有關工作（如表 2-6 所示）。

表 2-6　診斷前的準備工作

診斷專家／組織	1.組成診斷團隊並分配負責診斷課題之任務。 2.診斷團隊在正式診斷前，應召開預備會議，讓團隊成員取得共識，認知診斷課題的重點。 3.設計員工問卷調查表，以為蒐集相關次級資料與問題資料。
受診企業／組織	1.確立與診斷專家／組織診斷任務的主要執行者與配合人員名單。 2.遴選對企業組織各項管理系統業務全面了解者擔任主要執行者與配合人員，負責與診斷專家／組織聯繫與提供資料及資訊、邀約診斷面談人員、參與診斷全部過程、向企業高階經營管理者回報診斷進度。 3.主要執行者與配合人員同時負責診斷專家與受診企業內部員工之溝通任務。

（四）第四階段：正式診斷作業

1.蒐集相關次級資料

　　診斷專家在進行診斷作業時，必須遵照「疏而不漏」的原則，依據企業診斷目的、範圍與特性，進行次級資料之蒐集。蒐集資料之目的，是希望藉此探索受診企業所需要解決的問題，也可藉此取得對受診企業內部與外部情勢的了解。這個步驟乃延續第二與第三階段所確認的診斷課題，展開深入的調查，以釐清問題的細節與有關的各項因素之間的關係。而資料蒐集時應該要辨別進度、掌握診斷時效、分析資料的可靠性，以及遵守保密之倫理道德規範等基本注意要點。

2.實際調查取得初級資料

　　在進行次級資料蒐集的同時，也應透過實地調查訪談的方式，取得深入之初級資料。實地調查訪談需要經由診斷者之高度洞察力與客觀態度，以了解該受診企業的實際經營與管理運作情形（包括：①企業組織的基本資料、行政組織系統、生產／行銷／研發／人資／財務管理概況等內部狀況；②競爭同業之間的關係、外部利益關係人間的關係等外部狀況）。此一調查工作乃在於對受診企業的經營管理活動現況有所了解，以利進行診斷分析。也就是調查工作目的乃為蒐集有價值的初級資料，以供整理分析與研判時運用。至於調查方法有：①直接調查或間接調查；②問卷調查或訪談調查等方法。

3. 診斷分析與研判

經由實地調查訪談所得的初級資料，可以運用各種方法與受診企業之負責人／管理者進行深入的分析，以確定真正問題所在，並可據以制定妥適可行的改進方案。至於可供診斷分析與研判的方法，通常應以系統化的管理科學分析方法為之：①科學的分析方法有創意思考與創新技法應用、8D 問題解決方法、腦力激盪法、小集團創意思考法等，整體性思考問題、分析問題、解決問題或矯正預防問題之程序；②可採取定量分析（藉由數量資料進行有目的之分析）、定性分析（藉由非數量資料加以分析），以兼顧所有經營、管理活動與企業活動層面，以提高診斷的周延性與準確性；③以重點診斷原則來進行整理分析與推論，將大問題劃分為若干小問題，再加以個別分析，以找出問題所在，更與同業相比較。

4. 初步診斷報告撰寫

此時即可進行製作初步的診斷報告，而初步診斷報告之內容應包括：①企業診斷摘要；②企業診斷目的；③企業診斷程序與方法；④主要問題點；⑤經營分析（含營運特性綜合比較分析、營業收支與損益分析、經營總體分析等）；⑥診斷總結（包括：公司之經營環境與競爭地位、經營策略、技術水準、人力與財務等資源、組織與制度、產品組合與品質管理、生產服務作業與銷售管理、財務與會計制度、研究發展管理、經營績效、營運之優劣勢、未來展望等）；⑦初步具體建議（包括：一般事項、行銷與市場銷售事項、生產與服務作業事項、人力資源管理事項、財務與資金管理事項、新產品開發與創新發展事項等）。

5. 報告方案再評估

在初步診斷報告提出之後，企業診斷活動之工作尚未結束，應與受診企業有關人員一起研討，將診斷課題的調查狀況與分析結論、改進思維作互動交流，廣泛聽取他們的意見，以避免片面性與未周延性之情形發生，使對問題認識與分析結論更明確；再各別請益他們的更好建議與見解，以使改進方案更為完整與周延、切合實際、利於實施。如此的互動將會使診斷報告更易為受診企業之經營管理者接受，在導入實施時就會更為順利。

6. 正式診斷報告的提出

接著就可以將修正後的正式診斷報告提出來，一般而言，此時最好在受診企業處所作簡報（類似診斷課題發表會），向與會的受診企業有關人員彙報此次診斷的成果，提高他們對問題的認識，這是推動企業改進、變革、轉型的宣導會／共識會。至此，可以說本次診斷任務已經完成，但受診企業在導入實施時，可能還需要診斷專家／組織的支持、說明與協助。

（五）第五階段：落實診斷方案

落實診斷方案應以受診企業組織為主體，診斷專家／組織應參與他們的落實方案小組，此時診斷專家／組織的工作有二個步驟：

1. 改進方案與制度建立實施之協助推動

協助受診企業擬定具體實施計畫，按照方案內容進行人員培訓，在實施過程中給予具體的協助與指導。

此步驟的重要工作除了依建立制度步驟（如圖 2-3 所示）進行改進後之制度／管理典範的建立作業，協助建立制度之外，更要協助推動，以達到改進經營管理體質之目的。

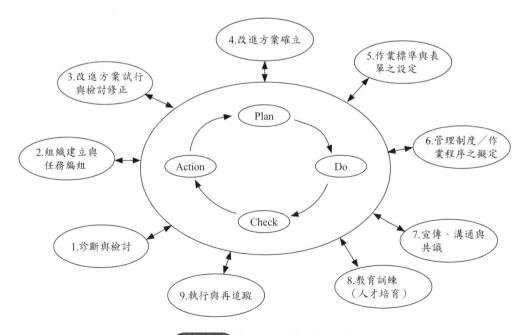

圖 2-3 建立制度／典範的步驟

2. 改進方案成效追蹤評估與回饋

　　當改進方案落實之後，診斷專家撤離之前，要受診企業有關人員進行方案施行成效的驗收與總結（包含：對整個診斷活動作總結、對實施成果進行評價、如何鞏固改進成效與今後應有的持續改進措施等三部分），此時才算是診斷任務真正的結束。當然，診斷專家應將整個過程的好與壞、優與劣，予以整理為診斷知識庫，作為往後診斷時的參考，及修正此次診斷過程之缺失，以精進本身與組織的診斷技術與經驗。

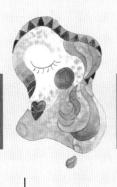

PART 2

經營分析與企業評價

CHAPTER 3

企業經營分析與績效衡量

　　經營分析是就企業經營管理所表現出的財務資料,或數量性資料加以分析,從分析所得的結果來判斷企業經營管理活動之成果。而績效衡量是用來進行企業診斷的核心議題,其目的是對企業經營管理活動的成效進行績效衡量,以檢視、判別現階段經營成果,進而確認投資人與經營管理階層的既定經營目標是否達成。基本上企業經營分析與績效衡量,乃為評價企業各項經營管理活動的收益力、活動力、安定力、生產力、成長力等經營成果,並透視影響原因及謀求改進對策。

第一節　企業經營分析與財務報表分析方法
第二節　企業經營績效管理系統與績效衡量

　　企業經營分析就是企業財務報表分析。一般而言,財務報表分析是一種幫助企業經營管理者、投資大眾、金融保險機構與稅務稽徵機關取得正確回答問題的過程,也是達成各自所期待目標的手段。本書並不想過度強調企業經營分析只是協助上述各種人們的投資、營運、融資規劃,以及投資評估、評價與預算,或是稅捐稽徵核算等工具而已。本書尤其希望企業經營管理者、投資者、債權融資金融機構在進行財務報表分析之前,應有明確目標,否則只是浪費大量人力、物力與財力而已。最主要原因在於企業財務報表分析,只能說是企業理財與財務管理的一部分而已。

　　任何財務報表／經營分析均應達到某種程度的精確性,其選擇分析的工具／方法也應具有透徹的眼光。企業經營管理者與投資者應確實鑑別出幾個問題,方能有效的進行分析與應用分析工具。這些應鑑別的問題為:①有待分析與解決的問題,是否已明確定義與陳明?②有哪些因素、趨勢與關係會對上述問題分析有助益?③有哪些方法或工具可達成目標?④蒐集的初級與次級資料

之可靠性如何？⑤經由可靠性資料的了解，會對分析結果產生哪些影響？⑥分析的結果之正確性如何？⑦使用的分析方法與工具會有哪些限制？對分析結果之影響程度如何？

第一節　企業經營分析與財務報表分析方法

我們希望企業組織與投資人不但要做好財務報表分析，更要以理性的方法來解決有關的經營管理／投資問題（包括經營、管理、融資、投資等決策議題在內）。在第一章中我們曾提出常用的財務報表分析方法有：比較性財務報表、趨勢分析、共同比財務報表、比率分析與特定分析等五種。本章節將就上述五大方法逐一介紹與說明，以供讀者了解、比較與應用時的參考。

一、比較性財務報表分析方法

比較性財務報表分析方法簡稱為比較分析，所謂的比較分析乃就兩個以上的企業組織，或是同一個公司內部兩個以上的事業部／部門／時期的財務資料作比較，並分析其差異或發展趨勢。其分析方法應以企業組織某個基期的各項財務數值做基準，再求出其他各項相關數值與該基期數值做比較分析。進行比較性財務報表分析的範圍有比較性資產負債表、比較性損益表、比較性盈餘分配表等，其方法則有絕對數字、絕對數字增減變動、百分比增減變動、比率增減變動與圖解法等五種。（如表 3-1、表 3-2、圖 3-1 所示）

表 3-1　GOING-CONCERN 公司比較性損益表

中華民國 X＋1 年與 X＋2 年 1 月 1 日至 12 月 31 日　　單位：NT$千元

科　目	X+1 年 12 月 31 日	X+2 年 12 月 31 日	X+2 年增（減） NT$	X+2 年增（減） %	X+2 年變動 增減金額	X+2 年變動 比率
1.銷貨收入（淨額）	869,099	973,011	103,912	11.96	103,912	1.12
2.銷貨成本	499,650	511,750	12,100	2.42	12,100	1.02**
3.銷貨毛利（3＝1-2）	369,449	461,261	91,812	24.85*	91,812	1.25
4.銷管費用（＝4.1＋4.2）	256,462	285,076	28,614	11.16	28,614	1.11
4.1 推銷費用	213,451	223,699	10,248	4.80	10,248	1.05

（續前表）

科　目	X+1 年 12 月 31 日	X+2 年 12 月 31 日	X+2 年增（減）		X+2 年變動	
			NT$	%	增減金額	比率
4.2 管理費用	43,011	61,377	18,366	42.00	18,366	1.43
5.營業淨利（5＝3－4）	112,987	176,185	63,198	55.93	63,198	1.56
6.營業外收入（＝6.1＋6.2）	23,555	20,360	−3,195	−13.56	−3,195	0.86
6.1 財務收入	20,100	15,350	−4,750	−23.63	−4,750	0.76
6.2 雜項收入	3,455	5,010	1,555	45.01	1,555	1.45
7.營業外支出（＝7.1＋7.2）	64,165	49,006	−15,159	−23.63	−15,159	0.76
7.1 財務支出	41,010	43,575	2,565	6.25	2,565	1.06
7.2 雜項支出	23,155	5,431	−17,724	−76.55	−17,724	0.23
8.本期淨利（稅前） （8＝5＋6－7）	72,377	147,539	75,162	103.85	75,162	2.04

```
◄──────────── 絕對數字 ────────────►
◄────────── 絕對數字增減變動 ──────────►
◄──────────── 百分比增減變動 ────────────►
◄────────────── 比率增減變動 ──────────────►
```

*91,812÷369,449＝24.85
**511,750÷499,650＝1.02

表 3-2　GOING-CONCERN 公司比較性資產負值表

中華民國 X＋1 年與 X＋2 年 12 月 31 日　　單位：NT$ 千元

科　目	X+1 年	X+2 年	X+2 年增（減）		X+2 年變動	
			NT$	%	NT$	%
1.資產						
1.1 現金	155,551	147,435	−8,116	−5.22*	−8,116	0.95
1.2 應收帳款（淨額）	205,273	260,015	54,742	26.67	54,742	1.27**
1.3 存貨	149,593	188,475	38,882	25.99	38,882	1.26
1.4 預付款項	48,975	41,358	−7,617	−15.55	−7,617	0.84
1.5 長期投資	60,011	66,379	6,368	10.61	6,368	1.11
1.6 固定資產（淨額）	245,638	358,300	112,662	45.87	112,662	1.46
1.7 遞延借項	60,195	81,675	21,480	35.68	21.480	1.36
1.8 其他資產	9,315	25,881	16,566	177.84	16,566	2.78
1.9 資產總額	944,551	1,169,518	224,967	23.82	224,967	1.24
2.負債及股東權益						
2.1 銀行透支	3,000	14,950	11,950	398.33	11,950	4.98
2.2 短期借款	230,620	300,101	69,481	30.13	69,481	1.30
2.3 應付款項	159,475	190,450	30,975	19.42	30,975	1.19

（續前表）

科　目	X+1 年	X+2 年	X+2 年增（減）		X+2 年變動	
			NT$	%	NT$	%
2.4預收款項	53,551	75,180	21,629	40.39	21,629	1.40
2.5其他負債	19,750	9,715	−10,035	−50.81	−10,035	0.49
2.6股本	270,000	305,155	35,155	13.02	35,155	1.13
2.7公積與盈餘	208,155	273,967	65,812	31.62	65,812	1.31
2.8負債及股東權益總額	944,551	1,169,518	224,967	23.82	224,967	1.24

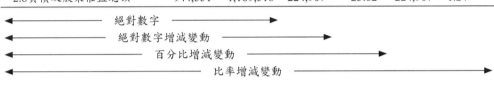

*−8,116 ÷ 155,551 = −5.22
**260,015 ÷ 205,273 = 1.27

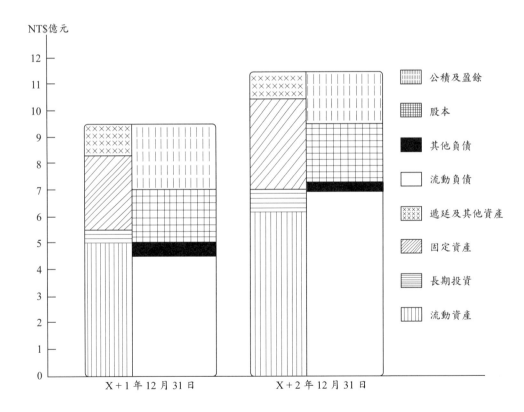

圖 **3-1** GOING-CONCERN 公司圖解比較性資產負債表

二、趨勢分析方法

趨勢分析（trend analysis）乃就連續多個期間之發展趨勢加以分析，即以連續多個期間之財務報表中，以第一期間或另選擇某一期間為基期（base period），計算每一期間各項目對基期同一項目的趨勢百分比（trend percentage），或稱趨勢比率（trend ratio）及指數（index number）使其成為一系列具有比較性的百分比或指數，所以這種分析方法是橫的分析（horizontal analysis）。

趨勢分析是將各期間的財務資料，換算為同一基期的百分比或指數，故趨勢百分比是用來表示財務報表內各項目，在不同期間的百分比關係。但是任何一項百分比的增減並非表示好或不好，而是要與相關的項目作比較，才能顯示出其價值與意義。趨勢分析方法大致上可分為成長趨勢法（又分為固定基期法與移動基期法）、比率趨勢法、圖解法等三種。

（一）成長趨勢法

成長趨勢法乃依據某企業連續數年的發展情形，加以研判其成長趨勢。趨勢百分比的計算公式為：某期趨勢百分比 $= \dfrac{\text{當期金額（或餘額）}}{\text{基期金額（或餘額）}} \times 100$

1. 固定基期法（fixed base period method），就所採取數個期間的財務資料中，以第一期資料為基期 100%，並計算其後各期間數值之比率，加以分析與研判。（如表 3-3 所示）

表 3-3 GOING-CONCERN 公司資產負債表——趨勢分析（單位：NT$ 千元）

科　目	資產負債表（12 月 31 日）			趨勢百分比（基期 X 年 12 月 31 日）		
	X 年	X＋1 年	X＋2 年	X 年	X＋1 年	X＋2 年
1.資產						
1.1現金	160,000	155,551	147,435	100	97*	92
1.2應收帳款（淨額）	159,000	205,273	260,015	100	129**	163
1.3存貨	120,000	149,593	188,475	100	125	157
1.4預付款項	39,500	48,975	41,358	100	124	105
1.5長期投資	56,150	60,011	66,379	100	107	118

（續前表）

科　目	資產負債表（12 月 31 日）			趨勢百分比（基期 X 年 12 月 31 日）		
	X 年	X+1 年	X+2 年	X 年	X+1 年	X+2 年
1.6固定資產（淨額）	200,000	245,638	358,300	100	123	179
1.7遞延借項	58,950	60,195	81,675	100	102	139
1.8其他資產	8,500	9,315	25,881	100	110	304
1.9資產總額	802,100	944,551	1,169,518	100	118	145
2.負債及股東權益						
2.1銀行透支	3,000	3,000	14,950	100	100	498
2.2短期借款	200,000	230,620	300,101	100	115	150
2.3應付款項	175,150	159,475	190,450	100	91	109
2.4預收款項	45,550	53,551	75,180	100	118	165
2.5其他負債	21,050	19,750	9,715	100	94	46
2.6股本	270,000	270,000	305,155	100	100	113
2.7公積與盈餘	87,350	208,155	273,967	100	238	314
2.8負債及股東權益總額	802,100	944,551	1,169,518	100	118	145

*155,551÷160,000×100% = 97.22%

**205,273÷159,000×100% = 129.10%

　　在表 3-3 中，X + 2 年對 X 年的資產總額成長了 NT$367,418 千元，145%；負債總額（= 2.1 + 2.2 + 2.3 + 2.4 + 2.5）成長了 NT$145,646（= NT$590,396 − 444,750）千元，133%；淨值總額（=股本 + 公積與盈餘）成長了 NT$221,772 千元（= NT$579,122 − 357,350 千元），162%。顯示出該公司在 3 年之中，資產增加 45%、負債增加 30%、淨值增加 62%，且該公司淨值增加幅度遠大於負債的增加幅度，這表示該公司呈現頗佳的財務發展趨勢。

2. 移動基期法（shifting base period method），就數期資料中，各以其上一期資料為基期 100%，而求出本期對上一期之比率，以供其財務發展趨勢之研判。（如表 3-4 所示）

表 3-4 GOING-CONCERN 公司資產負債表—移動指數表（單位：NT$ 千元）

科　目	資產負債表（12 月 31 日）			移動指數表	
	X 年	X＋1 年	X＋2 年	X＋1 年	X＋2 年
1.資產					
1.1現金	160,000	155,551	147,435	97*	95**
1.2應收帳款（淨額）	159,000	205,273	260,015	129	127
1.3存貨	120,000	149,593	188,475	125	126
1.4預付款項	39,500	48,975	41,358	124	84
1.5長期投資	56,150	60,011	66,379	107	111
1.6固定資產（淨額）	200,000	245,638	358,300	123	146
1.7遞延借項	58,950	60,195	81,675	102	136
1.8其他資產	8,500	9,315	25,881	110	278
1.9資產總額	802,100	944,551	1,169,518	118	124
2.負債及股東權益					
2.1銀行透支	3,000	3,000	14,950	100	498
2.2短期借款	200,000	230,620	300,101	115	130
2.3應付款項	175,150	159,475	190,450	91	119
2.4預收款項	45,550	53,551	75,180	118	140
2.5其他負債	21,050	19,750	9,715	94	49
2.6股本	270,000	270,000	305,155	100	113
2.7公積與盈餘	87,350	208,155	273,967	238	132
2.8負債及股東權益總額	802,100	944,551	1,169,518	118	124

$*155,551 \div 160,000 \times 100\% = 97.22\%$

$**147,435 \div 155,551 \times 100\% = 94.78\%$

　　在表 3-4 中，該公司 X＋2 年底時資產總額比 X＋1 年增加 24%，負債增加 27%，淨值增加 21%，其負債增加遠大於資產與淨值的增加，顯示當時的財務發展之趨勢不佳。但是 X＋1 年比 X 年原則呈現出資產增加 18%，負債增加 5%，淨值增加 34%，顯示出 X＋2 年度的經營有擴大舉債情形。

（二）比率趨勢法

　　比率趨勢法，乃依據某企業連續數個期間的構成比率與財務關係比率，加以分析研判者。（如表 3-5 所示）

表 3-5 GOING-CONCERN 公司歷年財務比率變動趨勢表

項目分析 \ 年度		X 年	X+1 年	X+2 年	X+3 年	X+4 年	說　明
財務結構(%)	負債占資產比率	70.46	81.50	86.05	54.17	51.38	漸有改善
	長期資金占固定資產比率	401.68	216.13	264.00	795.37	810.73	漸有改善
償債能力(%)	利息保障倍數	—	(19.22)	6.57	41.39	523.65	已有明顯改善
	流動比率	126.70	110.84	108.29	171.44	156.13	X+4 年有轉弱趨勢
	速動比率	123.16	92.26	89.93	129.77	97.46	X+4 年有轉弱趨勢
經營能力	應收帳款週轉率（次）	1.68	5.53	3.94	4.74	4.81	逐年轉弱趨勢
	平均應收帳款收現天數（天）	217	66	93	77	76	已漸有改善
	存貨週轉率（次）	29.71	33.31	11.85	10.64	7.18	呈現轉弱趨勢
	平均售貨天數（天）	12	11	31	34	51	X+4 年大幅轉弱
	應付帳款週轉率（次）	1.17	5.03	3.07	4.11	4.77	票期有縮短趨勢
	固定資產週轉率（次）	13.17	35.28	31.87	35.10	34.65	有轉佳趨勢，但疲態已現
	總資產週轉率（次）	0.92	3.02	1.68	2.02	2.06	漸轉強趨勢
獲利能力	資產報酬率（%）	(3.61)	(8.86)	2.80	10.41	12.42	有漸強趨勢
	股東權益報酬率（%）	(12.21)	(38.62)	15.70	30.91	27.22	有漸強趨勢
	占實收資本比率(%) 營業利益	(16.34)	(13.06)	21.55	53.66	80.94	漸有成長
	占實收資本比率(%) 稅前利益	(10.88)	(28.77)	16.95	52.60	71.33	漸有成長
	純益率（%）	(3.91)	(2.94)	1.20	4.22	5.67	漸有成長
	每股盈餘（元）	(1.29)	(4.77)	1.69	8.54	6.23	漸有成長
現金流量	現金流量比率（%）	13.81	(49.06)	2.63	(11.78)	27.90	X+4 年已有轉強趨勢
	現金流量允當比率（%）	114.61	(126.20)	(71.26)	(54.28)	(0.35)	漸有改善
	現金再投資比率（%）	34.28	(176.56)	12.71	(14.80)	26.96	漸有轉強趨勢
槓桿度	營運槓桿度	0.40	10.14	2.90	1.29	1.18	漸有改善
	財務槓桿度	1.00	0.90	1.16	1.02	1.00	漸有改善

（三）比率分析圖解法

　　一般常引用雷達圖（如圖 3-2 所示）來呈現出某企業經營指標，各指標圍成之圖形越往外圍時，其面積也越大，就表示其經營績效愈佳。

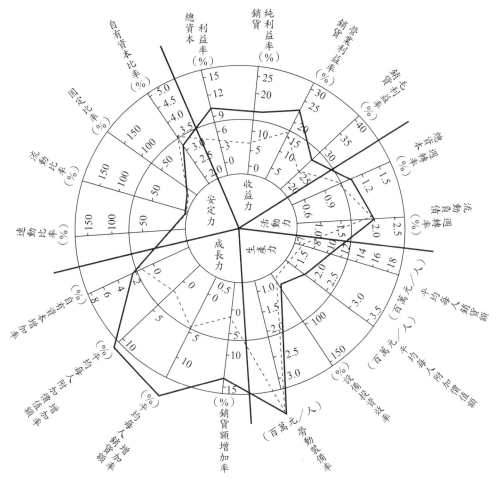

（資料來源：劉平文（1993），《經營分析與企業診斷──企業經營系統觀》（第一版），台北市：華泰文化事業公司，p.89）

圖 3-2 企業經營指標雷達圖（範例）

三、共同比財務報表分析方法

　　共同比財務報表（common-size financial statement），乃指在此項財務報表中，不列出各項組合的金額，僅列出其所占的百分比，故又稱為組合百分比財務報表（component percentage financial statement）。也就是在同一財務報表

中，各項目之間的相對重要性，必須確定一項共同的尺度或共同的基礎列為
100% 後，再分別計算各項目所占共同尺度的百分比，以顯示同一財務報表中
各項目的垂直關係，以及整體內部的架構分配比例，故也稱為縱的分析或結構
分析（洪國賜、盧聯生；1981，p.93～94）。共同比財務報表可分為共同比資
產負債表與共同比損益表（如表 3-6、表 3-7 所示）等兩種。

（一）共同比資產負債表

　　共同比資產負債表乃集中在下列兩個焦點的分析：①分析某企業資金的來
源（來自業主投資與營運所獲得的利潤、對外舉債等），以顯示出該企業的財
務資源提供者是誰（多少資金來自於業主投資？有多少來自對外借入？向外部
借入部分有多少屬於流動負債與長期負債）？即為企業財務結構分配情形；②
提供企業資產分配的狀況（流動資產有多少百分比？固定資產有多少百分比？
其他資產有多少百分比？），顯現企業如何配置各項資產以從事營運活動。

　　共同比資產負債表，乃將各期末（通常為 12 月 31 日）資產負債表的資產
金額、負債及股東權益總額，當作各期間的基數，列為 100%。而後的各期期
末的資產負債表各項目的絕對數字，逐一除以所屬期間資產總額，或負債及股
東權益總額，即可求得其共同比百分率。

表 3-6 GOING-CONCERN 公司比較性與共同比資產負債表

科　目	比較性資產負債表 (12 月 31 日) 千元			共同比資產負債表 (12 月 31 日)		
	X + 1 年	X + 2 年	X + 3 年	X + 1 年	X + 2 年	X + 3 年
1.資產						
1.1現金	160,000	155,551	147,435	19.95%	16.64%	12.61%
1.2應收帳款（淨額）	159,000	205,273	260,015	19.82%	21.96%	22.23%
1.3存貨	120,000	149,593	188,475	14.96%	16.01%	16.12%
1.4預付款項	39,500	48,975	41,358	4.92%	5.24%	3.54%
1.5長期投資	56,150	60,011	66,379	7.00%	6.42%	5.68%
1.6固定資產（淨額）	200,000	245,638	358,300	24.94%	26.29%	30.63%
1.7遞延借項	58,950	60,195	81,675	7.35%	6.44%	6.98%
1.8其他資產	8,500	9,315	25,881	1.06%	1.00%	2.21%
1.9資產總額	802,100	934,551	1,169,518	100.00%	100.00%	100.00%

（續前表）

科　目	比較性資產負債表 （12月31日）千元			共同比資產負債表 （12月31日）		
	X＋1年	X＋2年	X＋3年	X＋1年	X＋2年	X＋3年
2.負債及股東權益						
2.1銀行透支	3,000	3,000	14,950	0.37%	0.32%	1.28%
2.2短期借款	200,000	230,620	300,101	24.93%	24.68%	25.66%
2.3應付款項	175,150	159,475	190,450	21.84%	17.07%	16.28%
2.4預收款項	45,550	53,551	75,180	5.68%	5.73%	6.43%
2.5其他負債	21,050	19,750	9,715	2.63%	2.11%	0.83%
2.6股本	270,000	270,000	305,155	33.66%	28.89%	26.09%
2.7公積與盈餘	87,350	198,155	273,967	10.89%	21.20%	23.43%
2.8負債及股東權益總額	802,100	934,551	1,169,518	100.00%	100.00%	100.00%

（二）共同比損益表

共同比損益表以銷貨淨額為基數，列為 100%，再以損益表內的各項目的絕對數字，逐一除以銷貨淨額，即可得到各項目的共同比百分率。共同比損益表乃在於說明：①銷貨收入的共同比百分率；②營業成本的共同比百分率；③營業費用的共同比百分率；④稅後淨利的共同比百分率。

表 3-7　GOING-CONCERN 公司比較性與共同比損益表

科　目	損益表（12月31日）		共同比損益表（12月31日）	
	X＋1年	X＋2年	X＋1年	X＋2年
1.銷貨收入（淨額）	869,099	973,011	100.00%	100.00%
2.銷貨成本	499,650	511,750	57.49%	52.59%
3.銷貨毛利（＝1-2）	369,449	461,261	42.51%	47.41%
4.銷管費用（＝4.1＋4.2）	256,462	285,076	29.51%	29.30%
4.1推銷費用	213,451	223,699	24.56%	22.99%
4.2管理費用	43,011	61,377	4.95%	6.31%
5.營業淨利（＝3-4）	112,987	176,185	13.00%	18.11%
6.營業外收入（＝6.1＋6.2）	23,555	20,360	2.71%	2.09%
6.1財務收入	20,100	15,350	2.31%	1.58%
6.2雜項收入	3,455	5,010	0.40%	0.51%
7.營業外支出（＝7.1＋7.2）	64,165	49,006	7.38%	5.04%

（續前表）

科　目	損益表（12 月 31 日）		共同比損益表（12 月 31 日）	
	X＋1 年	X＋2 年	X＋1 年	X＋2 年
7.1 財務支出	41,010	43,575	4.72%	4.48%
7.2 雜項支出	23,155	5,431	2.66%	0.56%
8. 本期淨利（稅前）（＝5＋6－7）	72,377	147,539	8.33%	15.16%

四、比率分析

比率分析乃就某一特定日期或某期間，各項目的相關性，並以百分率、比或分數表示之，如此能夠將財務資訊簡化，以獲得明確與清晰的概念。比率分析（如表 3-8 所示）也是根據過去或現在的情況，以預測未來，所以必須將比率作如下比較：①與同企業過去的該項比率相互比較；②與若干預定的標準比率相互比較；③與同業的該項比率相互比較。

惟對於各種不同業種、業態與業際之企業而言，由於產業性質與企業本身經營特性有所差異，以致於需要針對不同重點及所有資料，採取不同比率加以分析，例如：①傳統製造業在衡量生產力方面常用的比率分析指標有：總生產力、勞動生產力、原物料生產力、資本生產力與行銷生產力；②百貨產業衡量生產力指標有：集客力、提袋率、平均客單價與平均每坪營收金額等；③資訊科技產業則運用如下指標衡量生產力：每人產值、每人產量、每人品檢速率、每人附加價值、軟體系統數／開發時間、每人營業額、部門費用／部門業績、部門業績／部門人數等。

表 3-8　國內上市上櫃公司常引用的財務比率一覽表

類別	分析項目	計算公式
財務結構（％）	負債占資產比率（％）	負債占資產比率＝負債總額／資產總額
	長期資金占固定資產比率（％）	長期資金占固定資產比率＝（股東權益淨額＋長期負債）／固定資產淨額

（續前表）

類別	分析項目		計算公式
償債能力	流動比率（％）		流動比率＝流動資產／流動負債
	速動比率（％）		速動比率＝（流動資產－存貨－預付費用）／流動負債
	利息保障倍數		利息保障倍數＝所得稅及利息費用前純益／本期利息支出
經營能力	應收款項週轉率（次）		應收款項（包括應收帳款與因營業而產生之應收票據）週轉率＝銷貨淨額／各期平均應收款項（包括應收帳款與因營業而產生之應收票據）餘額
	平均收現日數（日）		平均收現日數＝365／應收款項週轉率
	存貨週轉率（次）		存貨週轉率＝銷貨成本／平均存貨額
	應付款項週轉率（次）		應付款項（包括應付帳款與因營業而產生之應付票據）週轉率＝銷貨成本／各期平均應付款項（包括應付帳款與因營業而產生之應付票據）餘額
	平均銷貨日數（日）		平均銷貨日數＝365／存貨週轉率
	固定資產週轉率（次）		固定資產週轉率＝銷貨淨額／固定資產淨額
	總資產週轉率（次）		總資產週轉率＝銷貨淨額／資產總額
獲利能力	資產報酬率（％）		資產報酬率＝〔稅後損益＋利息費用×（1－稅率）〕／平均資產總額
	股東權益報酬率（％）		股東權益報酬率＝稅後損益／平均股東權益淨額。
	占實收資本比率（％）	營業利益	營業利益／實收資本額
		稅前利益	稅前利益／實收資本額
	純益率（％）		純益率＝稅後損益／銷貨淨額
	每股盈餘（元）		每股盈餘＝（稅後淨利－特別股股利）／加權平均已發行股數
現金流量	現金流量比率（％）		現金流量比率＝營業活動淨現金流量／流動負債
	現金流量允當比率（％）		淨現金流量允當比率＝最近五年度營業活動淨現金流量／最近五年度（資本支出＋存貨增加額＋現金股利）
	現金再投資比率（％）		現金再投資比率＝（營業活動淨現金流量－現金股利）／（固定資產毛額＋長期投資＋其他資產＋營運資金）
槓桿度	營運槓桿度		營運槓桿度＝（營業收入淨額－變動營業成本及費用）／營業利益
	財務槓桿度		財務槓桿度＝營業利益／（營業利益－利息費用）

🖑 五、特定分析

特定分析（specialized analysis），是因應採用比率分析時可採行的比率種類很多，令人無所適從；另外，也因為比率分析對於企業經營成績的判斷，往往會因業種與業態的差異，導致判斷失真，因而有所謂的特定分析以供選擇。

而特定分析常見的方法有：資金流量與財務預測、財務狀況變動分析、銷貨毛利變動分析、成本—數量—利潤關係分析、損益平衡點分析、指數分析、標準差異分析、圖表分析等多種。至於圖表分析則可運用：直角座標式分析圖、條形圖（bar chart）、圓形圖（pic chart）、網狀圖、甘特圖（Gantt chart）、魚骨圖、樹狀結構、三角形結構圖、四角形圖，以及表格分析等方法。本書為節省篇幅，此方面請讀者參考統計技術與財務管理有關書籍，敬請包涵。

🏵 第二節　企業經營績效管理系統與績效衡量

企業的績效衡量乃需要檢視關鍵績效指標（key performance indicator; KPI），這個 KPI 指標就如同駕駛汽車或飛機時的儀表板、醫生診斷病人時的各項指標／指數一般，企業經營管理階層常常要引用這些 KPI 指標來檢視、監測與鑑別其企業的營運績效，每當發現偏離時，就應該採用矯正預防對策來扭轉，以符合企業經營目標。

企業的整體經營績效必須與企業的各項資源（包括員工、管理者、領導者、原材料、設施設備、財務資金、作業方法與工具、作業程序與作業標準、工作士氣等）績效緊密結合。在此時就需要將 KPI 指標細分到各個資源之上，而且要將 KPI 指標作為引導企業整體營運方向之努力上。

績效評估的目的在於：①衡量與判斷企業經營績效；②使個人績效與企業目標互相串連；③培養企業員工的工作能力；④激勵企業整體的工作士氣；⑤加強主管與員工之間的溝通；⑥作為員工薪酬與升遷的判斷依據；⑦作為企業控制與整合的工具。（Levinson; 1970）所以企業經營績效衡量的目的乃在於：「可評估企業過去的經營成果、可供為預測企業的未來發展趨勢、可作為企業經營管理者進行管理控制時的工具、可作為企業是否永續經營的決策參考依據」。（陳澤義、陳啟斌；2006）

一、績效、衡量與管理的定義

績效（performance）乃指企業的營運活動之執行成果，一般來說，績效是由效率（efficiency）與效能（effectiveness）兩個層面所構成（Szilagyi; 1981）。效能乃指實際產出與目標產出之間的比值，效率則指實際產出與潛在產出之間的比值（由於潛在產出乃是企業的可能最大產出之水平，故也可稱效率為實際產出與實際投入之間的比值，簡化稱之為生產力（productivity））。因此效率指的是透過正確的方法來完成事情（do the thing right），而效能則是去做正確的事情（do the right thing）（Peter Drucker; 1977）。

衡量（measures）乃指在共同可以接受的標準之下，藉由數字描述有關營運績效（效率與效能）者。其相近似名詞有評估（evaluation）或稱評鑑（appraisal），評估係評量某一有機體／事件／營運活動的效率與效能，同時要以特定的標準（如：目標、關鍵績效指標等）來進行其價值判斷（McClure & Wells; 1984）。陳澤義與陳啟斌（2006）指出：「將衡量結果加上價值判斷即為評估，而績效評估就是對績效的衡量，並加上價值判斷之意。」所以評估應該是將控制系統中的衡量資訊，以及將系統評估的過程本身，予以系統化的方式進行，以轉換為績效管理上的有用資訊。當然在系統化過程前，即應事先訂定某些標準、準則、績效指標，以便監測與量測出企業的營運活動是否達到預期目標。

績效管理（performance management）乃是使企業組織達成其利益關係人（包含內部與外部關係人在內）的期望，正確地做對的事，以增加其企業的利潤、促進企業的成長、降低營運成本、提高生產力、增加競爭優勢等一系列的卓越管理。而績效評估（performance measurement）則是企業組織為因應這些關係人，對其組織的形象評定之壓力，而加以運用者，由於這些壓力對企業經營管理各個階級（包括基層員工在內）來說，是挑戰、動能與觸媒，這股壓力對企業整體來說，更是激勵指標、持續發展機會與永續經營的指引。

二、經營績效管理的系統模式

企業經營績效管理，乃是將企業組織的策略管理、營運活動與執行、激勵

獎賞等方面予以組合，以有效達成有意義、有價值、有貢獻的績效（李長貴；2006）。這個經營績效管理的系統模式之重要內容說明如下（見圖 3-3 所示）：

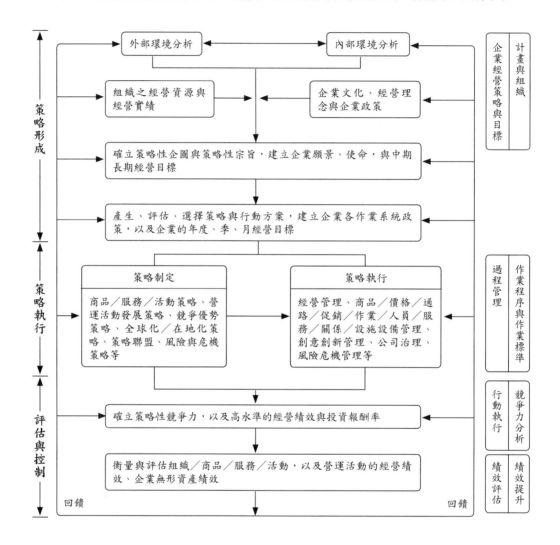

圖 3-3 企業經營績效管理的系統模式

1. 經營績效管理乃在於提升企業組織的競爭力與生產力，也就是策略管理程序中策略形成、策略執行、策略評估與控制的系統化策略性行動，以達成企業組織的願景、使命與目標之管理模式。

2. 經由競爭策略之各項分析工具（如：BCG 分析、CE 經營分析矩陣、SWOT 分析、PEST 自我診斷、競爭五力分析、專利分析、經驗曲線分析、生命週

期分析、競爭與顧客分析、財務報表分析等），以及企業組織經營理念、企業文化、企業政策、經營資源、經營實績，以確立其企業組織的策略性企圖、策略性宗旨，建立明確的企業願景、使命與中長期經營目標。

3. 針對企業組織的中長期經營目標，加以產生、評估、選擇適合的經營管理策略與行動方案，並研訂出其組織的各項作業系統政策，確立企業的短期經營目標（可分為年度、半年、季、月別），而這個短期目標則以表 3-9 之範例輔助說明之。

4. 依據其企業的短期經營目標，制定各事業部／各部門重點管理的作業計畫（策略執行），並以團隊作業模式擬定有關商品／服務／活動策略、營運活動發展策略、競爭優勢策略、全球化與在地化策略、策略聯盟、風險與危機策略規劃等，各級主管／部門之經營目標以及執行行動方案以表 3-10-1、3-10-2、3-10-3 之範例輔助說明之。

5. 依循策略的制定，授權各事業部／各部門分工合作，並依策略規劃執行（諸如經營管理、商品／服務／活動管理、價格、通路、促銷、服務與生產作業、人員組織、服務作業品質、夥伴關係、設施設備管理、創意與創新管理、公司治理、衝突／風險與危機管理等），同時要有清楚的控制點（即查核點），以利各項作業能夠及時檢討、修正與調整。（參考表 3-10-1、3-10-2、3-10-3）

6. 進行經營績效的評估、衡量、評鑑、監視與量測，以清晰、明確、數據化地掌握各事業部／各部門與整個企業組織的經營績效、貢獻度、問題點，並能夠及時採取矯正預防措施，以持續改進之認知，促使企業能夠獲得高水準的經營績效與投資報酬率。（參考表 3-10-1、3-10-2、3-10-3）

7. 經營績效的衡量評估之重點工作，在於讓企業組織的經營管理者與全體員工，了解其組織的商品／服務／活動與營運活動績效，以及企業組織的無形資產績效（如：顧客滿意度／顧客忠誠度、員工滿意度、股東滿意度、供應商滿意度、社會滿意度、創新能力等）。

8. 而績效評估後的激勵獎賞，以及對組織與工作結構的調整、策略性教育訓練與人力資源活動，是相當重要的工作，這個是 PDCA 經營管理循環體系中的一項重要循環關鍵點。

表 3-9 Going Concern 公司品質經營績效指標

項次	指標名稱	計算公式	部門單位	績效值（2010 年） 目標	實際	備註（未達成原因說明及改善預防措施）
1	原料耗用分析	「（成品量＋不良品量）×單位重量÷投入總重量 ＋ 毛邊總重量」÷∑投入總重量	資材、生管	97%／月↑		
2	料帳準確率	誤差筆數÷成品總筆數	資材	99.8%／月↑		
3	誤備率	誤備總批數÷出貨總批數	營業、資材	0.1%↓		
4	客訴件數	已確立之異常	營業、品保	3 件／月↓		
5	射出機台稼動率	生產各機台總開機工時÷各射出機台稼動總工時	製造、生管	65%／月↑		
6	射出生產效率	各射出機台生產總工時÷各射出機台稼動總工時	製造、生管	92%／月↑		
7	製程巡檢不良率	（不良數÷抽驗數）×100%	製造、品保	0.22%／月↓		
8	製程不良率	（自主檢驗不良數量÷送驗數量）×100%	製造、品保	3.5%／月↓		
9	重工件數	重大異常（缺料，破洞，燒焦，包風，異色，刀傷，銀線）	製造、品保	5件／月↓		
10	換模效率	換模數量 標準工時 實際工時 殼×1 模＝80 分÷　　分＝　　% 蓋×1 模＝50 分÷　　分＝　　% 比仔×1 模＝30 分÷　　分＝　　%	製造	100%↑		
11	研發進度達成率	（新模具開立預定日數÷開立實際日數）×100%	研發	95%↑		
12	印刷效率	∑成品數量×標準週期時間／只÷作業總工時	印刷、生管	98%↑		
13	沖孔效率	∑成品數量×標準週期時間／只÷作業總工時	印刷、生管	98%↑		
14	熱封效率	∑成品數量×標準週期時間／只÷作業總工時	印刷、生管	98%↑		
15	超音波效率	∑成品數量×標準週期時間／只÷作業總工時	印刷、生管	98%↑		
16	射出機保養效率	（∑生產計畫生產工時 － ∑射出機故障停工工時）÷∑生產計畫生產工時＊100%	生管、製造	98%↑		

（續前表）

項次	指標名稱	計算公式	部門單位	績效值（2010 年）目標	績效值（2010 年）實際	備註（未達成原因說明及改善預防措施）
17	射出周邊設備保養效率	（∑生產計畫生產工時 − ∑射出機週邊設備故障停工工時）÷∑生產計畫生產工時×100%	生管、製造	98%↑		
18	業績達成率	實際當月訂單金額÷預定當月目標訂單金額×100%	營業	100%↑（NT 5,000 萬／月）		
19	顧客滿意度	自評滿意度平均值×30% + 訂單業績滿意度×30% + 客訴／退貨滿意度×40%	營業及相關部門	95%↑		
20	交貨達成率	（當月實際訂單筆數 − 當月延遲交貨筆數）÷當月實際訂單筆數×100%	營業、生管	98%↑		
21	超額運費—出貨	當月延遲出貨時所產生的超額運費	營業、生管	NT15,000 元↓		
22	超額運費—供應商	當月延遲進料所致的超額運費	採購、生管	NT7,000 元↓		
23	交貨達成率—供應商	（當月實際訂單筆數 − 當月延遲交貨筆數）÷當月實際訂單筆數×100%	採購、資材	96%↑		
24	試產原料耗用率	（試產生產量÷投入總重量）×100%	製造、生管	1%↓		

表 3-10-1 Going Concern 公司經營目標說明書（範例）

職稱	比重	2010 年經營目標 目標項目	2010 年經營目標 達成基準	行動方案
總經理	40	1.提高營業額經常利益率	3%（上年度 2%）	更徹底地執行成本的降低，各經費的節儉。尤其，材料成本的減低，工時的消減作為重點。
	30	2.營業額的增加	較前一年提高 10%	1.提高與產品相關市場的占有率。 2.謀求新產品的早期推出及安定化。 3.並且把下期新產品計畫具體化。 4.產品的合算性非常重要，所以要加以檢討，淘汰不合算產品。
	30	3.提高總資本週轉率	1.3次（上年度 1.2次）	想盡辦法抑制存貨及應收帳款，謀求資金最有效的運用。

＊想要達成整體目標，就要以提高從業人員的能力及士氣為中心，重新檢討業務處理方法，並且提高其效率作為本年度的最高著眼點。

（續前表）

職稱	比重	2010 年經營目標		行動方案
		目標項目	達成基準	
營業部門主管	25	1.新產品推出市場	1.營業額構成比確保 5% 以上 2.確定銷售管道大宗代理店確保 10 家以上	確保可以作為全國銷售網據點的代理店；強化外務員的培養作為本年度的重點。
	30	2.提高貨款回收率	確定應收帳款週轉率 9 次以上	1.積極設法盡量縮短票據期限。 2.盡早掌握每月貨款的回收結果，謀求對策。
	30	3.檢討不合算產品來變更接單比率並整理品類	改善營業總利益率 5% 以上	1.充分採納總務、製造、技術各部門的意見。 2.因為也有搭配銷售，所以要注意不要僅以不合算就把它淘汰。也要充分考量顧客的意向。
	10	4.提高產品相關市場占有率	市場占有率 15% 以上	要更快，更正確地掌握顧客接單情報。提升推銷技術以便獲取較其他競爭公司有利的訂單。
	5	5.銷售費用的減低	銷售金額比率嚴守 7.5% 以內	檢討銷售費用結構的改善，壓縮或修正方案。
事業部門主管	25	1.提高自製作業率	1.作業比率 88%（現在 80%） 2.由此謀求外包費用的削減	1.促進新接單零件的自製化。 2.檢討閒置機器的改善，整備或報廢。
	20	2.減少在製品與存貨	1.提高週轉率 4 次以上（現在是 3.1 次）	1.進行檢討工作準備時間的縮短，製造改善等生產方式。 2.加強存貨、在製品的管理體制。
	20	3.降低不良率	1.不良率減少去年度實績 30% 2.提高資材利用率 1%	1.在技術部協助之下，重新檢討製程的改善及作業標準。 2.進行有關工模、工具的改良改善。
	25	4.由工程的改善來降低成本	1.標準工時遵守 85% 以上 2.資材利用率提高 1% 3.由改善降低工時 5% 以上	1.明訂標準工時遵守率。 2.謀求制度的再檢討以及未訂標準之部分的整理。 3.極力減少資材的製作錯誤。 4.取得技術部的協助後，重新檢討製模方法等。 5.制訂改善的推動策略，展開工作場所的改善運動。
	10	5.減少交貨延遲	交貨期限遲延率 30% 以內	1.要求營業部門協助，好好調整超過基準能力的負荷之接單。 2.提高機器、設備的保養管理。

表 3-10-2 Going Concern 公司經營目標說明書（範例）

開始日期	完成日期	受命者	命令者	完成程度
2010/08/01	2011/07/31	製造主管	事業部主管	A、B、C、D、E
目標說明書及進度表				成果

製造部門主管

50% Ⅰ、製造費的減低
　　從本會計年度所預估的營業成本減少 2.75% 製造費

15% Ⅱ、交貨期限
　　自本年 10 月 1 日到明年 7 月 31 日之間，按照交貨期限交貨的比率訂為 95%。雖然不能按照交貨期限交貨，但如經由與對方的交涉獲得諒解而延期交貨時，不判定為延遲而以按期交貨論。
　　但，這種交貨期限的調整，只承認一次。
　　對於顧客所要求的交貨日期與實際交貨日期的對比實績，要提出報告。該報告表將成為下會計年度的目標設定基礎。對目標以上的達成實績，不予獎勵，但怠於報告者，其整個目標達成率則為 0%。

20% Ⅲ、出貨金額時間比率
　　對 NT ----------- 的製造量，要達成 1.10% 比率。此目標比率視該年度期末實際製造金額來調整。
　　測定方法：實際製造金額為 NT ----------- 時。

10% Ⅳ、庫存週轉率
　　改善庫存週轉率為目的的庫存管理（週轉率 3.8%）
　　測定是依據月分生產分析報告表的庫存週轉率數值。

5% Ⅴ、經費預算遵守率
　　要把經費預算控制於經認可的預算之 95% 以內。

表 3-10-3 Going Concern 公司經營目標說明書（範例）

NO	內容	受命者	命令者	比重	截止日期	
1	目標報告書	人事主管	總經理	30%	2011/7/31	定量性目標

人事部門主管

一、勞工關係
　　到明年 7 月 31 日為止，在改善勞動風氣。如果能達成的話，在明年 11 月 25 日或之前可以締結更好的勞資協議。具體目標有：
1.發掘問題點，以重要度加以評定。
2.決定問題點以及公司應採取的措施。
3.進行交涉之前，盡可能採取匡正措施。
4.決定公司協議的交涉計畫案，以及交涉戰略的基本方針。
5.研討與工會交涉的早期妥協案。
二、測定方法
1.要提出有關上列各項的報告。
2.要解決問題所採取之全年措施。

（續前表）

		說明（量方面的成果，計畫案等悉於第三個星期三以前提前）	成果
人事部門主管	10 月	開始時很順利，在標準進度範圍內採取了幾項措施。工廠刊物趨於活躍。利用工廠通訊員。在溝通與 HR（HUMAX RELATIIONS）範圍內進行督導人員訓練之準備。正規劃舉行與工會的討論會。也在考慮士氣調查。	
	11 月	因工廠常更迭，所以較忙。目標並無變更，按照進度進行中。督導人員訓練將於 1 月 8 日開始。	
	12 月	依照計畫進行中。HR 的督導人員訓練將於 1 月 10 日開始實施，士氣調查在考慮中。1 月 10 日將與 IOWA 大學的人員商談此問題。	
	1 月	督導人員訓練終了。士氣調查決定不舉辦。基本上，目標已逐漸在達成。×××××有提早妥協的可能性。	
	2 月	×××××的考選結果會影響到此目標。如有失敗，目標就要變更或作廢。如果成功就繼續進行。	
	3 月	與工會之正式交涉，須等×××××的結果。醫院收容計畫的研究在進行中。	
	4 月	與 3 月同。	
	5 月	向目標繼續進行中，勞動風氣似可以早期進行討論。6 月 11 日將與工會理事長作非正式接觸。正式會談訂於 6 月 26 日舉行。	
	6 月	要作幾次的晤談。預料一般情況會良好。	
	7 月	目標大致達成。	

9. 惟最重要的是將績效改進與創新活動，回饋到績效管理系統中的各個環節，以維持企業永續經營與發展的能力、生命力、創造力，以及培育出有價值的卓越經營管理活動。

三、經營績效衡量與比率分析

經營績效衡量的分析技術有相當多種，諸如：比率法（ratio method）、財務報表分析法、參數規劃法（parametic programming approach）、資料包絡分析法（data envelopment analysis; DEA）等種類。

由於財務報表分析可分為動態分析與靜態分析兩大類：①靜態分析包括共同比財務報表分析、財務比率分析等，因其分析乃依據財務報表由上而來進行，故可稱為縱的或垂直的分析；②動態分析則包括增減百分比分析、趨勢分析等，且其分析係採取兩個或以上期間之財務報表分析，故可稱為橫的或水平的分析。由於本書已於本章第一節中有所說明，故不再贅述。

　　另外，參數規劃法乃在分析之前，先設定一個適當的函數型態，並採取妥當的計量方法，用來估計該企業的生產或成本函數，以分析其生產效率。至於函數型態則可採取 Cobb-Douglas 函數型態、固定替代彈性函數型態或超函數（translog）函數型態來進行實證探討。惟採取參數規劃法時，有理論上的一致性、計算上的簡潔性、限制的彈性等三個條件，乃是在運用時的限制（陳澤義、陳啟斌；2006）。

　　資料包絡分析法，則為透過資料來進行包絡分析之方法，即為經由數學線性規劃（linear programming）之方法，產生一組最適合的變數，客觀結合多項投入與產出項目，形成一個綜合指標，用來衡量企業組織之資源的使用效率。資料包絡分析法（DEA）有多種主要模型：①Charnes, Cooper & Rhodes（1978）三人提出的 CCR-DEA 模型，主要運用在分析企業的技術效率；②Banker, Charnes & Cooper（1984）提出的 BCC-DEA 模型，主要在分析企業的純技術效率與規模效率；③Aly, Grabowski, Pasurka & Rangan（1990）提出的成本效率模型，主要在衡量企業的成本效率與配置效率；④台灣楊朝旭（2005）運用 DEA 分析台灣的各地方法院辦案績效等。

　　至於比率分析則為本章節主要論述的重點，茲將比率分析說明於後：比率法的績效衡量方式，乃透過選擇某些具有代表性的比率性指標，來衡量企業的經營績效。此處，只能將某些重要的比率加以討論，但是經營績效衡量究應採取哪些測驗及其特定的理由？診斷／分析者應該要針對其觀點、分析、目的及可能的比較標準，而加以決定始何衡量經營績效。一般而言，採用比率性指標來衡量企業經營績效，乃以各種財務性或非財務性指標做為衡量標的，故也稱為指標法。

　　企業診斷分析時，若採取財務性指標來衡量經營績效時的比率法，即為財務比率法（financial ratio method）。而財務比率分析雖然有意涵蓋所有的比率，然而通常只有幾個選定的關係能夠提供經營診斷／分析者判斷線索（例如：可透過比率關係，任何大小的數值均可與其他企業組織相互比較）。比率法的選擇相當廣且多的，任何一組比率的作用，應視其分析目的而言，然而比率分析並無絕對的效用標準，即使有意義的比率，頂多只能夠指出其變動之方向與趨勢而已，若要進一步的了解就要進行企業的風險分析，才能做到相對的

洞察力。所以，比率法最為人批評的缺點便在於沒有辦法提供一個可為各業種與各業態均認可的比率選擇標準（例如：A 指標在某企業可能表示其績效良好，但若改用 B 指標評估時，則不足以顯示其績效良好）。這就是 Sherman & Gold（1985）所謂的不穩定現象。

　　在衡量經營績效上，任何方式均無法提供肯定的答案，我們只能從此取得相對的洞察力，這是業種與業態間的差異性所致。比率法的財務性與非財務性指標可分為經理人的營運分析觀點、業主的投資分析觀點、貸款者的融資分析觀點，以及其他群體（如：政府、勞工、社會團體）的特定分析觀點等類別。本書將依前三者觀點著手加以探討，至於其他群體的特定分析目標乃著重在租稅收入的穩定性、支付工資的能力、履行社會責任的財務強度，限於篇幅，本書僅針對前三者於表 3-11 中說明。

表 3-11　企業經營績效之比率衡量方式舉例與說明

一、經理人的分析觀點：可分為經營效能分析與資本效能分析兩種。

（一）經營效能分析

1. 銷貨成本與毛利分析：乃指銷貨收入中，進貨成本與製造成本對留供營運費用與利潤之邊際的相對強度；可分為兩種：(1)銷貨毛利率（＝銷貨毛利÷銷貨餘額）；(2)銷貨成本率（＝銷貨成本÷銷貨淨額）。

2. 利潤分析：乃指本期淨利與銷貨的關係，以測量企業經理人之經營與管理能力；邊際利潤率之衡量方法有三種：(1)本期利潤÷銷貨淨額；(2)（利息＋稅前淨利）÷銷貨淨額；(3)稅後利息前淨利÷銷貨淨額。

3. 費用分析：可涵蓋管理費用、銷售費用、其他費用等費用比率；其費用比率＝各種費用項目÷銷貨淨額。

4. 貢獻分析：乃將各產品群或全企業的邊際貢獻與銷貨淨額相比較，例如：對固定成本與利潤的貢獻＝（銷貨淨額－直接／變動成本）÷銷貨淨額。

（二）資本效能分析

1. 資產週轉率：乃探求某期間在某一既定銷貨水準下所需的資產投資規模，或每元投資額所能產生的銷貨額；資產週轉率＝銷貨淨額÷資產總額或資產總額÷銷貨淨額。

2. 淨資產週轉率：總資產扣除流動負債後的企業資本化；淨資產週轉率＝銷貨淨額÷淨資產或淨資產÷銷貨淨額。

3. 存貨與應收帳款週轉率：乃在判別存貨與應收帳款管理的相對效率，並呈現出這些帳戶是否有價值惡化或過分累積現象。

　　(1)存貨比率＝平均存貨÷銷貨淨額或平均存貨÷銷貨成本。

　　(2)存貨週轉率＝銷貨淨額÷平均存貨或銷貨成本÷平均存貨。

　　(3)平均每日銷貨淨額＝銷貨淨額÷一年銷貨天數。

（續前表）

(4)平均收帳期間＝應收帳款額÷平均每天銷貨淨額。

(5)應收帳款週轉率＝銷貨淨額÷平均每期應收帳款淨額。

4.資產利用效率分析：用以分析各種利潤對資產投入額的比例，而此分析乃以資產報酬率為最簡單，其為本期淨利對資產負債表上的總資產或長期資本資金類總額（即資本化）的比率，也為一種效率指標，其乃在於說明企業組織的資本結構（負債對業主權益之比例）的變動，或當期所得稅計算方法變動而發生之變化。其計算公式為：

(1)資產報酬率＝本期淨利÷資產，或本期淨利÷淨資產（資本化）。

(2)資產報酬率＝（利息與租稅前淨利）÷資產，或（利息與租稅前淨利）÷淨資產（資本化）。

(3)資產報酬率＝（稅後利息前淨利）÷資產，或（稅後利息前淨利）÷淨資產（資本化）。

二、業主的分析觀點：可分為淨值報酬率、普通股淨利率、每股盈餘、每股現金流動、股利支付比率等五種。

（一）淨值報酬／淨利率：即淨利對淨值（業主權益）之比例，淨值報酬率＝本期淨利÷淨值（業主權益）。

（二）普通股報酬／淨利率：須將收益減去優先股（或特別股）股東的股息與其他負債的債息，即為普通股權益；普通股淨利率＝普通股淨利÷普通股淨值。

（三）每股盈餘：每股盈餘／收益乃本期淨利對普通股流通股數的比率；每股盈餘＝普通股淨利÷平均普通股流通股數。

（四）每股現金流動：每股收益的額外補充資料，其比率係將每股淨利再加上折舊及耗竭的平攤數，其目的在於呈現出現金用作股利發放與其他支付的潛力。

（五）股利支付比率：在既定期間，利潤以現金形式支付的比例。

三、貸款者的分析觀點：可分為負債比率分析與還本付息能力分析兩種。

（一）負債比率分析

1.流動比率（current ratio）：其目的在於顯示流動負債持有人的債權安全程度；流動比率＝流動資產÷流動負債（比率愈高，債權人地位愈佳，常見經驗法則為流動比率為 2：1，對企業而言可謂足夠良好）。

2.速動比率又稱為酸性測驗比率（acid test ratio）：乃在於假定存貨全無價值而發生危機時，用以測驗流動負債的還款能力。

速動比率＝（現金＋易售性證券＋應收帳款）÷流動負債。

3.總負債對總資產的比率：用來表示企業組織風險的暴露程度。

負債比率＝總負債÷總資產。

4.長期負債對資本化（淨資產）的比率：乃因許多貸款契約對企業組織均會規定最大風險暴露的拘束條款（covenants）；負值比率＝長期負債÷資本化（指短期商業賒欠及租稅義務以外對企業的總求償權，包括長期負債與業主權益在內之淨資產，也就是總資產減流動負債之差額）。

5.負債對淨值的比率：乃在呈現出負債對業主權益之相對比率，且用為衡量負債之風險程度。

負債比率＝總負債÷淨值（業主權益）或長期負債÷淨值（業主權益）或長期負債÷（資本化－長期負債）。

（續前表）

（二）還本付息能力分析

1. 租稅與利息前淨利對利息額的比率（利息抵付次數）：用來呈現租稅與利息前淨利對利息支付額本身的關係。

　　利息抵付次數＝（租稅與利息前的淨利）÷利息總額。

2. 租稅與利息前現金流動對還本利息總額的比率：用來呈現企業償付負債的能力。

　　利息抵付次數＝（租稅與利息前的現金流量）÷利息總額

CHAPTER 4

企業評價與企業價值創造

企業評價乃在於評估企業的真實價值，企業評價可應用於證券投資，以及為企業經營者創造企業價值之決策。因此企業評價乃有利於創造企業價值或增加個人投資理財所得，是企業經營管理與個人投資理財決策的有用工具。二十一世紀的企業經營管理決策者與投資大眾，必須能了解其企業的真實價值，並應了解如何按照國際標準來評價企業，如此才能透過投資理財與經營管理決策，設法增加或創造企業價值，對投資銀行、投資者、經營管理者與一般員工均具有相當正面的意義與價值。

第一節　應用企業評價以創造企業的真實價值
第二節　企業評價作業程序與評價方法的選擇

企業評價（business valuation）就是評估、衡量企業真實價值的一項工具，企業評價也是一門學科。由於近年來國內與國際間流行企業併購、創業投資基金與國內資本市場日趨國際化、個人證券與基金的投資理財，已成全民化、證券市場的機構法人與外資參與，促使證券投資者更為重視基本面及國際化全球化自由貿易，以及投資設限逐漸為區域關稅同盟所打破等因素，以致於過去許多傳統股價評價方式與投資行為，均面臨非改變不可的局面，也因此讓企業評價變成時代的顯學。

企業評價的興起，也受到二十世紀末起的全球股價變化與波動差異相當大之影響，諸如：馬多夫事件、恩隆公司事件、台灣博達公司事件、連動債詐騙事件更是重創投資界的信心。所以，二十一世紀起針對由下而上（bottom-up）的著重公司分析的投資方式，也逐漸將「基本面」的公司基本面分析方式，轉為投資是否成功的重要方法。因而，企業評價的應用就變得相對重要了，尤其在證券投資決策、併購策略擬定、金融機構融貸決策、創業投資決

策，以及企業制定分紅入股與激勵獎賞政策等方面，企業評價就扮演了相當重要的角色。

　　企業評價的價值或功用有哪些？創造企業評價價值的關鍵因素有哪些？企業評價的要點與評價流程為何？企業評價的方法與模式有哪些？以及進行企業評價時應注意的議題為何？上述一系列的議題乃是本章所要探討與說明的重點。惟本書限於篇幅，無法詳細而深入的介紹，敬盼讀者包涵（若有興趣深入研究者，麻煩參考坊間企業評價專書、論著與雜誌）。

第一節　應用企業評價以創造企業的真實價值

　　企業評價乃是衡量與評估企業真實價值的工具與方法，當然在應用企業評價之時，我們應該要了解企業評價的功用與價值所在（因為企業評價除了呈現出企業的真實價值之外，尚可因此而創造與增加企業的價值）。當然我們更要了解到企業真質價值的來源與影響關鍵因素有哪些（因為企業真實價值乃來自於這些影響企業價值的關鍵要素）？企業評價的重要因素與評價流程為何（因為評價要點與評價流程均會影響到企業評價是否真實反應其企業價值）？而這些議題乃是在進行企業評價作業不得不加以重視的議題。否則冒然引進企業評價，將會是浪費人力、物力、財力與時間的結果，其所呈現出的企業價值，將可能誤導一般投資人、經營管理者、融資者、併購者與創投業者之決策。

一、企業評價的功用與價值

　　企業評價的應用乃在於衡量與評估企業的價值，而企業價值到底誰會有興趣？也就是哪些人員會想要知道企業到底價值多少錢？這些人為什麼要知道企業的真實價值？基本上，這個議題可由利益關係人使用企業價值之目的不同，而分為如下七大類別，這些使用目的不同的用途，就是企業評價的功用與價值。

（一）一般投資者

　　一般的投資者，乃指在證券交易市場（包含上市公開市場、櫃檯買賣市場、興櫃股票市場在內），以及合夥入股共營事業（包含未公開發行股票之企業組織開放投資入股案在內）尋求投資標的與挑選潛力股或事業時，所面臨的如何正確評估合理的股票交易價位，或入股投資金額等議題，就需要運用企業評價，來估算股票的合理價格或合理的入股金額。

　　企業評價有助於投資者擬購買股票與投資標的的企業真實價值的呈現，也有助於：①投資者在進行投資股票策略時，進行「逢低買進、逢高賣出」之研判；②投資者在進行未上市／未上櫃／興櫃之股權買賣策略時，進行「合理價位」之研判。當然投資者若以股票投資為標的時，應了解擬投資標的的股價偏離企業真實價值之時機，進行低買高賣以賺取超額利潤；相對的，投資者係以合夥事業或未上市／上櫃／興櫃為投資標的時，也應了解其投資標的的股價是否合理？若偏高時將會導致投資報酬率被壓低或根本血本無歸，所以企業評價將提供投資者投資策略的研判，與被投資者之談判議價的籌碼。

（二）企業組織的 CEO 與 CFO

　　企業組織的 CEO 與 CFO 乃是相當重要的經營管理階層，平時除了應建立經營危機的偵測系統之外，更應建立以價值為導向的管理系統（value-based management system; VBMS），以利平時就能充分掌握企業真實價值的變化情形，適時調整其營運決策，達成長治久安的目標。並且要確立如何創造與增加企業真實價值之方向，以確保其企業經營決策、績效目標、股東權益，以及員工的激勵獎賞與福利政策的順利進行。所以，企業組織的 CEO 與 CFO 必須明白其企業評價之進行方式、過程與目的，才能了解如何建立經營危機的偵測系統（將在往後章節中加以說明）與以價值為導向的管理系統。

　　一般來說，衡量企業經營績效指標乃是以新增市場價值（market value added; MVA）為最能表現出長期性績效之指標，近年來美國企業流行以附加經濟價值（economic value added; EVA）觀念，來修正以往常用的會計盈餘（accounting earnings）觀念，即是著眼於修正以往在經營決策上的短視症（因為每股盈餘與超額報酬率均著重在短期績效上，易誤導經營管理決策）。EVA之計算公式如下：

> EVA＝（投入資本報酬率－加權平均資金成本）× 期初投入資本

1. 投入資本報酬率（return on invested capital; ROIC）
2. 加權平均資金成本（weighted average cost of capital; WACC）
3. ROIC－WACC 代表企業每投資一元每年賺取的金額，即超額報酬率
4. 期初投入資本代表企業在某期之初投入的資本總額，即：

> 投入資本＝淨營運資金＋固定資產淨額＋其他資產淨額

5. EVA 即為附加經濟價值

建立價值導向管理系統的步驟（Copeland 等人；1994）提出為：

1. 將企業價值的創造，列入企業組織的導入策略規劃活動中。
2. 發展出以價值為導向的績效目標與績效考核。
3. 建立員工激勵獎賞制度，並與企業價值相連結。
4. 以企業價值創造角度來評估各項主要資本支出計畫。
5. 開發出能夠與投資人進行溝通的策略。
6. 企業的高階主管必須要能認清其具有價值創造執行者角色之認知。

（以上取自吳啟銘著，《企業評價──個案實證分析》（第一版），智勝文化事業公司，2001 年，p.13～14）

當然企業組織若是陷入經營／財務困境或價值低估之時，CEO 與 CFO 要如何救亡圖存？一般所謂的重組策略（restructuring strategies）乃是可以緊急派上場的。而這些重組策略包括：①將企業組織的事業部獨立為新公司（spin-off），使其企業價值透明化，以激勵原事業部的管理者，如此的多角化策略，有助於企業集團整體價值之提升。但是仍會有其缺點，如企業評價風險增高、企業集團運作困難度增加等均應加以注意者；②尋找策略性買主（strategic buyer；策略性買主乃指被併購者具有併購者主觀獨特的策略價值之潛在併購者），常常可經由策略性買主併購的方式，使陷入困境的企業獲得改善的機會與方式，以創造更高的企業價值。只是二十世紀末的併購風潮，大多以失敗收場，乃因併購價格上未能呈現雙贏（win-win）的局面，以及併購後

受到併購者與被併購者間組織之文化衝突、競爭者採取封殺手段、併購後商品／服務／活動未能呈現 $1+1 \geq 2$ 的高估併購綜效等因素，以致於併購案大多以失敗收場；③資產處分可分為兩個層面，其一為有繼續經營價值者，即利用企業既有資產去創造營業額、產生利潤；其二將沒有繼續經營價值之資產予以出售，取得資金來還債。

（三）債權人

債權人包括金融機構與其他提供資金給企業融貸之債權人。一般而言，企業組織向債權人募集資金時，債權人會針對企業組織所提供的財務報表加以分析，審核企業信用，以及企業的還本付息能力、放款安全性，以作為是否放款或貸放資金之取捨依據。

因此，債權人在提供資金給企業時，最主要的著眼點在於能夠獲取利息收益與確保債權上。債權人必須要能夠了解企業組織的真實企業價值到底有多少？在取得資金之後，是否有足夠能力創造或增加其企業的真實價值？

另外，當企業經營發生危機或陷入困境時，債權人有可能會入主已陷入困境的企業，所以在入主前就應該進行該困境企業的企業評價，即針對企業所宣稱的每股淨值來進行重新評價（mark to market），當然就是針對該企業的財務報表分析，且對於接收後的綜效、潛在負債、商譽等進行評價，這也是雙方議價談判的基礎（但絕對不會依該企業所提出的每股淨值進行接收）。

（四）證券承銷商

企業組織在進行上市、上櫃與興櫃計畫時，需要證券商的輔導與股票上市／上櫃承銷價格之評估，雖然證期局對於股票承銷價格有一套評價公式，只是往往阻卻了企業真實價值大於承銷價格之企業組織的上市／上櫃意願，反而指引企業真實價值小於承銷價格之企業組織的上市／上櫃，這樣的結局乃是承銷價格尚未建立在企業評價的學理的後遺症。然而證券主管機關在企業評價的理論基礎，以及參考國際股票市場慣用的評價方法、原則與計算公式，訂定承銷價格之規定，基本上是具有一定的公平性、真實性、價值性。

證券承銷商在進行股票承銷價格計算時，是有許多種股票價值的評價方法，惟各項方法均有其優缺點，評價的結果也有所差異（如表 4-1 所示）。目

前市場上常用的股票評價方法包括：市價法（如：本益比法）、成本法（如：淨值法、股價淨值比法）及現金流量折現法。

1. 市價法

市價法乃透過已公開的資訊，並和整個市場、產業性質相近的同業，及被評價企業歷史軌跡做比較，作為評價企業的價值，再根據被評價企業本身異於同業之部分，作折價或溢價的調整。市場上常用的市價計算股價的方法有本益比法。本益比法係依據被評價企業之財務資料，計算每股盈餘，比較同業平均本益比估算股價，然後再調整溢價和折價，以反應與同業之差異處（本益比法適用於評估風險水準、成長率及股利政策穩定的企業組織）。

2. 成本法

成本法中的淨值法，係依帳面之歷史資料為企業進行評價之基礎，即以資產負債表帳面資產總額減去帳面負債總額，並考量資產及負債之市場價格，而進行帳面價值調整。另股價淨值比法則係根據受評價企業之財務資料，計算每股帳面價值，比較同業之平均股價淨值比來估算股價（淨值法適用於評估如傳統產業類股與公營事業，而股價淨值比法則適用於有鉅額資產但股價偏低的企業）。

3. 現金流量折現法

現金流量折現法係根據受評價企業之未來預估獲利與現金流量，以涵蓋風險的折現率來折算其現金流量，同時考量實質現金與貨幣之時間價值（現金流量折現法適用於：①可取得企業之準確現金流量與資金成本的預測資訊者；②企業經營穩定，無鉅額資本支出者）。

表 4-1 常用承銷股票價格評價方法之比較

評價方法		優　點	缺　點
市價法	本益比法	1.最具經濟效益與時效性，為一般投資人投資股票最常用之參考依據。 2.所估算之價值與市場的股價較接近。 3.較能反應出市場多空氣氛與投資價值。 4.市場價格資料易於取得。	1.盈餘品質受到會計方法選擇之影響。 2.即使同產業中，不同企業組織之間，本質上仍有相當的差異。 3.企業盈餘若為負時就不適用。

（續前表）

評價方法		優　點	缺　點
成本法	淨值法	1.資料取得容易。 2.使用財務報表之資料，較為客觀公正。	1.資產帳面價值與市場價值差異很大。 2.未考量到企業組織經營績效之優劣。 3.不同種類資產需使用不同分析方法，且部分資產價值之計算較困難。
	股價淨值比法	1.淨值係長期且穩定之指標。 2.盈餘若為負時之替代評估法。 3.市場價格資料容易取得。	1.帳面價值受會計方法選擇之影響。 2.即使身處同一產業，不同企業組織之間，本質上仍有相當的差異。
現金流量折現法		1.符合學理上對價值的推論，能依不同的關鍵變數之預期來評價企業。 2.較不會受到會計原則或會計政策不同的影響。 3.反應企業之永續經營價值，並考量企業之成長性與風險。	1.使用程序繁瑣，需估計大量變數，花費成本大且不確定性高。 2.對於投資者，現金流量之觀念不易被了解。 3.預測時間較長。

（五）激勵政策制定者

　　企業評價可以提供企業的真實價值到底多少？所以，當企業組織在制定其激勵獎賞制度時，可以提供激勵政策制定者參考。諸如：①分紅入股時的股數計算；②開放員工入股參與經營時的股數計算；③激勵獎賞決策（如：績效獎金、業績獎金、年節獎金、生產獎金、品質獎金、節約成本獎金等）之獎金額度的計算。而且若能依企業價值來決定上述獎金與股數時，不但能對員工產生激勵與誘因，同時也不會傷害到投資者／股東的權益。

（六）一般員工

　　企業組織在制定激勵獎賞制度時，可以依據企業價值的創造或增加額度來制定，如此公開透明的作法，可以取得企業內部員工的信任，而當員工滿意企業的激勵政策時，就可大大地激發員工的工作士氣與對企業的滿意度。相反的，若是企業組織制定激勵獎賞制度時，未能依據企業價值之增加而制定，將會使員工因不公平、不合理，而引發反彈聲浪，導致士氣低落。

（七）創業投資與創投基金業者

　　企業評價可為創業投資者與創投基金業者提供評選投資對象，或是經由合併換股比率來確立其入股、併購或投資決策的依據。創投業者與創投基金業者經由企業評價了解欲評選入股、併購或投資對象的真實企業價值，同時也為決定入股、併購或投資之後，如何創造與增加企業真實價值之方向，確立明確的決策之選項。

二、企業價值的來源與影響關鍵因素

　　一般來說，無論是投資人、債權人、企業員工、企業 CEO 與 CFO、創投基金公司、證券承銷商或企業激勵政策制定者，均對是否能夠持續創造與增加其企業價值，抱持著正面的期待與要求。因為企業價值可以不斷提升時，這些價值利益關係人才能獲得投資利益、債權穩定且可持續獲得利息、員工分紅與獎金的享有、經營績效的成長、投資／換股／併購綜效的顯現、股票承銷順利且能獲得承銷利益。因此，企業組織要如何創造企業價值，就是各項價值利益關係人所應關切與要求的課題。

　　在前面我們提到 EVA ＝ 期初投入資本×（ROIC－WACC）之企業每年附加經濟價值的計算公式，從這個公式，我們可以了解影響企業價值增減的關鍵因素，乃是受到 ROIC 與 WACC 等兩個因子的消長變化所影響，也就是當超額報酬率為正時（即 ROIC ＞ WACC），投入資本愈大（即提高再投資率），則為企業創造的企業價值就愈多；反之當超額報酬率為負時（即 ROIC ＜ WACC），其投入資本愈大（即提高再投資率），其企業價值不但未見創造或增加，反而是愈為減少。所以應該針對價值關鍵因素，採取對策改善，以創造與／或增加企業價值。

（一）超額報酬率必須是正的

　　所謂超額報酬率即為 ROIC－WACC，超額報酬率就是投入資金運用所產生的報酬率，應該要大於資金成本，否則就不是正的超額報酬率。

1. ROIC（投入資本報酬率）

　　ROIC 的基本概念是不含業外損益之稅後息前的投入資本報酬率，其計算

方法大約有兩種（如表 4-2 所示），一般在計算 ROIC 時宜用此兩方法相互驗證，以求取 ROIC 計算之正確無誤。

表 4-2 ROIC（投入資本報酬率）之計算

直接求算法	拆解法
利用 NOPLAT 與投入資本來計算 ROIC	利用 EBIT 來計算 ROIC
1.稅後淨營業利潤（net operating profits less adjusted taxes; NOPLAT） 　NOPLAT = 息前稅前盈餘 － 息前稅前盈餘稅額 + 遞延稅負變動數	1.求算銷貨成本、折舊費用、銷管費用、淨營運資金、淨其他資產占銷貨收入比重。 2.息前稅前盈餘（EBIT）之計算： $(1)\dfrac{EBIT}{銷貨收入} = 1 - \left(\dfrac{銷貨成本}{銷貨收入} + \dfrac{銷管費用}{銷貨收入} + \dfrac{折舊費用}{銷貨收入}\right)$
2.投入資本（invested capital） 　投入資本 = 淨營運資金 + 固定資產淨額 + 其他資產淨額	$(2)\dfrac{銷貨收入}{投入資本} = 1 \div \left(\dfrac{淨營運資金}{銷貨收入} + \dfrac{固定資產}{銷貨收入} + \dfrac{淨其他資產}{銷貨收入}\right)$
3.投入資本報酬率 　ROIC = 稅後淨營業利潤 ÷ 投入資本	3.稅前投入資本報酬率（pre-tax ROIC）與現金稅率（cash tax on EBIT）計算： $(1)稅前投入資本報酬率 = \dfrac{EBIT}{銷貨收入} \times \dfrac{銷貨收入}{投入資本}$ $(2)現金稅率 = \dfrac{EBIT - NOPLAT}{EBIT}$ 4.投入資本報酬率 　ROIC = 稅前投入資本報酬率 ×（1 － 現金稅率）

※其他說明
ROIC 與資產報酬率之差異

（一）分子部分	（二）分母部分
1.不含業外損益與稅的效果。	1.以淨營運資金代替流動資產。
2.稅乃指現金稅負而非所得稅費用。	2.以其他資產減其他負債替代其他資產。
3.不含理財活動損益，即為息前盈餘。	3.不含長期投資。
	4.不含理財活動的投入資本，即不含短期有價證券與長期投資。

（資料來源：整理自吳啟銘（2001），《企業評價——個案實證分析》（第一版），智勝文化事業公司，p.66～71）

2. WACC（加權平均資金成本）

　　由於 WACC 通常被用為計畫現金的折現率，WACC 就是一計畫融資方案的資金成本之加權平均。假如某個計畫的資金來源是股本與借入資金，則此時該計畫的 WACC = $(1-\theta)k_s + \theta \times K_d \times (1-t_c)$，（此中 θ 表示借入資金占總投資成本（企業價值）之比），$1-\theta$ 表示股東權益占總投資成本（企業價值）之比，k_s 代表股東權益資金成本，K_d 代表稅前負債資金成本，t_c 代表計畫之邊際所得稅率或有效稅率。其計算過程與重點如表 4-3 所示）。

表 4-3 WACC（加權平均資金成本）之計算

一、借入資金成本的估算

$NP = C_1 / (1 + K_d) + C_2 / (1 + K_d)^2 + C_3 / (1 + K_d)^3 + \cdots + C_n / (1 + K_d)^n$

其中，NP 表示負債淨值＝總負債－借入（佣金＋手續費＋律師費／公證費等）。

C_n：表示第 n 期之稅前現金還本付息金額

t_c：表示計畫的邊際所得稅率。

$\therefore K_d = NP / 總負債 \rightarrow 稅後負債成本＝(1-t_c) K_d$

惟若在新事業營運期而無收入發生之時，即因為「無利息費用抵減所得稅之問題」，仍應針對上述公式加以調整。

二、自有資金成本的估算

（一）可利用資本資產價格法（capital-asset-pricing method; CAPM）估算之：

預計報酬率＝無風險報酬率＋β×（預期市場證券報酬率－無風險資產報酬率）

（二）風險溢酬為兩個變數之函數，其一為市場變動之風險或稱系統風險（β），另一為預計市場資產組合報酬率與無風險資產報酬率之差額（＝$r_m - r_f$），也稱之為市場風險溢酬，任何證券之過去報酬率（r_j）為其實際歷史資料與市場報酬率之線性函數為：

$r_j = r_f + \beta_j (r_m - r_f)$

此公式之 β 值代表某一證券報酬率對市場變動之敏感度：若 β＝1.0 時代表其報酬相當於整體市場報酬；β＜1.0 時則其上漲或下跌幅度均小於市場平均變動幅度；β＞1.0 時則漲跌幅度均大於平均市場變動幅度。一般證券的 β 值通常介於 0.75～1.50 之間。

三、加權平均資金成本的估算

（一）利用加權權重 θ 與（1－θ）時應注意：①股東權益或負債均指市場價值而不是帳面價值；②θ 與（1－θ）之決定不能僅看目前的資本結構，宜採取 3～5 年的最適資本結構；③企業評價目的在於計算企業價值，以 WACC 當折現率，且 WACC 之計算權重又來自於企業價值，所以要反覆求解之求取 θ 值與（1－θ）值。

（二）一般來說，正常企業的 WACC，應在 10%～20% 之間，大多數企業則在 12.5%～15.0% 間。

（資料來源：參考編寫自吳啟銘（2001），《企業評價——個案實證分析》（第一版），台北市：智勝文化事業公司，p.73～76；劉芬美（1999），《投資專案評估》（第一版），台北市：華泰文化事業公司，p.56～58.）

（二）正確的再投資率

再投資率（reinvestment rate）乃指企業每年營運利益（指現金流量而非會計盈餘），有多少比率用於再投資（如：淨營運資金、固定資產添購、其他資產添購等）。超額報酬率高的企業，若維持高的再投資率，則其成長所創造的企業價值也愈高；反之，若某企業是持續多年的低投入資本報酬率，卻仍採取高比率的再投資率，可能會使未來盈餘成長，但其企業價值卻是不增反減的無效率資源利用。另外，ROIC 乃反應企業組織過去的經營績效，而再投資率則反應出該企業的經營者對未來的樂觀或悲觀看法。

　　吳啟銘（2001）將企業按照超額報酬率與再投資率區分為四個類別企業，如表4-4所示：

表 4-4　依照超額報酬率與再投資率區分企業型態

再投資率		ROIC > WACC	ROIC < WACC
	高	創造最大正的企業價值（成長型企業）	創造最大負的企業價值（投資過度）
	低	創造最小正的企業價值（投資不足）	創造最大正的企業價值（收益型企業）

1. 正的超額報酬率／高的再投資率：屬於成長型企業，由於為正的超額報酬率，企業價值將可因高成長策略而大幅增加，此類企業乃是長期投資標的。
2. 正的超額報酬率／低的再投資率：通常企業的再投資率增加乃反應 CEO 對未來市場經營樂觀。惟其投資支出是淨營運資金增加時，易使會計盈餘品質惡化，並非反應出經營者對未來的樂觀；而投資支出是固定資產的增減，則可反應出 CEO 對未來的樂觀或悲觀看法，此乃是應加注意者。
3. 負的超額報酬率／高的再投資率：則有可能導致企業的自由現金流量不足，以致於年年要借債或現金增資，此類企業的超額往往是多年負數，惟 CEO 採取錯誤成長策略，盲目擴張的結果，造成企業價值愈來愈小，因虧損而失敗／下市者均是採此策略之典型。
4. 負的超額報酬率／低的再投資率：對於成熟企業或邊際企業之 CEO 應該以股東權益為依歸時，則仍能創造／提高企業價值（此類型企業的 CEO 應採取：①處分虧損之邊際事業；②留下較具優勢之核心事業；③凍結新的投資方案與支出；④償還舊債降低利息負擔；⑤增發現金股利；⑥增加庫藏股票；⑦建立以股價為依據的管理者激勵計畫）。但是超額報酬率為負；盈餘成長率卻因高的再投資率而很高、負債比率也很高且又缺乏現金時，則此類企業將會成為地雷股。

（資料來源：整理自吳啟銘（2001），《企業評價——個案實證分析》（第一版），台北市：智勝文化事業公司，p.26～31）

　　再投資率大於 1 時，表示該企業當年的經營活動所產生的現金，不足以支應投資所需金額，當年度的自由現金流量乃是負的，必要向外舉債／融資以為因應。反之，若再投資率小於 1 時，則表示該企業當年度經營活動所產生的現金充足，足以因應投資支出所需，其當年度的自由現金流量為正的，外部融資壓力乃是輕鬆的。

　　另外，再投資率與本業盈餘成長率與企業價值之間的關係，以如下兩套公式表示之：

1. 與本業盈餘成長率關係

$$本業盈餘成長率 = ROIC \times 再投資率$$

2.與企業價值關係

附加經濟價值（EVA）＝期初投入資本×（ROIC－WACC）

✎ 三、創造企業價值的途徑與方法

企業組織可經由圖 4-1 所示之途徑來創造價值，亦即可運用如下方法來改善或創造、增加其企業價值：

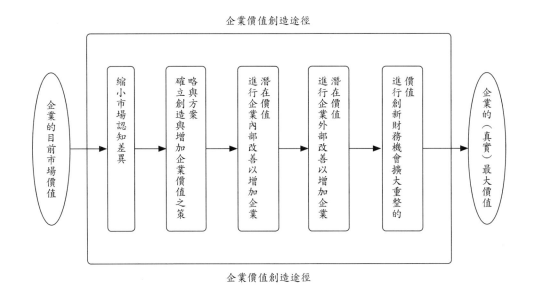

圖 **4-1** 企業價值創造與增加途徑

（一）應致力於縮小市場的認知差異

在證券市場中，常見某家企業之股價表現與其企業的真實價值有相當大的出入，這就是經營者與其投資人之間的認知發生差異，也是造成股價無法真實反應出企業價值的原因。這個時候，企業組織的 CEO 與 CFO 就有必要妥善的與投資人進行溝通，以縮小市場的認知差異。

當然會發生市場認知差異的原因很多，諸如：①企業組織 CEO 與 CFO 對產業的未來發展過於樂觀，但事實卻是市場一致看壞其產業發展；②政府政策

的改變，往往是造成多空分歧的主因；③政黨惡鬥造成投資人持空頭看法；④企業一味討好投資人要有股票股利之短線心態，而大為擴張股票股利之發放，以致於本益比下降；⑤企業組織常為了改善資本結構與降低利息負擔，而採用現金增資的策略，往往被股市解釋為利空訊號；⑥企業組織大股東熱衷內線交易，炒作股票以實現其內線資訊暴利，卻埋下價值降低的導火線；⑦企業組織的董監事持股不足及大量股票質押，乃是市場看空的前奏曲；⑧企業發生危機事件（財務危機、道德誠信危機、法律被訴危機等）均為市場投資人看壞的指標；⑨過多的轉投資，以致於企業價值不易正確估算，自然其本益比也就無法真正呈現出來，而被投資人認為企業價值不足。

（二）確立創造與增加企業價值之策略與方案

當企業 CEO 與 CFO 對於市場認知差異原因有所了解之後，除了全力與市場、投資人溝通之外，更應展現出改變的策略與勇氣。所謂改變乃是創造與增加企業價值的策略擬定、執行與控制，藉由改進策略以規劃爭取更佳的營運機會。諸如：①子公司買回母公司的股票，容易被投資人認為是利多信號；②長期獲利佳的企業應減少發放股票股利，並提高發放現金股利，以免本益比被股本擴張而稀釋掉；③長期獲利佳卻年年大幅擴張的企業，宜考量股東權益的提高，以吸引市場投資人的眼光；④獲利佳的企業宜參考市場股票股利與現金股利之比例，以免因擔心股本擴大而採取發放高比例的現金股利，卻被投資人誤認為企業經營階層對未來產業發展抱持悲觀的異常現象；⑤企業在辦理現金增資之後宜適度維持股價，以免投資人質疑企業經營層假藉印股票換鈔票；⑥董監事持股比例應維持法定比例之上，以穩定投資人信心；⑦董監事應避免熱衷炒作股票，以免投資人對其經營事業的企圖心產生疑慮；⑧企業應對任何經營管理與財務危機、道德危機與法律訴訟危機，建立一套內部控制與稽核制度，以及緊急事件危機處理制度，以公開、透明、誠信面對投資人，重建投資人信心；⑨建立企業評價機制，使企業的真實價值得以呈現，以避免因過多的轉投資而低估了其企業價值，導致投資人看壞其企業的投資價值。

（三）進行企業內部改善以創造與增加企業潛在價值

基本上，企業組織進行內部改善的策略與方案，是為了要創造與增加企

業的潛在價值，其方法有：①更換企業組織 CEO 與／或 CFO（甚至於重組整個企業經營管理階層），以增加市場投資人的支持度，當然新的 CEO 必須具有大刀闊斧的大企圖心與不計個人毀譽的無私心（例如當年美國克萊斯勒汽車的艾科卡、台灣中華汽車的林信義、台積電張忠謀於 2009 年回鍋等）；②運用表 4-4，美國通用動力公司採取負的超額報酬率與低的再投資率之七項對策（如：處分虧損之邊際事業、留下核心有競爭優勢之事業、凍結新投資支出、償還舊債降低利息負擔、增發現金股利、增加庫藏股票、建立以股價為依據之管理者激勵計畫等）；③尋找關鍵因子（請參閱本節第二項「企業價值的來源與影響關鍵因素」）加以全力改善。

　　企業在進行內部改善時，可以針對企業組織的各個事業部，並依產品別、區域別、顧客別而分成多個投資中心，再針對各個投資中心最近 3～5 年的平均 ROIC 與再投資率進行評估：①ROIC 愈高的事業部，再投資率愈高；②ROIC 愈低的事業部，則應評估其投資效益，考量採取內部改善措施，對其企業價值進行重組；③若經採取內部改善措施之後仍未改善時，則宜凍結投資支出，或尋找策略性買主的處分措施。

（四）進行企業外部改善以創造與增加企業潛在價值

　　若是在進行內部改善措施所得的結果有限時，就應進行外部改善措施，才能創造與增加企業的潛在價值。所謂外部改善措施包括：①併購策略的運用；②事業部獨立為新公司；③尋找策略性買主；④資產處分等重組方式，來脫離目前經營困境。

　　但是在進行外部改善措施時，企業組織的經營階層必須以整體企業利益為出發點，來進行處分與收購機會，否則就會落得二十世紀末併購風潮曇花一現與失敗下場。同時在出售資產或被併購之時，經營者必須坦誠與內部員工溝通，取得員工的諒解與支持，才不會落得併購失敗、員工士氣低落、內部爭鬥的下場。另外，在被併購時應坦誠提供真實的財務報表供併購者評估，以及與併購者談判協商員工的工作權等，均是企業在進行外部改善時應該認清的課題，如此才能為其企業創造與增加潛在價值。

（五）進行創新財務機會以擴大重整價值

　　一般常被應用的創新財務機會有：①到海外發行存託憑證（如：台灣企業流行的 ADR）；②發行可轉換公司債；③發行特別股；④與主要顧客建立交叉持股以建立策略聯盟；⑤透過併購與換股比率之策略，取得集團事業的企業價值；⑥透過與顧客、供應商建立中心衛星廠商供應鏈整合，以建立紮實的供應鏈體系；⑦到海外上市策略等。這些創新財務機會的策略行動，均有助於降低企業的經營管理風險及取得資金之成本，提高企業舉債能量（debt capacity），當然最後就是創造與增加企業的價值。

❀ 第二節　企業評價作業程序與評價方法的選擇

　　在前面章節中，我們已經針對企業評價的功用與價值，以及創造企業價值之途徑與方法有所探討。從上述探討的過程裡可以了解到，要如何讓企業價值創造與增加，能夠達到真實或最大的，有賴於選擇到「對的」企業評價方法、「正確的」財務／會計資訊。雖然企業評價的方法有好多種類，但是企業組織本身或其利益關係人要進行企業價值的評價之時，或多或少均會面臨如何選擇適宜的企業評價方法，並依據系統化的企業評價作業程序，這些議題是進行企業評價時必須慎重面對的。同時企業組織的 CEO 與 CFO 更應依據企業評價的結果，進行價值改善，以消除企業所存在或可能發生的問題與價值差異點，才能增加其企業的價值到最大的境界。

　　企業評價之目的，在於強調以企業價值為導向，而以價值為導向之目的，更在於達成創新與增加企業價值方案的主要功能、機能、品質、生產力與成本最低化，也就是要將某些不符合需要的程序或輸入予以剔除或改進。為何要如此？因為在企業營運過程中，某些不符合關鍵價值因子之輸入與程序，可能或事實上就會因其輸入或程序，導致企業價值的傷害與沒有辦法提升。所以企業評價乃是創新或增加企業價值方案的評估，是值得推展與運用的一項作業程序或工具，惟在導入時應思考有哪些企業評價的方法，以及選擇合宜的企業評價方法，並依據企業評價作業程序進行，如此才能有效的運用企業評價方案於價值評估作業之中。

⇪ 一、企業評價作業程序

　　企業組織在自行進行企業評價或委託外部專家學者進行企業評價之時，應該要依據企業評價作業程序（如圖 4-2 所示）的各個階段與各個步驟進行。而企業評價最重要的資訊與資料是財務／會計資訊的正確、詳實與完整，若在進行企業評價之時，企業組織無法提出好的財務／會計資訊以供評價者應用分析，則此一評價將會是有落差的，甚至於是沒有意義的企業評價。另外，企業組織的經營與管理階層必須認清企業評價的目的，並支持企業評價的進行，才能讓企業評價有「事半功倍」的效果。

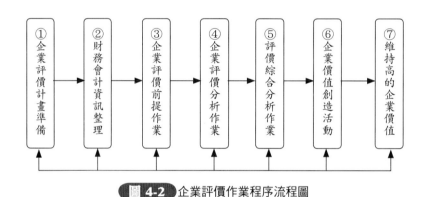

圖 4-2 企業評價作業程序流程圖

（一）企業評價計畫準備階段

　　在此階段，應為進行企業評價（不論內部或委外專家進行）做準備，其重點為：①確立企業組織的目的、目標與方針；②確認應達成的經營績效與管理的達成程度；③確認應具備何種機能以完成何種業務；④應有的管理理論、原則、技術與方法之確立；⑤設定應有的制度、手續與方法；⑥確立以計量方法探索企業的真正價值；⑦藉由企業真正價值以確立企業組織應探索之問題點與原因等。同時在這個階段裡應在組織內部召集由財務、會計、業務、生管、製造、研發、人資等相關部門，共同成立企業評價小組，針對企業評價有關知識、理論、制度、規章與法律規範（指稅務會計、上市上櫃有關法令規章）作詳細的研討，並由最高經營管理者宣示導入企業評價之目標與期望，必要時得借助外部學者、專家、顧問到場教育，以凝聚全組織對上述七項準備重點之認

知、共識與行動，形成好的管理者之氛圍。

（二）財務會計資訊整理階段

由於企業評價需要完整與良好的財務與會計資訊，所以在第一階段進行好的管理者之運動後，就應全力蒐集財務會計資訊，並予以整理、分析與編製好財務報表（如：資產負債表、損益表、盈餘撥補表、現金流量分析表等），以供進行企業評價之前提作業階段。在這個階段的重點有：①各個階層的管理者須充分了解企業組織的政策、目標、標的與方案；②各部門應確立明確的職權劃分與組織系統；③蒐集、整理、彙總成有用與正確的財務報表；④整合既有程序、標準與表單，使整個財務會計管理系統符合法令規定或國際會計準則（IFRS）規範之要求；⑤判定企業組織的緊急度，或之前的財務會計與經營管理問題之檢討，或企業體質與經營管理政策上的問題；⑥已發生之主要問題與潛在重大問題之探討；⑦針對企業評價小組再施以企業評價技術、知識與理論之教育訓練，以強化對企業評價之共識與行動。

（三）企業評價前提作業階段

在第一、第二階段進行了好的管理者與好的會計之後，就應著手進行企業評價作業了。在這個階段則是針對財務報表進行超額報酬率分析（即 ROIC與 WACC 之分析）、盈餘品質分析與財務決策之品質分析等三大前提分析作業。

1. 超額報酬率分析

超額報酬率分析已在本章第一節有所介紹，將不再進行分析與探討。基本上，超額報酬率分析乃在於確認其企業是否屬於良好的業種或業態，其目的在於判斷所採取用以衡量繼續經營價值的評價之比率是否適當。諸如企業多年來的超額報酬率均為負數，若採取三階段現金流量折現法來估算其企業價值，將會因其估算價值（一定是負數）而不具有意義，因為不管企業營運多久，其企業價值至少是其最終的資產處分價值，是不太可能呈現負數的。任何企業的超額報酬率必須是正的，才有再經營下去的價值，否則根本不必浪費人力、物力、財力與時間再經營下去了，所以企業評價時須特別注意「應該有超額報酬率的企業，才有永續經營與長期投資的價值」，而不做無謂的浪費在超額報酬

率為負數的評價作業上。

2. 盈餘品質分析

盈餘品質分析乃在確立具有可靠度的財務會計資訊，始可拿來進行企業評價，否則以不確定性的財務會計資訊是無法準確地進行企業評價。而不準確的財務會計資訊，即使運用最好的評價方法，也沒辦法提出可靠的評價結果，其結果自然是毫無效果的。所以企業評價之前應基於如下項目進行盈餘品質分析：①業內與業外比重的趨勢比較；②稅後淨利與來自營運活動現金差額之趨勢比較；③現金轉換循環天數之趨勢比較等，如此的進行企業評價才是正確的，而不會是浪費人力、物力、財力與時間了。

3. 財務決策品質分析

財務決策品質分析乃涵蓋投資決策、融資決策與股利決策。基本上，三大財務決策隱含有企業經營管理階層對其企業經營績效，與持續經營樂觀與否的預期看法。同時財務決策品質分析更是企業評價者，判斷其企業經營管理者是否具有良好特徵的依據，因為是否為「好的管理者」？可從其財務決策品質分析上看出蹊蹺，例如：①某家企業雖然擁有相當高的自由現金流量，但卻用於私人利益的擴張；②某家企業經營者為討好股票市場投資者，採取高股票股利與低現金股利政策，因而傷害了股東權益；③某家企業經營者利用自己家人資產，以高出市場價值之價格轉售其企業，乃是傷害股東權益的行為。

（四）企業評價分析作業階段

此階段即為正式進入企業評價方法與運用階段，其採取的企業評價方法大致上可分為兩大類別：①第一種類即為一般所謂的相對評價法，又可分為三階段折現模式估算企業的合理 P/E、P/B 與 P/S，以及以類似企業間比較方式，採取 P/E、P/B、P/S 估算企業價值；②第二種類即為現金流量折現法等（P/E-ratio 表示本益比評價法，P/S-ratio 表示股價銷售比評價法，P/B-ratio 表示股價淨值比評價法等，將分述於稍後內容）。

（五）評價綜合分析作業階段

就上述 P/E 法、P/S 法、P/B 法所估算出來的企業評價結果進行差異比較分析，並對其差異點進行企業價值的創造與增加途徑（如圖 4-1 所示），以利

進行次一階段的企業價值之創造與增加之活動。當然在進行前面第四階段與本階段之時，應推估出企業評價之期間，以利進行創造與增加企業價值之活動。

（六）企業價值創造活動階段

在此階段乃是提出創造與增加企業價值之階段，當然必須就內部與外部的缺失／問題改善，採取矯正預防措施，才能將企業價值予以創新或增加。在此階段，經營管理階層必須徹底認清到 P/E、P/B、P/S、P/D 法所得的企業價值之差異所在，並進行某些方法之調整（如 FCFE、FCFF 法等），以考量到未來多期數據較複雜方式的現金折現模式，如此所得的評價結果應可供企業評價者與經營管理者的綜合運用。

P/D 之 D 值（每股現金股利）乃是指未來的平均每股現金股利，而不是目前的每股現金股利，惟一般產業若依過去股利發放率來估算未來現金股利，幾乎是不可行的。所以證券分析師大多批評 P/D 法或是股利折現模式 DDM 乃是不可行的評價模型。

（七）維持高的企業價值階段

此階段乃是維持高的企業價值之持續營運階段，經營管理者對於前面評價時發現之問題，除了秉持 $P_nD_nC_nA_n$ 的長期性持續運作之外，並要在內部形塑全員參與改進的文化，以確認經營管理系統運作之有效性、符合利益關係人要求、持續創新與增加企業價值，達到永續經營與標竿企業的目標與願景之實現。

⤷ 二、相對評價法

如上述相對評價法可分為三階段的本益比評價法（P/E 法）、三階段的股價淨值比評價法（P/B 法）、三階段的股價銷售比評價法（P/S 法），以及利用與類似企業之比價原理，以估算企業的合理 P/E 值、P/B 值與 P/S 值的 Debt-free 評價法等種類。

（一）本益比評價法（P/E 法）

1. 以穩定成長型企業本益比的計算（固定成長股利折現模式）

$$P_0 = \frac{DPS_1}{r - g_n}$$ （P_0 = 目前每股股票價值，DPS_1 = 明年預估的每股現金股利，r = 未來 n 年內股東權益（股票）的必要報酬率，g_n = 未來 n 年內現金股利（盈餘）成長率的水準）

因 $DPS_1 = EPS_0 \times$ 股利支付率 $\times (1 + g_n)$

故 $$P_0 = \frac{EPS_0 \times 股利支付率 \times (1 + g_n)}{r - g_n}$$ 〔此中之現金股利發放率 = 股利支付率（Payout Ratio）〕

$$\therefore 預估本益比（PE_1）= \frac{P_0}{EPS_1} = \frac{股利支付率}{r - g_n}$$

2. 以兩階段成長型企業本益比的計算

假設未來成長呈多階段型態，在已知要求報酬率與股利成長率、現金股利發放率的前提下，股票評價模式為：

$$P_0 = \frac{EPS \times （股利支付率）\times (1+g) \times \left[1 - \frac{(1+g)^n}{(1+r)^n}\right]}{r - g}$$
$$+ \frac{EPS_0 \times （股利支付率）_n \times (1+g)^n \times (1+g_n)}{(r_n - g_n) \times (1+r)^n}$$

其中：EPS_0 = 企業今年的每股盈餘，g = 未來的 n 年內現金股利（盈餘）成長率的水準

　　　r = 未來的 n 年內股東權益（股票）要求報酬率

　　　股利支付率 = 未來 n 年之現金股利發放率

　　　g_n = 未來 n 年之後之現金股利（盈餘）成長率的水準

　　　（股利支付率）$_n$ = 未來 n 年之後的現金股利發放率

　　　r_n = 未來 n 年之後的股東權益（股票）要求報酬率

$$\therefore \frac{P_0}{EPS_0} = PE_0 = \frac{（股利支付率）\times (1+g) \times \left[1 - \frac{(1+g)^n}{(1+r)^n}\right]}{r - g}$$
$$+ \frac{（股利支付率）_n \times (1+g)^n \times (1+g_n)}{(r_n - g_n) \times (1+r)^n}$$

故可知影響本益比因素有股利支付率、風險水準、預期盈餘成長率（無風險利率可以公債利率來進行預測）；其中股利支付率與預期盈餘成長率隨本益比之增加而增加，而風險水準越高其本益比也就愈低。

3. 以三階段本益比的估算

第三階段已接近生命週期的成熟階段，因此其成長率已接近總體經濟體的成長率。影響各階段本益比的因素大多為盈餘成長率、配股率、股東權益要求報酬率。其中股東權益要求報酬率依資產定價模式（CAPM）估算：

每股股票價值＝〔NOPLAT×估算的 P/E +（理財價值 + 業外價值）×股東權益
占企業價值的百分比（$1 - \theta$）（即 S/V）〕÷流通在外股數
※NOPLAT 係指本業盈餘而非稅後淨利。
※S/V 之股東權益與企業價值均以帳面價值來衡量。

4. 本益比評價法之延伸——股價自由現金流量評價法

(1)股價自由現金流量比率 $\left(\dfrac{P_0}{FCFE_0}\right)$

假設為兩階段成長模式時：

$$P_0 = \frac{FCFE_0 \times (1+g) \times \left[1 - \frac{(1+g)^n}{(1+r)^n}\right]}{r-g} + \frac{FCFE_0 \times (1+g)^n \times (1+g_n)}{(r_n - g_n) \times (1+r)^n}$$

其中：P_0 = 目前每股股票價值，

g = 未來 n 年內現金股利（盈餘）成長率的水準

r = 未來 n 年內股東權益（股票）的要求報酬率

g_n = 未來 n 年之後現金股利（盈餘）成長率的水準

r_n = 未來 n 年之後的股東權益（股票）之要求報酬率

$FCFE_0$（free cash flow for equity）= 目前的股東權益自由現金流量

∴股價自由現金流量比率 $\left(\dfrac{P_0}{FCFE_0}\right) = \dfrac{(1+g) \times \left[1 - \frac{(1+g)^n}{(1+r)^n}\right]}{r-g} + \dfrac{(1+g)^n \times (1+g_n)}{(1+r)^n \times (r_n - g_n)}$

(2)企業價值相對於自由現金流量比率 $\left(\dfrac{V_0}{FCFF_0}\right)$

$$V_0 = \frac{FCFF_0 \times (1+g)\left[1 - \dfrac{(1+g)^n}{(1+WACC)^n}\right]}{WACC - g} + \frac{FCFF_0 \times (1+g)^n \times (1+g_n)}{(WACC_n - g_n) \times (1+WACC)^n}$$

其中：$FCFF_0$ = 目前的企業自由現金流量（free cash flow for firm）

V_0 = 目前的企業價值

$WACC$ = 未來 n 年內企業的加權平均資金成本

$WACC_n$ = 未來 n 年之後企業的加權平均資金成本

$$\therefore \frac{V_0}{FCFF_0} = \frac{(1+g) \times \left[1 - \dfrac{(1+g)^n}{(1+WACC)^n}\right]}{WACC - g} + \frac{(1+g)^n \times (1+g_n)}{(WACC_n - g_n) \times (1+WACC)^n}$$

(3) P/D 與股利收益率

因為 $\dfrac{P_0}{DPS_1} = \dfrac{1}{r - g_n}$（固定股利成長模式），

而且股利收益率（divided yield ratio; P/D）= 股東權益的要求報酬率 － 現金股利
的預期成長率

= 股東權益的必要報酬率 － 股利的預期成長率

=（公債殖利率 + 風險溢酬）－ g_n

故股利收益率 － 政府公債殖利率 = 風險溢酬 － g_n

※DPS_1 = 明年預估的每股現金股利

（二）股價淨值比評價法（P/B 法）

1. 以固定成長型企業股價淨值比的計算（固定成長股利折算模式）

$P_0 = \dfrac{DPS_1}{r - g_n} = \dfrac{EPS_0 \times (股利支付率) \times (1+g_n)}{r - g_n}$ 〔因 $DPS_1 = EPS_0 \times$（股利支付率）$\times (1+g_n)$；而股利支付率乃指現金股利發放率〕

$= \dfrac{BV_0 \times ROE \times (股利支付率) \times (1+g_n)}{r - g_n}$ 〔因 $ROE = EPS_0/BV_0$（每股股東權益的帳面價值）〕

$\therefore \dfrac{P_0}{BV_0}$ $(= PBV) = \dfrac{ROE \times (股利支付率) \times (1+g_n)}{r - g_n}$

$= \dfrac{ROE \times (股利支付率)}{r - g_n}$ 〔因將 ROE 視為下期觀念〕

①若因某公司不發放股利之時，則其 PBV 之計算，可以假設

$g = ROE \times（1 - 股利支付率）$

則 $\dfrac{P_0}{BV_0} = PBV = \dfrac{ROE - g_n}{r - g_n}$

②若 ROE > 要求報酬率時，PBV 應大於 1；反之，若 ROE < 要求報酬率時，PBV 應小於 1；若 ROE = 要求報酬率時，PBV = 1。

③PBV 與 ROE、股利支付率、成長率之間呈正向關係，而與其企業之風險程度（反應在 r）則為負向關係。

2. 以兩階段成長型企業 PBV 的計算

假設一個兩階段的股利折現模式，則股票評價公式為：

$$\because P_0 = \frac{EPS_0 \times（股利支付率）\times（1+g）\times \left[1 - \dfrac{(1+g)^n}{(1+r)^n}\right]}{r - g} +$$

$$\frac{EPS_0 \times（股利支付率）_n \times（1+g）^n \times（1+g_n）}{(r_n - g_n) \times（1+r）^n}$$

〔此處股利支付率乃指未來 n 年之內的現金股利發放率，而（股利支付率）n 乃表示未來 n 年後之現金股利發放率〕

$$\therefore \frac{P_0}{BV_0} = PBV = ROE \times \left\{ \frac{（股利支付率）\times（1+g）\left[1 - \dfrac{(1+g)^n}{(1+r)^n}\right]}{r - g} + \right.$$

$$\left. \frac{（股利支付率）_n \times（1+g）^n \times（1+g_n）}{(r_n - g_n) \times（1+r）^n} \right\}$$

〔因每股盈餘 $EPS_0 = BV_0$（每股淨值）$\times ROE$（股東權益報酬率）〕

故 PBV 與 ROE、股利支付率、成長率之間呈現正向關係，而與風險程度呈現反向關係。

3. 以三階段成長型企業 PBV 的計算

每股股票價值 ＝〔（淨值 － 理財價值 － 業外價值）× 估算的 P/B
　　　　　　　　＋（理財價值 ＋ 業外價值）× 股東權益與企業價值的百分比（1 － θ）〕
　　　　　　　　÷ 流通在外股數
※S/V 即股東權益與企業價值的百分比

（三）股價銷售比評價法（P/S 法）

1. 以固定成長公司的 P/S 值（使用 Gordon 的固定成長股利折現模式）

$$P_0 = \frac{DPS_1}{r - g_n}$$ 〔DSP_1 表示預估明年的每股現金股利（盈餘），r 表示股東權益（股票）要求報酬率，g_n 表示永續的現金股利成長率或未來 n 年之後現金股利（盈餘）成長率的水準〕

$$= \frac{EPS_0 \times （股利支付率） \times （1+g_n）}{r - g_n}$$

$$= \frac{S_0 \times （銷貨利潤率） \times （股利支付率） \times （1+g_n）}{r - g_n}$$ 〔此處銷貨利潤率＝$EPS_0 \div$ 每股銷貨收入（S_0）〕

$$\therefore \frac{P_0}{S_0} = P/S = \frac{（銷貨利潤率） \times （股利支付率） \times （1+g_n）}{r - g_n}$$

$$= \frac{（銷貨利潤率） \times （股利支付率）}{r - g_n}$$ 〔此乃在銷貨利潤率為下一期預期的利潤邊際率時〕

∴ P/S 值與銷貨利潤率、股利支付率與現金股利（盈餘）成長率成正向關係，而與要求股東權益（股票）報酬率成負向關係。

2. 以兩階段成長公司的 P/S 值計算

假設成長率為固定時：

∵ P_0 = 在高成長階段的預期各期股利現值的總和 + 第二階段價值的現值

$$\therefore 第一階段的價值 = \frac{EPS_0 \times （股利支付率） \times （1+g） \times \left[1 - \frac{（1+g）^n}{（1+r）^n}\right]}{r - g}$$

$$第二階段的價值 = \frac{EPS_0 \times （股利支付率）_n \times （1+g）^n \times （1+g_n）}{（r - g_n） \times （1+r）^n}$$

（此中，g 為第一階段 n 年之內的現金股利（盈餘）成長率，股利支付率為第一階段 n 年內的股利支付率，g_n 為第二階段 n 年之後永續的穩定現金股利（盈餘）成長率，（股利支付率）n 為第二階段 n 年之後永續的穩定股利支付率）

若 $EPS_0 = S_0 \times$ 銷貨利潤率時，則：

$$\frac{P_0}{S_0} = P/S = 銷貨利潤率 \times \left\{ \frac{（股利支付率） \times （1+g） \times \left[1 - \frac{（1+g）^n}{（1+r）^n}\right]}{r - g} + \right.$$

$$\left. \frac{（股利支付率）_n \times （1+g）^n \times （1+g_n）}{（r - g_n） \times （1+r）^n} \right\}$$

∴ P/S 值與銷貨利潤率（＝ 每股盈餘／每股銷貨收入）、股利發放比率（即股利支付率）、現金股利（盈餘）成長率之間成正向關係；而與股東權益（股票）要求報酬率（r）成反向關係。

3. 以三階段股價銷貨比之估算（如表 4-5 所示）

> 每股股票價值＝〔（目前銷貨額 × 估算的 P/S）＋（理財價值 + 業外價值）×
> 　　　　　　　股東權益占企業價值的百分比（1 − θ）（即 S/V）÷ 流通在外
> 　　　　　　　股數〕

4. 運用股價銷售比法計算品牌價值

> ∵品牌價值＝（P/S_b − P/S_g）× 銷貨額
> 　（此中，P/S_b 表示某品牌上優勢的公司之 P/S 值，P/S_g 表示一般公司之 P/S 值）
> ∴品牌價值＝〔（V/S）_b −（V/S）_g〕× 銷貨額
> 　（此中，（V/S）_b 表示某品牌上優勢的公司之企業價值與銷貨收入之比率，而
> 　（V/S）_g 表示一般公司之企業價值與銷貨收入之比率）

（四）Debt-free 評價法

Debt-free 評價法乃利用類似企業之比價原理，用以估算目標公司的合理 P/E 值、P/B 值與 P/S 值。所以，Debt-free 評價法乃是經由如下方法來進行的：

1. 類似性分析

乃採用同產業或類似產業性質之多家公司的財務分析（如：負債比率、速動比率、股東權益報酬率、純益率、盈餘成長率等），與公司規模（如：銷售數量、資本額等）、銷售市場〔最好以同一標的市場（如國內市場）為主〕等來進行比較分析。

2. 綜合評價分析

綜合評價分析可採 P/E 法、P/B 法或 P/S 法來對多家公司之間的評價結果進行比較分析。

3. 股價表現分析

乃針對某期間的多家公司之股價表現來進行比較分析。

（本單元內容取自吳啟銘（2001）著《企業評價》一書之 p.215～277）

三、自由現金流量折現法

（一）投資計畫分析與資本預算方法

1. 一項投資的淨現值（net present value; NPV）或一項投資的淨利益，乃為該項投資計畫的現金流量減去其成本，即為：

> NPV（淨現值）＝預期現金流量現值－投資計畫成本
>
> ∴NPV＞0 時表示投資人支付的資金少於投資的市場價值；反之則表示投資人將會發生投資損失。
>
> 運用貨幣的時間價值之資本預算方法，稱之為折算現金流量（discounted cash flow; DCF）技術，由於 NPV＝預期現金流量現值－投資計畫成本，所以：
>
> $$NPV = \frac{CF_1}{(1+r)^1} + \frac{CF_2}{(1+r)^2} + \cdots + \frac{CF_N}{(1+r)^N} - I$$
>
> $$= CF_1 \left[PVIF(r,1) \right] + CF_2 \left[PVIF(r,2) \right] + \cdots + CF_n \left[PVIF(r,N) \right] - I$$
>
> 此中：CF_t 表示投資計畫在第 n 期（n＝1⋯N）所產生的年現金流量
>
> PVIF（r, t）表示 t 期的 r% 現值因子，I 表示投資計畫初期成本
>
> N 表示預期計畫生命週期，r 表示用以折算現金流量之必要股東權益（股票）報酬率。

2. 內部報酬率（internal rate of return; IRR）

　　內部報酬率乃是一個折算現金流量概念，代表投資計畫現金流量的折現率。

> $$NPV = \sum_{t=1}^{N} \frac{CF_t}{(1+IRR)^t} - I$$
>
> ∴投資計畫現金流量等於投資計畫成本時，表示此投資計畫的內部報酬率是使投資計畫的淨現值為零的折現率；所以若淨現值為正時，此計畫的內部報酬率將超過此一必要報酬率；反之若 NPV 為負時，則投資計畫之必要報酬率將大於內部報酬率。

3. 修正後內部報酬率（modified internal rate of return; MIRR）

　　MIRR 乃是為解決 IRR 與 NPV 排名之間的潛在衝突，以及在資本預算投資計畫有傳統現金流量問題（即一筆初期現金流出，接著是若干筆現金流入），則只能有一個 IRR 與一項投資計畫，若產出混合現金流入與流出，則可

能有一個以上的 IRR 之特殊問題。所以才有 MIRR 的發展，其計算方法為：

(1)以最低必要報酬率為折現率，計算出所有現金流出的現值（即為傳統計畫的初期成本），此步驟把所有現金流出轉換成在 0 期之一大筆現值。

(2)以必要報酬率為再投資率或複利，計算出截至計畫生命週期終止時的每一筆現金流入的未來值，並全部加總起來，即為終值（terminal value），此步驟將所有現金流入轉換為時間 N 的一大筆未來值。

(3)找出可讓現金流出的現值增長等於終值的折現率，即為修正後的內部報酬率。

一項投資計畫若其 MIRR 超過計畫的最低股東權益（股票）必要報酬率時，應可接受此一投資計畫。惟 MIRR 與 IRR 一樣只是吸引力的一項相對衡量標準，並未能指出投資計畫造成股東的財富變動之金額。

4. 獲利能力指數（profitability index; PI）

PI 也稱為利益／成本比率（benefit/cost ratio），以 PI 來計算現金流量現值與原始投資間的比率。

$$PI = \frac{現金流量現值}{初期成本} = \sum_{t=1}^{N} \frac{CF_t}{(1+r)^t} \div I$$

∴當 PI > 1.0 時，此一投資計畫乃是可以採行的；反之 PI < 1.0 時，自應排除此些 PI 小於 1.0 的投資計畫。

PI 與 IRR 一樣，PI 衡量相對計畫吸引力，會指出哪個計畫會增加股東財富，也指出其變動金額。PI 考量到所有攸關現金流量，以及貨幣的時間價值，指出一個客觀的決策標準。

5. 回收期間法（payback period）

回收期間法乃是用以衡量投資計畫需多久時間才能回收成本的一項標準。投資計畫產出足夠現金流量以回收成本所需的時間，即為回收期間法的內涵；若回收期間少於經營階層所設定的標準，則此計畫應可進行，反之則應排除回收期較長之計畫。

6. 會計報酬率（accounting rate of return; ARR）

ARR 乃根據平均計畫收益對投資支出（通常以原始投資總額或平均投資

額為之）的比率來計算報酬率。ARR 超過經營階層所設定之最低報酬率時，則可採用該計畫，反之則應予排除。

會計報酬率＝年平均淨利 ÷ 原始投資總額

7. 投資計畫現金流量表的編製（如表 4-5 所示）

製作現金流量表之步驟，依據劉芬美（1999; p.60～61）在《投資專案評估》一書（台北市：華泰文化事業公司）中提出如下的編列步驟：

(1)估計每項投資計畫的投入與產出未來相對價格變動，此須由各項目目前與未來之市場需求與供給預測分析而得。

(2)估計或建立計畫期間，一般價格變動相關的各項假設。

(3)預估在前述一般價格變動的假設下，計畫期間可能之名目利率。

表 4-5　簡明的現金流量表：公司與投資計畫

公司的現金流量表	投資計畫的現金流量表
①營運活動現金流量 　淨利 　＋折舊 　－修正後淨營運資金 　（排除現金與應付票據變動）	①營運活動現金流量 　淨利 　＋折舊 　－淨營運資金
②投資活動現金流量 　－固定資產總值變動 　－投資變動	②投資活動現金流量 　－投資計畫的固定資產總值變動
③融資活動現金流量 　－股利發放 　＋應付票據變動 　＋新發行債券淨額 　＋新發行股票淨額	③融資活動現金流量（通常不適用）
①＋②＋③＝公司現金部位變動	①＋②＋③＝投資計畫現金部位變動，即投資計畫每期現金流量

（資料來源：洪坤、賴秀峰譯（2002），Leel, Finnerty & Norton 著（1997），《財務管理》（第一版），台中市：滄海書局，P. 321）

(4)將各項目的相對價格變動與一般價格變動併合考量，估算出各項目在計畫期間中各年度的名目價格。

(5)將各項目之名目價格乘以預估的各年度投入與產出數量,獲得各項目之當期預估值。

(6)製作前述資料編製當期(名目)值,以表示現金流量試算表,此時期即應決定各項收入與支出的時點。

(7)編製計畫期間各年的損益表,估算以當期值計之所得稅(註:此須依據所在國之稅法來估算折舊費用、銷貨成本、利息費用及所得稅,並將預估之所得稅列為現金流量之減項)。

(8)估算各年度現金需求,將其各年變動值列入現金流量之減項。

(9)依據現金需求擬訂融資方案,並將撥款、本金攤還,與利息列入現金流量表(此時已完成以當期值計算之現金流量表)。

(10)將現金流量表中所有項目利用價格指數加以平減(各年度之價格指數等於各該年度一般價格與基年期一般價格之比)。

(11)計算各不同(投資人、銀行及經濟)觀點之現金流量,此時流量表中所列之貸款、利息支出與本金攤還值,應已經過平減為固定值。

(12)利用資本之機會成本(若為私人投資計畫)或目標財務報酬率(若為政府公共投資),將資本主觀點之財務現金流量予以折現,估算淨現值或內部報酬率。

(13)將貸款、利息費用與本金攤還排除於現金流量表,即可獲得整體計畫之現金流量表。

(14)利用和部門資金機會成本(若為私人投資計畫),或目標財務報酬率(若以政府公共投資),將整體投資計畫之現金流量加以折現後計算出計畫之財務 NPV 或 IRR。

(15)投入及產出的實質財務值,可做為估算計畫之經濟效益與成本之基礎。

(二)投資人關心的獲利指標

一般而言,投資人關心的獲利指標有:①每股盈餘;②每股現金股利;③每股股票股利;④每股自由現金流量等四種:

1.每股盈餘

乃是每位投資人與證券分析所關心的,惟投資人買賣股票之目的乃在於

獲取現金，只是每股盈餘卻不代表是投資人預期可賺得的現金。所以每股盈餘做為投資決策指標乃是有缺點的，如：①忽略了投資支出；②為損益表裡的稅後淨利並未減去投資支出，若企業在投資支出上動手腳，便會造成短期盈餘增加，但長期盈餘卻是減緩的現象，所以投資人以目前盈餘來看未來現金收入，將會高估股價；③每股盈餘並不等於現金流量；④如稅後淨利並不等於企業可創造或可支配的現金流量；一個企業若缺少現金流量，就不必奢談償付利息、償還舊債、付股息、付併購專利等有利於投資人之事情；⑤每股盈餘並不是投資人真正可以拿得到的；因為每股盈餘不是現金流量。

2. 每股現金股利

每股現金股利乃是投資人真正可以拿得到的現金流量，但是有些企業為適合投資人口味而壓低現金股利與提高股票股利（尤其在台灣更是如此），以至於以每股現金股利來做股票評價時，就會沒有意義。但是當資本市場發展成熟或是企業生命週期之達成長期時，不但會打破以往高股票股利與低現金股利政策，甚至於會逼使企業基於對股東的最有利考量，朝向少做投資與多發現金股利之政策邁進。惟當企業處於初升段或／與高成長階段，不發現金股利是可以被股東或投資人所接受的。

3. 每股股票股利

基本上，每股股票股利並不是股利，而是「股票分割」。股票股利並沒有為投資人真正賺取現金流量，當然就與股票評價沒有關係，也不宜當做投資人投資獲利之指標。

4. 每股自由現金流量

每股自由現金流量，反應出企業已扣除維持盈餘成長的投資支出後的盈餘，可視為可分配予投資人的現金流量。基本上，自由現金流量可應用於發放現金股利、進行庫藏股票的買入、用於併購支出等方面，所以有助於投資人賺取股息或差價，當然是投資人關心的獲利指標。自由現金流量並不等於企業發放目前的現金股利，卻是企業未來發放現金股利的能量。投資人估計企業的自由現金流量，乃是估算該企業的現金股利，可避免遭到企業經營管理者股利操控，是可以正確地估算未來的現金股利。

（三）自由現金流量折現法

現金流量折現模式（discounted cash flow model; DCF）的基本模式如下：

$$\because \text{價值} = \sum_{i=1}^{N} \frac{CF_i}{(1+r)^i}$$

此中：

〔r＝折現率，反應預估現金流量的風險程度，

N＝資產經濟年限

CF_i＝第 i 期的現金流量〕

$$\therefore \text{股東權益（股票）價值} = \sum_{i=1}^{N} \frac{\text{股東權益（股票）所得到的現金流量}}{(1+k_e)^i}$$

〔此中：k_e＝股東權益資金成本〕

$$\therefore \text{企業價值} = \sum_{i=1}^{N} \frac{\text{企業所取得的現金流量}}{(1+WACC)^i}$$

〔此中：WACC＝加權平均資金成本〕

（其他模式尚有無窮期／一階段／兩階段／多階段折現模式，因本書旨在提出其概念，故請有興趣讀者參考坊間企業評價、財務管理書報雜誌，企盼包含為禱！？）

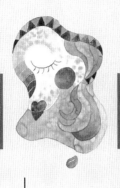

PART 3

企業經營的綜合診斷

CHAPTER 5

營運特性診斷與五力分析

　　企業經營可以透過財務報表或數量資料加以分析，以判斷出企業的收益性、成長性、生產性、活動性與安定性，並評估其經營管理成果的良窳。而營運特性分析乃依據企業經營管理活動所展現的數量性產出，以觀察分析企業的某些經營特性，同時這些經營特性乃是進行企業診斷時所必須的，只是在運用此項診斷技術時，尚應針對企業的內部與外部環境深入了解與診斷，以掌握真正的問題所在，以及數量性產出之真實意義，如此方有益於達成強化經營體質與提高經營績效之目的。

第一節　企業營運特性診斷與五力分析技術
第二節　營運特性分析與企業績效評價指數

　　在進行企業診斷之時，可以透過可靠的財務會計資訊，與所編製的財務報表來進行分析，其分析方法有比率法、比較法、趨勢法與圖表法等多種。此等分析方法之目的在於查核、衡量與評估企業經營與管理各個項目之績效是否有所發揮，當然最常應用所衡量的績效數字與其企業組織在營運期初所制定之目標值做比較，以了解績效目標是否達成或超過。

　　企業經營績效在實務上，尤其在金融機構審核貸款額度，上市上櫃時承銷商核定與企業信用評核上最常見到。此等經營績效指標一般可分為收益性、成長性、生產性、活動性與安全性等五個構面，故也稱之為五力分析指標。此五力指標乃用於了解與判斷企業組織的生產與服務效率、成長潛力、營運活動、安全程度與獲利程度，而且在經營績效之概念上稱之為營運特性。這些營運特性會呈現在企業營運活動週期裡所產出的數字之中，同時也可以藉由企業營運特性診斷，了解企業經營與管理活動中某些營運特性。

　　基本上，進行企業營運特性診斷時，尚應對企業營運活動中各個有形與無

形、短期與長期、明顯與潛在的因素進行了解與診斷，否則單靠由財務會計資訊與財務報表診斷分析出的經濟性企業績效，尚不足以涵蓋企業經營績效的全部。所以請讀者對本書往後章節與本章內容做整合了解，以免以偏概全。以下將分成各類特性加以說明。

第一節　企業營運特性診斷與五力分析技術

由於企業營運特性診斷是針對企業經營績效加以診斷，所以針對企業整體內外及各部分均應深入加以診斷與探究，才能找出真正的問題所在。另外，更應對於其產出的數字、指標、圖表的背後代表的真實意義有所了解，如此才能使企業體質強化，提升企業經營績效。至於五力分析診斷之使用者，可分為企業內部進行自我診斷，以及由外部利益關係人來進行的專業診斷（外部利益關係包括：貸款銀行、會計師、破產清算人、證券承銷商、投資人及企管顧問師等）。

一、收益性分析

收益性分析乃在於透過各種收益力指標，分析企業的獲利能力，一般將收益性分析稱之為收益力診斷。其常見的分析診斷範圍，以製造業收益能力之經營資本營業利益率為例說明之。（如表 5-1 所示）

表 5-1　製造業收益能力之經營資本營業利益率展開表

主要指標	次要指標	細部指標構成
一、經營資本週轉率	（一）資本效率	如：①固定資產週轉率、②設備資產週轉率、③流動資產週轉率、④原材料週轉率、⑤在製品週轉率、⑥製成品週轉率、⑦應收帳款週轉率等。
	（二）資產資本構成比率	如：①盤存資產與總資產比率、②製成品存貨與流動資產比率、③速動資產與總資產比率、④負債比率、⑤自有資本與總資本比率、⑥流動比率、⑦速動比率、⑧固定資產與自有資本比率、⑨固定長期適合率等。

（續前表）

主要指標	次要指標	細部指標構成
二、銷貨額營 　業利益率	（一）成本率	如：①直接材料費用率、②直接人工費用率、③間接材料費用率、④間接人工費用率、⑤營業成本率、⑥製造成本率、⑦銷售與管理費用率、⑧總成本率等。
	（二）經費率	如：①推銷費用比率、②管理費用比率、③銷售費用比率、④用人費用與銷貨額比率、⑤廣告費用與銷貨額比率、⑥利息支出與銷貨額比率、⑦福利費用與用人費用比率等。
	（三）利益率	如：①總資本經常利益率、②自有資本經常利益率、③銷貨額毛利率、④銷貨額經常利益率等。
三、生產效率		如：①平均每人生產值、②平均每人附加價值、③用人費用與附加價值比率、④設備投資效率、⑤每單位時間生產值、⑥平均每人薪資、⑦平均每台機械生產值等。

常用的收益性分析指標說明如後：

（一）銷貨利益率

銷貨利益率乃在檢視與表示利益大小對銷貨額之比率，原則是越高越好。惟在診斷之時不能單憑銷貨利益率之高低，即予以判斷其獲利能力之高低（正向關係），因為銷貨收入偏低（即資產總額週轉率偏低）時，其獲利的金額仍低（雖然比率呈現出高的結果）。銷貨利益（有稱為營業收入淨益率、銷售額對營業利益率）又可包括銷貨毛利率、銷貨營業利益率、銷貨經常利益率等比率，其計算公式如表 5-2 所示。

表 5-2　銷貨利益率計算公式

一、銷貨利益率	$= \dfrac{營業利益}{銷貨淨額}$
二、銷貨毛利率	$= \dfrac{銷貨淨額 - 銷貨成本}{銷貨淨額}$
三、銷貨營業利益率	$= \dfrac{銷貨淨額 - （銷貨成本 + 銷售與管理費用）}{銷貨淨額}$ $= 1 - （銷貨成本率 + 營業費用率）$
四、銷貨經常利益率	$= \dfrac{銷貨淨額 - （銷貨成本 + 銷售與管理費用 + 營業外損益）}{銷貨淨額}$ $= \dfrac{稅前淨利}{銷貨淨額}$

（二）資本利益率

資本利益率可分為總資本利益率、經營資本利益率、自有資本利益率，與股本利益率等。（如表 5-3 所示）

表 5-3　資本利益率計算公式

一、資本利益率	$=\dfrac{利益}{資本}=\dfrac{利益}{銷貨淨額}\times\dfrac{銷貨淨額}{資本}=$ 銷貨利益率 $\times$ 資本週轉率
二、總資本利益率	$=\dfrac{本期淨利}{總資本}$（用以測定總資本運用之獲利能力）
三、經營資本利益率	$=\dfrac{經營利益}{經營資本}$
四、自有資本利益率	$=\dfrac{本期淨利}{自有資本}$
五、股本利益率	$=\dfrac{本期淨利}{股本}$

二、成長性分析

成長性分析乃為衡量企業的成長性，一般係以生產要素（如：資產、資本、員工等）與經營成果（如：營業收入、經營利潤、附加價值）之增減狀況，來測定企業成長力狀況，故一般也稱之為成長力診斷。一般常用來做為成長力診斷的指標有：①銷貨成長率、②盈餘成長率、③總資產成長率、④員工人力成長率、⑤市場占有率成長率等種類。（如表 5-4 所示）

三、生產性分析

生產性分析乃是各種生產要素的投入量（in-put），與所獲得的產出量（out-put）間的比率，是用來衡量企業的生產效能。基本上，進行生產性分析乃是生產力的診斷，應該以附加價值為中心較具分析價值。惟附加價值之相關要素資料不足，以及一般商業的附加價值大致上是等於邊際貢獻與營業毛利，所以常見的生產力診斷指標有：①資本生產力、②勞動生產力等兩種。（如表 5-5 所示）

表 5-4　成長性分析指標

成長力指標	計算公式	備　註
一、銷貨成長率	$=\dfrac{當期銷貨淨額 - 上一期銷貨淨額}{上一期銷貨淨額}$	一般而言，以越高越佳，惟應考量物價波動與政策性削價競爭因素。
二、盈餘成長率	$=\dfrac{當期營業利益 - 上一期營業利益}{上一期營業利益}$	一般而言，以越大越佳，惟應與同業同期之比率做比較，並配合其他成長性指標為佳。
三、總資產成長率	$=\dfrac{當期總資產 - 上一期總資產}{上一期總資產}$	須注意資產增加之運用效率是否適宜。
四、員工人力成長率	$=\dfrac{當期平均員工人數 - 上一期平均員工人數}{上一期平均員工人數}$	須低於銷貨成長率為佳。
五、市場占有率成長率	$=\dfrac{當期市場占有率 - 上一期市場占有率}{上一期市場占有率}$	須一併考量環境、企業目標與策略之配合狀況為宜。

表 5-5　生產性分析指標

生產力指標	計算公式	備　註
一、資本生產力	$=\dfrac{產出}{投入}=\dfrac{附加價值}{資本}$ $=\dfrac{附加價值}{銷貨淨額}\times\dfrac{銷貨淨額}{資本}$ $=$ 附加價值率 $\times$ 資本週轉率	一般而言，資本生產力可分為經營資本生產力與商場資本生產力兩者。
	（一）經營資本生產力 $=\dfrac{附加價值}{經營資本}=\dfrac{銷貨淨額}{經營資本}\times\dfrac{附加價值}{銷貨淨額}$	經營資本生產力乃用來衡量每一單位之經營資本的產出量。
	（二）商場資本生產力 $=\dfrac{附加價值}{商場資本}=\dfrac{銷貨淨額}{商場資本}\times\dfrac{附加價值}{銷貨淨額}$	商場資本生產力乃用來衡量直接投入門市／商場之銷售設備的資本生產力。
二、勞動生產力	（一） $=\dfrac{附加價值}{勞動時間（生產）}=\dfrac{附加價值}{銷貨淨額}\times\dfrac{銷貨淨額}{勞動時間}$	乃用來衡量每工作一小時的附加價值產出量。
	（二） $=\dfrac{附加價值}{員工人數}=\dfrac{附加價值}{銷貨淨額}\times\dfrac{銷貨淨額}{員工人數}$	乃用來衡量每位員工的平均附加價值產出量。
	（三） $=\dfrac{附加價值}{銷貨淨額}\times\dfrac{銷貨淨額}{資本}\times\dfrac{資本}{員工人數}$ $=$ 附加價值率 $\times$ 資本週轉率（資本利用度） $\times$ 資本裝備率（資本密集度）	

🐾 四、活動性分析

活動性分析乃用以分析企業營運所需的資金、人力、物資等之週轉性如何，以充分掌握企業資源的有效運用，消除因呆人、呆錢、呆料而可能發生週轉不靈的瓶頸，故活動性分析也稱之為活動力診斷。一般常用以檢測與衡量的活動力指標有：①總資產週轉率、②經營資本週轉率、③營運資金週轉率、④流動資產週轉期間、⑤流動負債週轉率等五種。（如表 5-6 所示）

表 5-6 活動性分析指標

活動力指標	計算公式	備 註
一、總資產週轉率	$= \dfrac{銷貨淨額}{總資產}$	①總資產週轉率也稱為銷貨與資產總額之比率。②越高越能獲利。
二、經營資本週轉率	$= \dfrac{銷貨淨額}{經營資本（＝總資產－事業外的長期投資）}$	用來衡量經營資本之運用效益。
三、營運資金週轉率	$= \dfrac{銷貨淨額}{（流動資產－流動負債）}$	越高表示運用靈活度越高與越有效率。
	（一）流動資產週轉率$= \dfrac{銷貨淨額}{流動資產}$	用來衡量流動資產快速週轉情況。
	1. 應收帳款週轉率$= \dfrac{賒銷淨額}{平均應收帳款}$	越高表示收帳能力愈強，週轉越靈活。
	2. 存貨週轉率$= \dfrac{銷貨成本}{依成本計算之平均存貨}$ $= \dfrac{銷貨淨額}{依售價計算之平均存貨}$	①可衡量產品之銷售速度。②尚可分為原料／在製品／產品週轉率來計算。
	（二）固定資產週轉率$= \dfrac{銷貨淨額}{固定資產}$	①比率過低表示投資過多的固定資產。②用來衡量固定資產是否過多及銷貨效率之高低。
四、流動資產週轉期間	（一）流動資產週轉期間（日）$= 365 \div \dfrac{銷貨淨額}{流動資產} = 365 \times \dfrac{流動資產}{銷貨淨額}$	用為衡量流動資產平均每週轉一次所需天數。
	（二）平均收帳期間（日）$= 365 \times \dfrac{應收帳款}{銷貨淨額} = 365 \div \dfrac{銷貨淨額}{應收帳款}$	用為衡量賒銷政策與收帳能力。

（續前表）

活動力指標	計算公式	備　註
五、流動負債週轉率（期間）	（一）流動負債週轉期間（日） $=365 \times \dfrac{流動負債}{銷貨淨額}$	①用為衡量流動負債平均週轉一次所需時間。②流動資產週轉率與流動負債週轉率以 2：1 為理想。
	（二）應付帳款週轉期間（日） $=365 \times \dfrac{應付帳款}{銷貨淨額}$	用為衡量應付帳款之週轉期間。

⤷ 五、安全性分析

　　安全性分析乃用以衡量企業財務結構，是否足夠因應企業營運所需，以免造成難以週轉之困窘，一般以安全力診斷稱之。常用之安全力診斷指標有：①流動比率、②速動比率、③固定比率等三種，但是在實務運用上則因應企業長期與短期財務結構之安全性，而有多種安全力指標以供運用。（如表 5-7 所示）

表 5-7　安全性分析指標

安全力指標	計算公式	備　註
（一）有關償債能力方面		
一、短期財務結構安全性分析　1.1流動比率	$=\dfrac{流動資產}{流動負債} \times 100\%$（又稱為營運資金比率）	①為衡量企業當期償債能力，一般以超過 200% 為佳；②但過多也非好事，因有過多資金積壓。
1.2速動比率	$=\dfrac{速動資產}{流動負債} \times 100\%$（又稱為酸性測驗比率） $=\dfrac{（流動資產－存貨）}{流動負債} \times 100\%$	①一般以達100% 以上為佳；②用以衡量企業於緊急時，每一元的流動負債中有多少流動資產可供償付。
1.3流動資產占負債總額比率	$=\dfrac{流動資產}{負債總額} \times 100\%$	①用來衡量短期內對所有負債之償債能力；②比率達 100% 以上尚可，而低於 100% 則不佳。

（續前表）

安全力指標	計算公式	備　註
1.4授信限度	$=\dfrac{營運資產}{設定之流動比率-1}$ 目前可再授信限度＝最高信用限度－現在流動負債	金融機構用來衡量對企業之授信程度。
（二）有關財務負擔方面		
2.1對外借款之限度	$=\dfrac{自有資金}{外來資金}\times100\%$ $=\dfrac{自有資金}{（流動負債＋長期負債）}\times100\%$	自有資金與外來資金，宜各占一半為適當，而流動負債與長期負債宜各占一半為佳；借款總額不應超過淨值（自有資金）的100%為限。
2.2利息負擔之安全限度		①製造業因固定設備投資較大故利息也較多。②其他產業以不超過製造業平均利息負擔為準。
（三）有關資金調度方面		
3.1流動資產占資產總額比率	$=\dfrac{流動資產}{資產總額}\times100\%$	①比率越大表示資金週轉越靈活。②一般以50%為下限。
3.2流動負債占負債總額比率	$=\dfrac{流動負債}{資產總額}\times100\%$	①比率越高時將影響資金流動之安全。②一般以不超過50%為宜。
3.3存貨占銷貨成本比率	$=\dfrac{存貨}{銷貨成本總額}\times100\%$	①比率以全年銷貨成本之兩個月為上限。②存貨越低，資金週轉就越靈活。
3.4應收帳款與應收票據占銷貨淨額之比率	$=\dfrac{應收帳款＋應收票據}{全年銷貨淨額}\times100\%$	①此比率不宜過大，因比率高即表示賒帳多。②一般以20%為限，且越低越佳。

一、短期財務結構安全性分析

（續前表）

安全力指標	計算公式	備　註
（一）負債比率	$= \dfrac{負債總額}{淨值} \times 100\%$（又稱負債占淨值之比率）	不宜超過 100% 為宜。
（二）淨值比率	$= \dfrac{淨值}{資產總額} \times 100\%$（又稱淨值占資產總額之比率）	以大於 50% 為理想。
（三）固定比率	$= \dfrac{固定資產}{淨值} \times 100\%$（又稱固定資產占淨值之比率）	以不超過 100% 為理想。
（四）固定資產占資產總額之比率	$= \dfrac{固定資產}{資產總額} \times 100\%$	若流動資產占資產總額 50% 為理想，則固定資產占資產總額比率以不超過 50% 為佳。
（五）固定資產長期適合率	$= \dfrac{固定資產}{淨值＋長期負債} \times 100\%$	比率以不超過 100% 為理想。
（六）固定資產占長期負債之比率	$= \dfrac{固定資產}{長期負債} \times 100\%$	比率以不低於 143% 為理想，比率越高表示債權擔保力越強。

（安全力指標左側縱列：二、長期財務結構安全性分析）

第二節　營運特性分析與企業績效評價指數

　　在前面章節中，我們介紹了五力分析，其目的在於提出企業營運特性綜合分析的評價指標，以供進行企業五力分析診斷時的參考。而企業營運特性分析與診斷之運用，乃由企業內部自行進行五力分析，以及由企業組織的外部利益關係人接受委託或因應其業務需要而進行的企業營運特性分析。此等外部利益關係人包括：會計師、金融機構、證券承銷商與經紀商、投資人、併購者與企業顧問師等，他們乃基於業務需要而進行企業營運特性分析，諸如：財務報表分析與審查報告、稅務與財務簽證、上市上櫃承銷價格訂定、融資貸款額度與信用評核、併購策略擬定與併購價格談判、企業診斷與輔導等。以下我們將一般實務上常用的企業績效評價指數彙整於表 5-8～5-21（此等資料參考自曾新闖（1984、1996）及有關資料整理而成），以供讀者參考運用。

表 5-8 資本結構收益性分析

序	指數名稱	計算公式	意義及功能	判定標準	預定目標					
					比率	判定	比率	判定	比率	判定
			動用資金及有效運用盈餘，發揮經營能力，加速週轉，提高資金利用效率，以創造更多的獲利機會。							
1	總資本銷貨毛利率	$\dfrac{銷貨毛利}{總資本} \times 100 = \dfrac{銷貨額}{總資本} \times \dfrac{銷貨毛利}{銷貨額}$ = 總資本週轉率 × 銷貨額利益率	測驗企業資本結構是否健全，經營成績是否良佳，以測定收益性大小。	資本結構愈否以不低於一般投資報酬率，通常比 15% 較大為佳。						
2	總資本營業利益率	$\dfrac{營業利益}{總資本} \times 100$	測驗資本與銷貨比率，以測定每元產生幾元銷貨，檢視資本的使用效能。	比率高表示資本週轉快，銷貨擴張迅速，比率低表示銷貨過少，資本不足。						
3	總資本純利益率	$\dfrac{純利益}{總資本} \times 100 = \dfrac{純利益}{股本＋公積盈餘}$	測驗股東投資的獲利能力，以測定企業賣製銷理財等各方面的總績及經營之良窳。	此比率如固營業外收益增加而提高則非良好現象，一般企業在 9～10% 左右。						
4	總資本週轉率（日數）	$\dfrac{銷貨額}{總資本}$ 或 $\dfrac{總資本}{銷貨額} \times 365$	衡量一時期內動用資金於銷貨的情形，以測定每一元投資在營業上之有效運用程度（資本利用率）。通常（一年）資本週轉一次所需期間。	製造業之週轉次數為三次，買賣業為五次以上。						

（續前表）

序	指標名稱	計算公式	意義及功能	判定標準	預定目標 比率	判定	比率	判定	比率	判定
5	資本還原率	資本週轉率 × 盈餘對銷貨百分率 = $\frac{銷貨額}{股本} \times \frac{未分配盈餘}{銷貨額}$	測驗投下資本在一年內之還原率，以測定全部償還時間之長短，如投入100元，一年可賺5元，則資本還原率為5%，全部償還須20年。	比率越高為佳。						
6	自有資本構成比率	$\frac{自有資本}{總資本} \times 100$	測驗自有資本占總資本之構成比率，以測定企業健全性大小。	越高越穩定，通常製造業30%，買賣業40%。						
7	自有資本週轉率（利用率）	$\frac{銷貨額}{自有資本}$	測驗每元自有資本可經營多少生意，以測定自有資本或股東權益之有效利用程度及營業活動能力。	通常以較高為佳，至少應在50%以上。						
8	固定資產與自有資本比率	$\frac{固定資產}{自有資本} \times 100$	測驗固定資產占自有資本之比率，以測定自有資本投資於固定資產之效能。	原則上100%以下為理想。						
9	外投資本與總資本比率	$\frac{外投資本}{總資本} \times 100$	測驗外投資本占資本比率，以測定其利用他人資本之比重大小。	比率越低為佳。						
10	外投資本與自有資本比率	$\frac{自有資本}{外投資本} \times 100$	測驗外投資本占自有資本之比例，以測定其財務基礎與資本是否雄厚，其分式倒置時，表示其負債比率。	比率高低與投資利潤率攸關，通常該比率應低於100%。						

（續前表）

序	指數名稱	計算公式	意義及功能	判定標準	預定目標比率	判定比率	判定
11	自有資本與短期負債比率	$\dfrac{自有資本}{短期負債} \times 100$	測驗自有資本是否有充分供應運用資本及流動負債付之能力。	比率越高愈佳，不應低於100，否則在業主催迫下有破產之危險。			
12	自有資本與長期負債比率	$\dfrac{自有資本}{長期負債} \times 100$	測驗自有資本與長期負債二者所供應長期資金之關係，以測定資本投入固定資產是否過多或過份擴充。	比率越低為佳。			
13	自有資本與固定資產淨額比率	$\dfrac{自有資本}{固定資產淨額} \times 100$	測驗業主在固定資產方面之投資已達何種程度，以測定自有資本投入固定資產是否過多或過份擴充。	通常以超過100%為佳。			
14	固定資產與長期負債比率	$\dfrac{固定資產}{長期負債} \times 100$	測驗固定資產與長期負債比例，以測定資本安全之程度。	比率（超過100%）越高對長期債權人之安全保險越強。			
15	自有資本銷貨毛利率	$\dfrac{銷貨毛利}{自有資本} \times 100$	測驗毛利率比率，從企業自有資本從事一年營業活動結果，獲得之毛利益大小。				
16	自有資本營業利益率	$\dfrac{營業利益}{自有資本} \times 100$	測驗營業利益占自有資本比率，以測定一年中，企業自有資本從事於營業活動之結果，獲得之營業利益大小。				

（續前表）

序	指數名稱	計算公式	意義及功能	判定標準	預定目標比率	判定比率	判定比率
17	自有資本純利益率	$\dfrac{純利益}{自有資本} \times 100$	測驗純利益占自有資本比率，以測定一年中企業自有資本從事於營業活動結果，獲得之純利益大小。	通常製造業為30%，買賣業為25%。			
18	經營資本銷貨毛利率	$\dfrac{銷貨毛利}{經營資本} \times 100$	測驗銷貨毛利占自有資本比率，以測定資產（經營資本）從事經營活動結果，獲得之毛利益大小。				
19	經營資本營業利益率	$\dfrac{營業利益}{經營資本} \times 100$	測驗營業利益占經營資本比率，以測定資產（經營資本）從事經營活動結果，獲得之營業利益大小。				
20	經營資本純利益率	$\dfrac{純利益}{經營資本} \times 100$	測驗營業利益占經營資本比率，以測定資產（經營資本）從事經營活動結果，獲得之純利益大小。				
21	股票價格收益比率	$\dfrac{每股市價}{每股平均稅後純益} \times 100$	測驗每股市價與每股平均稅後純益比率，以測定欲投資之企業，每年獲利一元股東應投入資金若干元。	較高為宜。			

（續前表）

序	指數名稱	計算公式	意義及功能	判定標準	預定目標	比率	判定	比率	判定
22	股利率	$\dfrac{每股股利}{每股市價} \times 100$	測驗實際利與股票市價之比率，以測定該企業後每年可獲多少報酬。	較高為宜。					
23	投入資本盈餘率	$\dfrac{純利益}{自有資本＋長期負債} \times 100$	測驗純利益與自有資本和長期負債比率，以測定投資獲利能力。	較高為宜。					
24	股票權盈餘率	$\dfrac{純利益－優先股所需股利}{普通股權益（普通股權益和公債）} \times 100$	測驗股票所有者普通股所能獲得盈餘的能力。	越高越好。					
25	普通股股利與股權益比率	$\dfrac{普通股股利}{普通股權益} \times 100$ 或 $\dfrac{普通股股利}{普通股每股市價} \times 100$	前者為測驗普通股面額的股利潛力，後者為衡量投資於某一普通股的股利率。	越高越好。					
26	未分配盈餘與純利益比率	$\dfrac{未分配盈餘}{純利益} \times 100$	測驗企業的盈餘分配政策是否穩健，及企業自長育力（就是逐年留存一部分盈餘作自然擴張）的程度。	一般製造業在正常情況下，以大於30%為宜。					
27	經營資本週轉率	$\dfrac{銷貨淨額}{經營資本}$	測驗總資本中減除非直接參加營業活動及有價證券、不動產及閒置設備等，亦即直接使用於生產銷售活動之資本比率，以測定資金利用效率。	週轉率越高，收益性越大。					

表 5-9　財務結構健全性分析

序	指數名稱	計算公式	意義及功能	判定標準	預定目標比率	判定	比率	判定
		衡量公司償債能力、經營實績與財務管理是否合理想，測定經營利潤和管理成果之健全性程度						
1	速動比率（酸性比率）	$\dfrac{\text{流動資產（現金＋應收帳款＋銀行存款）}}{\text{流動負債（應付帳款＋應付票據）}} \times 100$	測驗速動資產緊急清償短期負債的能力，亦即每一元短期負債，有幾元速動資產可供緊急清償的後盾，以測定企業安全性大小及資金調度程度。	銀行家認為至少以80%～100%為適當，較大為佳。通常製造業90%，買賣業為70%。				
2	流動比率（運用資金比率）	$\dfrac{\text{流動資產（現金＋應收帳款＋存貨＋銀行存款）}}{\text{流動負債（應付帳款＋應付票據）}} \times 100$	測驗流動資產清償短期負債的能力，亦即每一元短期負債，有幾元流動資產可供清償的後盾，又稱清償比率或銀行界比率，以測定企業信用程度及經營安全性大小。	一般認為大於200%為佳，普通商店以30過低、150剛好、180為優。				
3	固定比率	$\dfrac{\text{淨值（自有資本）}}{\text{固定資產}} \times 100$ $\dfrac{\text{固定資產}}{\text{自有資本}} \times 100$	測驗淨值占固定資產比率，以視長期投資之固定資產是否有以長期募資抵充，即每百元固定資產中有多少元係由自有資本所購入（自有資本中多少元投入固定資產表示自有資本固定化程度）測驗自有固定資本中投入固定資產之比率。	一般認為大於100%為佳，100%以下表示固定資產投資一部分由舉債而來，通常製造業160%，買賣業100%。				

（續前表）

序	指數名稱	計算公式	意義及功能	判定標準	預定目標比率	判定比率	判定
4	盤存資產與資產總額比率	盤存資產 = $\dfrac{原材料製成零件製成品存貨}{流動資產固定資產遞延資產}$ 資產總額	測驗總資產之運用及存貨保持狀況，以為庫存管理及對銷售政策之多考。	愈低愈佳，但不應低於安全存量。			
5	流動資產與資產總額比率（流動資產構成率）	$\dfrac{流動資產}{資產總額} \times 100$	測驗投入流動用途的資產與資產總額的比例，以測定財務結構的變化與消長對企業是否有利。	在商業旺季可稍高，商業衰落期宜稍低（因流動資產主要為應收帳款和存貨）。			
6	固定資產與資產總額比率（固定資產構成率）	$\dfrac{固定資產}{資產總額} \times 100$	測驗投入固定用途的資產與資產總額的比例，以觀察資金結構對企業長消是否有利。	情況與上述大致相反。			
7	負債構成比率	$\dfrac{負債總額}{總資本} \times 100$	測驗負債額占總資本之比例，即每百元投資本另有多少外投定負債是否過重，配合營運是否過重。	此比率宜有一定限度，通常小於100%。			
8	自有資本對負債比率	$\dfrac{自有資本}{負債總額} \times 100$	測驗股東對企業投資額與債權人對企業投資額之比率，以測定其對長期信用及安全保障程度及對債權人之長期償債能力。	比率過低乃為不穩健之財務結構，或為投機政策所造成。			

（續前表）

序	指數名稱	計算公式	意義及功能	判定標準	預定目標 比率	判定	比率	判定
9	固定資產與長期負債及自有資本總額比率	$\dfrac{固定資產}{長期負債＋自有資本} \times 100$	測驗需要鉅額固定資產之企業，其自有資本是否足夠購置全部資產，如需稍長期借款亦應在企業健全性之原則下，保持適當之比率。	務須低於100%，若高出100%則不但流動資本須以短期借款籌措，即一部分設備須靠長期借款維持，殊為危險。				
10	長期負債與擔保資產比率	$\dfrac{長期負債}{擔保資產} \times 100$	測驗提供擔保之資產保障債款本息之清償的安全程度。	約自20%至80%，視實際習慣情形及商業習慣而定。				
11	流動資產與負債總額比率	$\dfrac{流動資產}{負債總額} \times 100$	測驗企業解散、清算和解或破產時立即清償的能力。	以不少於100%以上為理想最為理想。				
12	短期負債與總資本比率	$\dfrac{短期負債}{總資本} \times 100$	測驗資金來源占資金總額的比例，測觀察負債是否過重，以觀察資金來源的變化與消長情形。	根據統計，製造業的資金來源大約短期負債占10%、長期負債占15%、股本占70%、公債及盈餘占5%，通常小於65%至75%。				

（續前表）

序	指標名稱	計算公式	意義及功能	判定標準	預定目標比率	判定比率	判定比率	判定
13	長期負債與總資本比率	$\dfrac{長期負債}{總資本} \times 100$	測驗長期負債占運用資本之比率，衡量長期運用資本，以測定其長期運用資金之安全程度及財務狀況是否健全。	通常以不低於100%為宜。				
14	短期負債與經營資本比率	$\dfrac{短期負債}{經營資本} \times 100$	測驗短期負債流動經營之比率，以測定經營資本依賴短期負債程度。	小於100%為佳。				
15	舉債成本與債款比率	$\dfrac{舉債成本總額（債息）}{實際負債額} \times 100$	測驗公司債發行成本與實際負債比例，以測定舉債是否合算。	不應高出一般市場利率。				
16	短期負債與長期負債比率	$\dfrac{短期負債}{長期負債} \times 100$	測驗短期負債占長期負債之比例，以測定經營資金是否經濟與靈活。	通常長期負債為短期負債運2時，為1：二者自有資本之和不應超過適度。				
17	長期資金與固定資產比率（固定合適長期）	$\dfrac{長期資金（自有資本＋長期負債）}{固定資產} \times 100$	測驗長期資金占固定資產比率，即每百元固定資產中有多少元係由長期資金所購入。	比率低於100時，表示基礎薄弱。				
18	存貨與經營資本比率	$\dfrac{存貨}{經營資本} \times 100$	測驗存貨與經營資本比率，以測定經營資本投入存貨之比重。	製造業與批發業小於75%，零售業小於100%為宜。				

（續前表）

序	指數名稱	計算公式	意義及功能	判定標準	預定目標 比率	判定	比率	判定
19	短期負債與存貨比率	$\dfrac{短期負債}{存貨} \times 100$	測驗短期負債與存貨比率，以測定短期負債投入存貨之比重。	小於 100% 為佳。				
20	負債利息率	$\dfrac{利息}{負債總額} \times 100$	測驗利息占負債總額之比例，以測定利息負擔率。	通常應在 3% 以下，以不超過利潤率為度。				
21	存貨率	$\dfrac{不動產擔保以外之貸款＋貼現}{各種存款餘額} \times 100$	測驗借款占存款比率，以測定存貸金效率之高低而速謀方策。	製造業 3～4 倍以上，買賣業 2～3 倍以上。				
22	資產總額週轉率	$\dfrac{銷貨額}{資產總額}$	測驗每元資產可經營多少元之生意，以測定資產使用效能是否優異，投入資產總額是否過多或不足。	資金週轉越快表示資金的使用越經濟，故數字越高越好。				
23	固定資產週轉率	$\dfrac{銷貨額}{固定資產}$ 或 $\dfrac{固定資產}{銷貨額} \times 100$	測驗固定資產的使用效能（生產設備之有效利用程度）是否優異，以測定投入固定資金有無過多。	固企業的種類與性質而不同，但以較高者為佳。				
24	流動資產週轉率	$\dfrac{銷貨額}{流動資產}$	測驗一定期間流動資產週轉之利用次數（程度），以測定其每次轉變獲益能力及經營效能，以及流動資產投資是否過多。	在採用現金基礎之企業，其商品週轉率一致。在採銷基礎時，即為商品週轉率與應收帳款週轉率之和。				

（續前表）

序	指數名稱	計算公式	意義及功能	判定標準	預定目標	比率	判定	比率	判定
25	應收帳款週轉率（日數）	$\dfrac{銷貨額}{應收票據＋應收帳款＋應收票據貼現}$	測驗投入應收款項內貸的資金在一年內週轉之次數，亦即銷貨發生後多少天才能收款（收回速度），用以控制銷售員收帳效率，以測知資本使用是否經濟，企業能見'無寬濫，收帳政策有無寬濫，收帳能力是否高超。	週轉次數以較多為佳，亦即週轉一數，每週轉一次所需日數以較小為宜，通常製造業9～10次，買賣業45～50次。					
26	應收票據貼現率	$\dfrac{票據貼現額}{銷貨額} \times 100$	測驗應收票據貼現額占銷貨額之比例，俾供鑑定收放政策之參考。	以不超過100%為佳。					
27	應收帳款壞帳率	$\dfrac{壞帳}{應收票據＋應收帳款＋應收票據貼現} \times 100$	測驗壞帳占應收款項之比例，俾供放款及收帳政策改進之參考。	以不超過應收帳款5%為佳。					
28	應收帳款停滯日數	$\dfrac{應收帳款餘額}{銷售額} \times 365日或30日$	銷售總額為年總計，則日數為365日。銷售總額為月總計，則日數為30日。	日數越短越好。					
29	資本負債比率	$\dfrac{外投資本}{自有資本} \times 100$	測驗外投資本占自有資本比率，以測定企業安全性大小。	比率越低安全性越大，至少在100%以下。					
30	應付帳款應收帳款比率	$\dfrac{應付票據＋應付帳款}{應收票據＋應收帳款} \times 100$	測驗應收應付款是否均衡，比率愈低表示資本之活用度不足。	因業別之不同而異，通常製造業5～6次，買賣業11～12次。					

表 5-10　生產力成長性分析

序	指教名稱	計算公式	意義及功能	判定標準	預定目標	比率	判定	比率	判定
	提高單位生產值及機械生產價值，創造每人平均業績，謀求更高利潤。								
1	員工平均每人生產力 生產值（萬元）（量）	$\dfrac{生產值}{員工人數（入廠平均數）}$	測驗每一員工生產值，以測定平均每人生產能率。	愈高愈好。					
	附加值生產力（I）	$\dfrac{附加價值}{員工人數}$	測驗用人費、其他經費及純利益比率，以測定每一員工創造價值（一般中小型企業均視為附加價值）。	愈高愈好。					
	附加價值勞動生產力（I）								
	銷貨額（萬元）	$\dfrac{銷貨額}{員工人數（銷售員數）}$	測驗每一員工銷售額，以測定銷售員之銷售能率及人員是否過多情形。	愈高愈好。					
	總資本（萬元）	$\dfrac{總資本}{員工人數}$	測驗平均每人資本額。	因業別不同而異。					
	機械及器具設備（萬元）	$\dfrac{機械及器具設備}{員工人數}$	測驗平均每人機械設備額。	因業別不同而異。					
	設備額（萬元）	$\dfrac{設備（機械外之固定資產）}{員工人數}$	測驗平均每人固定設備額。	因業別不同而異。					
2	附加價值率	$\dfrac{附加價值}{銷貨額} \times 100$	測驗附加價值占銷貨額比率。	愈高愈好。					

（續前表）

序	指數名稱	計算公式	意義及功能	判定標準	預定目標比率	判定比率	判定
3	增加價值生產力（II）勞動生產力（II）	$\dfrac{\text{附加價值（II）}}{\text{薪工}}$	測驗投入勞動力所貢獻之經濟價值對附加價值比率。	愈高愈好。			
4	資本生產力	$\dfrac{\text{附加價值（月平均）}}{\text{固定資產（年底）}}$	測驗投入資本（包括生產能力及原材料生產力）所貢獻之生產能力。生產量／機械台數 生產量／原材料耗用量	愈高愈好。			
5	附加價值生產力（III）勞動生產力（III）	$\dfrac{\text{附加價值}}{\text{勞動時間（生產）}}$（直接、間接人工時）	測驗投入下勞動力（以多少時間）所貢獻之生產能力（生產多少產品）。	愈高為佳。			
6	勞動分配率（所得）	$\dfrac{\text{勞動收益（用人費）}}{\text{附加價值}} \times 100$（直接、間接人工資）	測驗附加價值中分配於勞動之比率。	30%～40%			
7	資本分配率	$\dfrac{\text{營業利益}}{\text{附加價值}} \times 100$	測驗附加價值中分配於資本之比率，以測定資本之貢獻。	40%～60%			
8	勞動設備額	$\dfrac{\text{設備資產（固定資產）}}{\text{員工人數}}$	測驗平均每人設備資產額。	愈高愈好。			
9	設備投資效率	$\dfrac{\text{附加價值}}{\text{設備資產（有形固定資產）}} \times 100$	測驗設備投資所能創造之附加價值。	愈高愈好。			

（續前表）

序	指數名稱	計算公式	意義及功能	判定標準	預定目標 比率	判定	比率	判定
10	機械設備額	$\dfrac{\text{機械設備}+\text{搬運設備}+\text{工具設備}}{\text{員工人數}}$	測驗勞動設備率或資本集約度，以測定機械化程度，供測定資本投資效率及資本利潤率大小。	愈高愈好。				
11	總資本投資效率	$\dfrac{\text{附加價值}}{\text{總資本}} \times 100$	測驗總資本投資所能創造之附加價值。	愈高愈好。				
12	利潤分配率	$\dfrac{\text{純利益}}{\text{附加價值}} \times 100$	測驗純利益占附加價值比率，以測定每一單位生產所應分配之利潤比率。	愈高愈好。				
13	資本集約度	$\dfrac{\text{期末總資本}}{\text{期末員工人數}}$ 或 $\dfrac{\text{經營資本（平均）}}{\text{職工（年）}}$	測驗投入勞動力與經營資本之比率，以測定投入勞力之經濟價值表示資本之有機構成。					
14	銷貨額成長率	$\dfrac{\text{本期銷貨額}-\text{上期銷貨額}}{\text{上期銷貨額}} \times 100$	測驗每年銷貨增加比率。	須在同業平均以上為佳（最好在20%～30%以上）。				
15	附加價值成長率	$\dfrac{\text{本期附加價值}-\text{上期附加價值}}{\text{上期附加價值}} \times 100$	測驗每年附加價值增加比率。	成長率在1以上為佳。				
16	總資本增加率	$\dfrac{\text{本期總資本}-\text{上期總資本}}{\text{上期總資本}} \times 100$	測驗每年總資本增加比率。	不要太高。				
17	設備增加率	$\dfrac{\text{本期固定資產}-\text{上期固定資產}}{\text{上期固定資產}} \times 100$	測驗每年設備增加比率。	愈高愈好（惟應考量產業發展概況）。				

（續前表）

序	指數名稱	計算公式	意義及功能	判定標準	預定目標	比率	判定	比率	判定
18	每人平均銷售額成長率	$\dfrac{\text{本期每人平均銷售額}-\text{上期每人平均銷售額}}{\text{上期每人平均銷售額}}\times 100$	測驗平均每年每人增加銷售率。	愈高愈好。					
19	每人平均毛利增加率	$\dfrac{\text{本期每人平均毛利}-\text{上期每人平均毛利}}{\text{上期每人平均毛利}}\times 100$	測驗平均每年每人增加獲利比率。	愈高愈好。					
20	純利益增加率	$\dfrac{\text{本期純利益}-\text{上期純利益}}{\text{上期純利益}}\times 100$	測驗每年純利益增加比率。	愈高為佳。					

表 5-11 物料管理分析

序	指數名稱	計算公式	意義及功能	判定標準	預定目標	比率	判定	比率	判定
1	原材料週轉率（次／年）	$\dfrac{\text{銷貨成本或（淨銷額）}}{\text{直接材料出庫材料}}=\dfrac{\text{用材}}{\text{現存材料}}$ 或 原材料平均庫存額	測驗一定期間內耗用材料週轉速度（次數），以測定原材料之有效利用程度。	次數愈高愈好，料週轉（次數）以不影響生產為度。					
2	消耗品週轉率（次／年）	$\dfrac{\text{使用消耗品成本}}{\text{消耗品平均庫存額}}$	測驗一定期間內消耗品週轉速度（次數），以測定消耗品之有效利用程度。	次數愈慢愈佳。					

1. 保持原材料存量之平衡、適時、適地、適質、適量供應物料，減低成本、促進產銷。
2. 實施存量管制，以最少存量完成最大供應任務，使凍結於庫存上之資金，減至最低限度。

（續前表）

序	指數名稱	計算公式	意義及功能	判定標準	預定目標 比率	判定	比率	判定
3	原材料庫存額與流動資產比率	$\dfrac{原材料庫存額}{流動資產} \times 100$	測驗原材料庫存占流動資產比率，以測定流動資產週轉情形，即一元流動資產有幾元材料庫存。	各業性質不同，很難確定標準，通常以週轉愈快為佳。				
4	原材料盤存耗損率	$\dfrac{耗損額}{原材料盤存} \times 100$	測驗原材料耗損額占原材料盤存比率，以測定盤存耗損率。	愈低為佳。				
5	標準庫存量與實際庫存量比率	$\dfrac{標準庫存量}{實際庫存量} \times 100$	測驗標準庫存量與實際庫存量比率，可為設定存料對銷貨之基本比率，以供存量管制決定安全存量之依據。	相差愈小愈好。				
6	庫存額與使用材料比率	$\dfrac{庫存額}{使用材料} \times 100$	測驗庫存額與耗用材料比率，以測定最低存量，供設定安全存量和請購點之依據。	比率愈低愈好。				
7	庫存額與儲備成本比率	$\dfrac{庫存額}{儲備成本} \times 100$	測驗庫存額與儲備成本比率，以測定適當之最低存量。	庫存額愈低，儲備成本愈低。				
8	呆廢料與庫存額比率	$\dfrac{呆廢料}{庫存額} \times 100$	測驗呆廢料占庫存額比率，以測定材料耗損影響資金積壓情況。	比率愈低為佳。				
9	每一員工平均庫存額	$\dfrac{庫存總額}{員工人數}$	測驗每一員工平均庫存額，以測定材料庫存狀況。	視各業性質之不同而異，通常愈低為佳。				

（續前表）

序	指數名稱	計算公式	意義及功能	判定標準	預定目標	比率	判定	比率	判定	比率	判定
10	每一員工平均購貨（材料）額	$\dfrac{\text{購貨（材料）總額}}{\text{員工人數}}$	測驗每一員工平均購貨額，以測定購貨（材料）狀況。	視各業性質不同而異，通常愈低為佳。							
11	購貨（材料）額與應付款項比率	$\dfrac{\text{購貨（材料）淨額}}{\text{應付帳款平均餘額}} \times 100$	測驗應付款項自發生至付清期間約有幾日，如果拖欠日超過一般常規，為保持對外信用，宜注意意善改付款政策。	依商場中賒欠常規。							
12	購貨費用與購貨（材料）額比率	$\dfrac{\text{購貨費用}}{\text{購貨（材料）額}} \times 100$	測驗購貨費用占購貨（材料）額比率、以測定購貨經費之效率大小、供參定購貨（材料）政策之參考。	比率愈低為佳。							
13	原材料與銷貨額比率	$\dfrac{\text{原材料總額}}{\text{銷貨額}} \times 100$ 或 $\dfrac{\text{耗用材料}}{\text{銷貨額}} \times 100$	測驗原材料占銷貨額比率，以測定原材料耗用額大小。	製造業 60%，買賣業 85% 以下。							

表 5-12　生產管理分析

序	指數名稱	計算公式	意義及功能	判定標準	預定目標比率	判定比率	比率
			1.擬訂生產計畫，決定生產政策，確立生產目標。2.加強生產管理，提高生產效率。3.增加作業實際生產值。提高生產效率，改進生產技術及作業方法。				
1	每一員工平均生產值（量）生產指數（I）	$\dfrac{總產值}{員工人數}$	測驗員工平均生產值，以測定每一員工平均生產能率。	愈高愈佳。			
2	每坪場地平均生產值（量）生產指數	$\dfrac{總生產值}{場地坪數}$	測驗每坪場地平均生產值，以測定每坪場地平均生產能率。	愈高愈佳。			
3	直接人工每人平均加工額生產指數（II）	$\dfrac{加工總額}{直接人工數}$ 加工額＝$\dfrac{銷貨額－（材料＋外製加工＋補助材料－消耗品＋折舊）}{員工人數}$	測驗直接人工每人平均加工額，以測定每人平均加工能率。	愈高愈佳。			
4	實際工作效率	$\dfrac{標準時間}{標準直接時間}\times100$	測驗標準時間占標準直接時間比率，以測定個人實際操作能率。	比率愈高愈佳，接近100%為理想，超過100%為優。			
5	生產負荷效率	$\dfrac{標準時間}{標準直接時間＋無標準時間}\times100$	測驗標準時間占標準直接時間及無標準時間之比率，以測定工場實際負荷量。	直接時間及無標準時間有標準，愈低，負荷輕，反之愈重。			

（續前表）

序	指標名稱	計算公式	意義及功能	判定標準	預定目標	比率	比率判定	比率
6	管理效率	$\dfrac{標準直接時間＋課直接時間＋間接時間＋待工時間}{標準直接時間＋無標時間} \times 100$ $= \dfrac{實作時間}{作業時間}$	測驗實作時間占作業時間比率，以測定直接時間使用率。（作業時間 ＝ 出勤時間 － 請製時間）	比率愈接近100%為佳。				
7	綜合目標率	製造能率 × 直接時間率 × 補償時間係數 $= \dfrac{標準直接時間＋無標時間}{標準直接時間＋無標時間＋組長時間} \times \dfrac{實作時間}{作業時間}$ $\times \left(1 - \dfrac{訓練時間}{總實到時間}\right)$ ＝ 負荷效率 × 管理機率 × 除訓練時間外實際應用率	係數通常指搬運及工具管理，正常情況下為 0.2～0.3。					
8	個人作業時間能率	$\dfrac{個人標準作業時間}{個人實際作業時間} \times 100$	測驗某一個人標準作業時間與實際作業時間之比率，以測定該人員之作業效率。	比率愈高愈佳，接近100為理想。				
9	機械操作時間率	$\dfrac{機械操作時間}{作業時間} \times 100$	測驗機械操作時間與作業時間比率，以測定機械使用或閒置指數。	比率愈高愈佳，通常10%～80%。				
10	運輸設備操作時間率	$\dfrac{運輸設備操作時間}{作業時間} \times 100$	測驗運輸設備操作時間和作業時間比率，以測定運輸設備利用率。	比率愈高愈佳，通常10%～80%。				
11	錯誤時間率	$\dfrac{錯誤時間}{作業時間} \times 100$	測驗作業時間中錯誤時間所占比率，以供改進之根據。	比率愈低，生產效率愈高。				

表 5-13　製品管理分析

提高存貨週轉率，充分靈活運用資金，暢通經營服路循環。

序	指數名稱	計算公式	意義及功能	判定標準	預定目標	比率	判定	比率	判定
1	盤存資產週轉率（日數）	$\dfrac{\text{銷貨成本或（淨銷額）}}{\text{盤存資產}}$　$\left(\dfrac{\text{盤存資產}}{\text{銷貨成本}}\times 365\right)$	測驗一年中盤存資產週轉速度（次數），以測定資產之使用狀況及運用效率。	比率愈高愈佳。					
2	製成品週轉率（日數）	$\dfrac{\text{銷貨成本或（淨銷額）}}{\text{製成品（商品）}}$　$\left(\dfrac{\text{製成品}}{\text{銷貨成本}}\times 365\right)$	測驗製成品週轉速度，以測投入製成品之資本利用率及製成品存貨量是否過多。	週轉愈快愈好，通常製造業為 7 次，買賣業為 11～12 次。					
3	存貨週轉率（日數）	$\dfrac{\text{銷貨成本或（淨銷額）}}{\text{材料盤存（平均）}}$　$\left(\dfrac{\text{存貨}}{\text{銷貨成本}}\times 365\right)$	測驗存貨週轉快慢，產銷效能是否良佳，以測定平均存放多久始能售出，存貨是否呆滯，管制效果是否良好。	視製造所需時間而定，以較快為宜，通常以能應付銷售數量需要為合適。					
4	製成品盤存耗損率	$\dfrac{\text{純損額}}{\text{製成品庫存}}\times 100$	測驗製成品耗損額占庫存額比率，以測定庫存耗損率大小，以為改進保管能率之參考。	比率愈低愈佳。					
5	製成品盤存與流動資產比率	$\dfrac{\text{製成品庫存}}{\text{流動資產}}\times 100$	測驗製成品占流動資產比率，以測定流動資產週轉情形，即一元流動資產有幾元製成品之庫存。	各業性質不同，不能一概而論，惟比率愈近 100% 愈佳。					
6	零配件比率	$\dfrac{\text{零配件銷貨額}}{\text{銷貨總額}}\times 100$	測驗零配件銷貨占銷貨總額比率，以測定零配件銷售狀況是否良好。	各業性質不同，不能一概而論，惟比率愈近 100% 愈佳。					
7	零配件週轉率	$\dfrac{\text{完成品成本}}{\text{零配件平均盤存額}}\times 100$	測驗零配件庫存及週轉速度，其倒數為出庫之週轉次數（日數）。	週轉率愈快愈佳。					

表 5-14 品質管理分析

實行品質管理，嚴格執行製品檢驗，提高產品品質。

序	指標名稱	計算公式	意義及功能	判定標準	預定目標比率	比率	判定
1	檢驗不合格率	$\dfrac{不合格數量}{檢驗數量} \times 100$	測驗製品不合格數量占檢驗合格數量比率，以供品質改進之參考。	愈低愈好。			
2	損壞品與完成品比率	$\dfrac{損壞品}{完成品} \times 100$	測驗品損壞品占完成品比率，以供生產能率改進之參考。	愈低愈好。			
3	個人損壞率	$\dfrac{個人損壞品}{個人完成品} \times 100$	測驗個人損壞品占完成品比率，以供個人生產能率改進之參考。	愈低愈好。			
4	品管成本與銷貨額比率	$\dfrac{品管成本}{銷貨額} \times 100$	測驗品管成本占銷貨額比率，以供擬定品管計畫及生產能率改進之參考。	愈低愈好。			

表 5-15 設備管理分析

1.充分利用生產設備，提高生產效率。2.檢討機械化效果得失。3.評量工具運用狀況及保養情形。

序	指標名稱	計算公式	意義及功能	判定標準	預定目標比率	比率	判定
1	設備資產週轉率	$\dfrac{銷貨額}{設備資產}$	測驗設備資產在一定期間內之使用效能（次數），以測定設備資產利用程度是否經濟。	週轉率高為佳。			
2	設備資產操作率	$\dfrac{實際操作時間}{操作時間} \times 100$	測驗設備資產運用是否充分、效果是否良佳。	操作率在90%以上為佳。			

（續前表）

序	指數名稱	計算公式	意義及功能	判定標準	預定目標	比率	判定	比率	判定
3	設備利用率（產能運用比率）	$\dfrac{生產值}{設備資產} \times 100$	測驗生產設備的利用率或負荷因素，以測定使用於生產之機能是否經濟。	愈近 100% 愈好。					
4	設備資產折舊率	$\dfrac{折舊費}{設備資產} \times 100$	測驗資本消耗占設備資產比率，以測定設備利用情形。	各業性質不同，折舊率頗雜一致。					
5	設備資產閒置率	$\dfrac{閒置時間}{操作時間} \times 100$	測驗設備資產閒置程度（未利用度），以測定設備運用能率及管理效率是否良佳。	愈低愈好。					
6	設備資產故障率	$\dfrac{故障設備}{設備資產} \times 100$	測驗設備資產故障比率，以測定保養修護設備用是否良好。	愈低愈好。					
7	設備現代化推進率	$\dfrac{成本降低預定額－（應付借款利息＋折舊）}{人力節省預定額} \times 100$	測驗成本降低與人力節省額比率，以測定設備更新及現代化實施之效果。	愈高愈好。					
8	每部機械平均生產值	$\dfrac{總生產值}{使用台數}$	測驗每台機器平均生產值，以測定機械平均生產能量。	愈高愈好。					
9	〔機械化後成本降低額－（貸款利息＋折舊）〕與人工節省額比率	$\dfrac{機械效率}{人工節省額} \times 100$	測驗機械效率與人工節省之比率，以測定機械化效果是否良佳。	愈高愈好。					
10	折舊費與用人費比率	$\dfrac{折（製）舊＋折（銷）舊}{在製人工＋薪資＋職工薪金} \times 100$	測驗折舊費與用人費比率，以測定使用機器與人力何者為經濟。	因業別不同而異。					

・企業診斷

（續前表）

序	指數名稱	計算公式	意義及功能	判定標準	預定目標	比率	判定	比率	判定
11	工具週轉率	$\dfrac{領用數}{工具總數} \times 100$	測驗工具領用次數與工具總數比率，以測定工具使用情況。	愈低愈好。					
12	工具折舊率	$\dfrac{折舊費}{工具總額} \times 100$	測驗工具折舊比率占工具總額，以衡量工具折價情形。	愈低愈好。					
13	工具盤存耗損率	$\dfrac{耗損額}{工具庫存額} \times 100$	測驗工具耗損額與盤存額比率，以測定工具耗損情形。	愈低愈好。					
14	工具消耗率	$\dfrac{消耗數}{工具總數} \times 100$	測驗工具耗損領占工具總額比率，以測定工具耗損狀況。	愈低愈好。					

表 5-16　成本管理分析

提高生產及管理效能，以降低成本，使資源的利用合乎經濟原則，爭取最大的利益。

序	指數名稱	計算公式	意義及功能	判定標準	預定目標	比率	判定	比率	判定
1	原材料成本與製造成本比率	$\dfrac{原材料成本}{製造成本} \times 100$	測驗原材料成本占製造成本之百分比，以測定成本結構比率，俾供研究降低成本之參考。	因業別不同而異，製造業 30～50%，買賣業 70～80%。					
2	人工成本與製造成本比率	$\dfrac{人工成本}{製造成本} \times 100$	測驗人工成本占製造成本之百分比，以測定成本結構比率，俾供研究降低成本之參考。	因業別不同而異。					
3	製造費用與製造成本比率	$\dfrac{製造費用}{製造成本} \times 100$	測驗製造費用占製造成本之百分比，以便對各項製造費用作有效之控制。	因業別不同而異。					

（續前表）

序	指數名稱	計算公式	意義及功能	判定標準	預定目標比率	比率	判定	比率	判定
4	各部製造費用與製造成本比率	$\dfrac{各部製造費用}{製造成本}\times100$	測驗各成本比率，以便對各製造費用作有效之控制。	因業別不同而異。					
5	薪資與製造費用比率	$\dfrac{薪資}{製造費用}\times100$	測驗薪資占製造費用比率，以測定直間接人工比率，俾使採取降低人工成本之對策。	因業別不同而異。					
6	製造成本與銷貨額比率	$\dfrac{製造成本}{銷貨額}\times100$	測驗製造成本占銷貨額比率，以測定每元淨銷貨額支配製造成本比率。	製造業額在70%以下。					
7	製造成本比率	$\dfrac{製造成本}{直接工時}\times100$	測驗製造成本與直接工時比率，以測定每一工時所分攤的製造成本。	因業別不同而異。					
8	加工成本比率	$\dfrac{加工成本}{直接工時}\times100$	測驗加工成本與直接工時比率，以測定每一工時加工成本額。	因業別不同而異。					
9	外購品成本比率	$\dfrac{外購品}{製造成本}\times100$	測驗外購品占製造成本比率。	因業別不同而異。					

表 5-17　銷貨管理分析

分析市場狀況，產銷情形和成本差異，以測定銷售效率，檢討銷售政策。

序	指數名稱	計算公式	意義及功能	判定標準	預定目標比率	比率	判定	比率	判定
1	市場占有率	$\dfrac{本公司生產額或銷貨額}{同業生產額或銷貨額}\times100$	測驗本公司產品占同業產品比率，以測定本公司產品的市場占有率。	比率愈高愈好。					
2	銷貨額增加率	$\dfrac{本期銷貨額-上期銷貨額}{上期銷貨額}\times100$	測驗推銷人員的工作效能，以測定銷售實績。	增加率愈高愈好。					

（續前表）

序	指數名稱	計算公式	意義及功能	判定標準	預定目標	比率	判定	比率	判定	比率	判定
3	銷貨額與存貨週轉比率（存貨週轉）	$\dfrac{銷貨額}{製成品盤存} \times 100$	測驗銷貨額占存貨額比率，以測定銷售能力是否良好，存貨是否過多，存貨量是否足夠。	較高為宜。							
4	營業費用與銷貨額比率	$\dfrac{營業費用}{銷貨額} \times 100$	測驗營業費用占銷貨額比率，以測定營業費用之負擔對該期損益之影響程度。	比率愈低愈好。							
5	每一員工平均銷貨額（量）	$\dfrac{銷貨額}{員工人數}$	測驗每一員工平均銷貨額，以測定員工平均銷售效率。	愈高為佳。							
6	銷貨退回及折讓與銷貨總額比率	$\dfrac{銷貨退回及折讓}{銷貨總額} \times 100$	測驗銷貨退回及折讓占銷貨總額的比率，以測定其是否超出一般正常水準。	無一定標準，但愈低愈為佳。							
7	壞帳與賒銷額比率	$\dfrac{壞帳損失}{賒銷額} \times 100$	測驗壞帳損失占賒銷額總額之比率，以測定信用政策是否優劣的指標。	愈低愈好。							
8	應收帳款與銷貨比率（應收帳款週轉率）	$\dfrac{應收帳款}{銷貨額} \times 100$	測驗應收帳款占銷貨額比率，以測定經營者之收帳能力，放帳是否太濫。	愈低愈好。							
9	淨值與銷貨比率	$\dfrac{自有資本}{銷貨額} \times 100$	測驗淨值占銷貨額比率，以顯示資金運用是否得宜。	比率愈高愈好。							
10	商品效率又主義比率（交叉）	$純利益 = \dfrac{收益}{銷貨額} \times \dfrac{銷貨額}{存貨額}$	測驗商品別邊際利益率或毛利率與存貨週轉率情形，（$\dfrac{銷貨額}{商品+製品}$）以測定每一單位使用資本之利益率大小及銷售效率之良窳。	商品效率高本收益率大。							

（續前表）

序	指數名稱	計算公式	意義及功能	判定標準	預定目標	比率	判定	比率	判定
2	管理費用與銷貨額比率	$\dfrac{管理費用}{銷貨額} \times 100$	測驗管理費用占銷貨額比率，以測定管理費用是否過高、有無浪費。	各業標準不一，費用比率高其周轉率低，其比率通常在10～20%左右。					
3	推銷管理費比率	$\dfrac{推銷管理費用}{銷貨額} \times 100$	測驗推銷管理費用占銷貨額比率，以推銷及管理費用之效率是否合理，有無浪費。	各業標準不一，費用比率高其周轉率低，其比率通常在10～20%左右。					
4	運費與推銷費用比率	$\dfrac{運費}{推銷費用} \times 100$	測驗運費占推銷費用比率，以測定費用是否合理、結構是否平衡。	無一定標準與銷貨量成正比。					
5	折舊費與銷貨額比率	$\dfrac{折舊}{銷貨額} \times 100$	測驗折舊費占銷貨額比率，以測定每一單位銷貨額須多少折舊費。	各業標準不同，愈低為佳。					
6	用人費與銷貨額比率	$\dfrac{用人費}{銷貨額} \times 100$	測驗用人費占銷貨額比率，以測定一單位銷貨額須多少用人費。	比率愈低則銷貨成本中用人費所占比率愈低。					
7	利息支出與銷貨額比率	$\dfrac{利息支出}{銷貨額} \times 100$	測驗利息支出占銷貨額比率，以測定一單位銷貨額須支出多少利息。	愈低愈好。					
8	交際費率	$\dfrac{交際費}{銷貨額} \times 100$	測驗交際費占銷貨額比率，以測定一單位銷貨額花多少交際費。	愈低愈好。					

（續前表）

序	指數名稱	計算公式	意義及功能	判定標準	預定目標	比率	判定
9	廣告費率	$\dfrac{\text{廣告費}}{\text{銷貨額}} \times 100$	測驗廣告宣傳費占銷貨額比率，以測定每一單位銷貨額須花多少廣告費，廣告效果是否適切。	不要太低。			
10	搬運費率	$\dfrac{\text{搬運費（含搬運工資）}}{\text{製造成本}} \times 100$	測驗搬運費占製造成本比率。	愈低愈佳。			

表 5-20 利益管理分析

1. 嚴密調度收支，以最技巧方式運用資金，使資金來源發揮最大效果，提高資本報酬率。
2. 透過利量分析（利潤量與數量比例），訂定利益計畫，及利益目標。
3. 衡量經營優劣，評核企業獲利能力。

序	指數名稱	計算公式	意義及功能	判定標準	預定目標	比率	判定
1	資本報酬率	銷貨利潤率 × 投資週轉率 = $\dfrac{\text{淨利}}{\text{銷貨額}} \times \dfrac{\text{銷貨額}}{\text{投資額}}$	測驗一企業在某一經營期間原投資資本之獲利率，以為投資決策之依據。	愈高愈好。			
2	資本利潤率	$\dfrac{\text{純利益}}{\text{總資本}} \times 100$	測驗投資的平均報酬率（利潤率），以測定此種投資是否合算（超過市場利息率）。	利潤率必須大於市場利息率。			
3	邊際利潤率	$\dfrac{\text{固定費用} + \text{利益}}{\text{銷貨成本}} \times 100$		愈高愈好。			

（續前表）

序	指數名稱	計算公式	意義及功能	判定標準	預定目標比率	判定比率	判定
4	安全邊際與安全邊際比率	$\dfrac{銷貨收入 - 平衡點的銷貨收入}{銷貨收入} \times 100$	安全邊際指超過損益平衡點的銷貨收入，安全的銷貨收入即表示安全邊際比率即表示銷貨收入比率占銷貨額示企業所能承受產品滯銷風險的限度。	愈高愈好。			
5	邊際收益率、利量率、利潤比率	$\dfrac{邊際收益}{銷貨總額} \times 100$ $= \dfrac{銷貨額 - 變動費用}{銷貨額} \times 100$ $= 1 - \dfrac{變動費用}{銷貨額} = 1 - 變動費率$	邊際收益指銷貨收入減去變動成本後的餘額，此一比率表示邊際收益占銷貨收入之比率，即每增加銷貨一元可賺多少盈餘。	愈高愈好。			
6	安全邊際率	$\dfrac{利潤率}{邊際收益率} \times 100$ $= \left(\dfrac{盈餘}{銷貨} + \dfrac{邊際收益}{銷貨} \right) \times 100$ $= \dfrac{盈餘}{邊際收益} \times 100$	測驗利潤率與邊際收益率比率。	愈高愈好。			
7	銷貨額總利率（毛利率）	$\dfrac{銷貨毛利}{銷貨額} \times 100$	測驗銷貨成本占銷貨額比率，以測定企業在買賣或產銷方面的收益能是否良好的程度。	各業不同，愈大為佳，一般在23～24%左右。			
8	銷貨額營業利益率	$\dfrac{營業利益}{銷貨額} \times 100$	測驗企業的每一單位營業額之獲利能力及顯示企業的經營及管理效能，以測定營業活動之成果。	製造業10%、買賣業3%以上。			

（續前表）

序	指數名稱	計算公式	意義及功能	判定標準	預定目標 比率	判定	比率	判定	比率	判定
9	銷貨額純利率（淨利率）	$\dfrac{純利益}{銷貨額} \times 100$	測驗淨利占銷貨額之比例，以測定每一元銷貨獲利能力，及企業經營成績良否。	愈高愈好，通常製造業 5～6%，買賣業 3～4%。						
10	營業利益與資產總額比率	$\dfrac{營業利益}{資產總額} \times 100$	測驗全部資金的獲利能力及全部資產的生產能力，以衡量整體經營的總成績。	比率愈高愈好。						

表 5-21 人事管理分析

提高管理能率，增加工作效率，使人工之密度維持適當比例，減少無形之浪費。

序	指數名稱	計算公式	意義及功能	判定標準	預定目標 比率	判定	比率	判定	比率	判定
1	職員比率	$\dfrac{職員數}{員工總數} \times 100$	測驗職員數占員工人數比率。	通常間接人員比率愈低愈好，視各業性質而定。						
2	職員增加比率	$\dfrac{本年度職員數 - 上年度職員數}{上年度職員數} \times 100$	測驗每年職員增加比率。	愈低愈好。						
3	工資增加比率	$\dfrac{本年度平均工資 - 上年度平均工資}{上年度平均工資} \times 100$	測驗每年工資增加比率。	通常視各行業性質而定，約 5～15% 為理想。						
4	間接人工比率	$\dfrac{間接人工}{員工總數} \times 100$	測驗間接人工占員工總數比率。	各業性質不同，比率愈小為佳。						

（續前表）

序	指標名稱	計算公式	意義及功能	判定標準	預定目標比率	判定比率	判定
5	直接人工比率	$\dfrac{直接人工}{員工總數} \times 100$	測驗直接人工占員工總數比率。	各業性質不同比率愈高愈好。			
6	間接人工與直接人工比率	$\dfrac{間接人工}{直接人工} \times 100$	測驗間接人工占直接人工比率，以測定人力配合是否適當。	各業所需人工密度不同。			
7	加班工資率	$\dfrac{加班工資額}{工資總額} \times 100$	測驗加班工資占工資總額比率。	視實際需要而定，無一定標準。			
8	離職率	$\dfrac{每年離職人數}{員工總數} \times 100$	測驗每年離職人數占員工人數比率。	因各業性質不同經營情形亦異，通常以不超過10%為宜。			
9	離職增加率	$\dfrac{本年度離職人數 - 上年度離職人數}{上年度離職人數} \times 100$	測驗每年年離職人員增加比率。	離職率不宜超過10%。			
10	獎金率	$\dfrac{獎金額}{薪資總額} \times 100$	測驗職工獎勵占薪資總額比率。	各業獎勵標準不同。			
11	福利費與銷貨額比率	$\dfrac{福利費}{銷貨額} \times 100$	測驗福利費占銷貨額比率。	各業標準不同。			
12	每一員工平均薪資額	$\dfrac{薪資總額}{員工總數}$	測驗員工平均薪資額，以測定員工待遇之高低。	視物價指數調整為佳。			
13	每一員工平均經費額	$\dfrac{經費額}{員工總數}$	測驗員工平均經費額，以測定每人負擔經費額。	比率愈低愈好。			

（續前表）

序	指數名稱	計算公式	意義及功能	判定標準	預定目標		比率	判定
					目標	比率	判定	
14	出勤率或欠勤率	$\dfrac{\text{出勤人數}}{\text{員工總數}} \times 100$ 或 $\dfrac{\text{欠勤人數}}{\text{員工總數}} \times 100$	測驗出勤和員工占員工總數比率，或欠勤員工占員工總數比率。	出勤率愈高愈佳，出勤率85%以上，欠勤率愈低愈好。				
15	遲到早退率	$\dfrac{\text{遲到早退人數}}{\text{員工總數}} \times 100$	測驗遲到早退員工運到員工比率。	比率愈低愈好。				
16	新進人員比率	$\dfrac{\text{新進人員數}}{\text{員工總數}} \times 100$	測驗新進人員比率。	無一定標準，以能新陳代謝為佳。				
17	員工固定率	$\dfrac{\text{月底員工人數}-\text{該月離職人數}}{\text{月底員工數}}$	測驗員工安定性率。	80～85%安定性愈高愈好。				
18	工資標準	$\dfrac{\text{薪資總額}}{\text{員工累積人數}}$	測驗員工工資標準。	各業標準不一，一般企業之薪資總額不應超過所有開支三分之一為度。				
19	福利費與用人費比率	$\dfrac{\text{福利費}}{\text{用人費}} \times 100$	測驗員工福利之標準比率。	愈高為佳。				
20	建議與提案率	$\dfrac{\text{提案件數}}{\text{平均員工人數}}$	測驗員工建議及提案比率，以測定員工對工作之熱誠和希望。	通常有價值之建議愈多愈好。				
21	紛爭率	$\dfrac{\text{紛爭損失時間}}{\text{員工總數}} \times 100$	測驗員工紛爭情形。	愈低愈好。				
22	懲戒率	$\dfrac{\text{違規人數}}{\text{員工總數}} \times 100$	測驗員工達規事件受懲戒情形。	愈低愈好。				

（續前表）

序號	指數名稱	計算公式	意義及功能	判定標準	預定目標	比率	判定	比率	判定	比率	判定
23	臨時工比率	$\dfrac{臨時工人數}{員工總數} \times 100$	測驗臨時人員比率。	愈低愈好。							
24	災害損失率	$\dfrac{災害損失日數}{直接人工總時數}$	測驗災害損失比率。	愈低愈好。							
25	勞動災害補償率	$\dfrac{災害給付總額}{勞動災害保險費}$	測驗災害給付補償率。	愈低愈好。							
26	教育訓練時間率	$\dfrac{教育訓練時間}{平均員工人數}$	測驗教育訓練比率。	無一定標準。							

CHAPTER 6

經營環境分析與策略診斷

　　二十一世紀的數位科技與知識管理技術發展得相當快速，市場與產業瞬息萬變，外在的經營與競爭者環境時時刻刻影響著企業的營運、生存與成長。因此現今的企業組織就必須時時注意內部與外部環境（含競爭者環境）之動態與趨勢，建立環境分析系統，以避開威脅並掌握機會，進行策略的檢討、分析與診斷。於診斷分析策略之後，即可據以考量其可行的策略方案，並選擇最適合之策略（諸如穩定、成長、退縮、綜合策略），再依據選定之策略，進行策略之可行行動方案，並向全組織宣示與傳達，以取得全員共識推動策略執行。

　　第一節　企業經營環境分析與外在環境診斷
　　第二節　企業競爭策略分析與整體策略診斷

　　由於企業的成長、衰退與變動的主要原因，來自於產業環境的因素，尤其二十世紀末迄二十一世紀初，全球的金融海嘯、經濟景氣低迷，以及3C 科技技術的發展，造成市場與產業瞬息萬變。而且企業經營的外在環境急速的動盪之下，如今的企業經營、生存、成長已時時刻刻受到外在環境的影響。因此各個業種與業態的企業，就應該對其產業週遭環境的動態與趨勢，建立環境偵測（scanning）與分析系統，以避開潛在的威脅與風險，藉由環境分析過程，掌握住發展與成長的有利機會，並調整策略、創新經營管理模式，再造企業持續經營的企業生命週期高峰，將企業經營目標圓滿達成，滿足內部與外部利益關係人之期望與要求。

　　另外，由於企業追求的乃是永續經營，因此在這個競爭的時代裡，必須認清企業面臨的是永無止境的競爭過程，為了永續經營，只有持續掌握競爭優勢，因應環境的變動，追求克敵制勝的策略才能存活下來。這個在競爭中存活

的競爭手段，就是策略（strategy）。Certo & Peter（1990）指出，策略乃是達成目標的手段，即為達成企業經營管理目標而採取的行動方案。這種為達成企業目標與實踐企業願景的手段，乃在於審時度勢與衡量環境，以了解其企業面臨的機會與威脅，自我診斷與衡量本身以確認其企業之優勢與劣勢，充分發展出多套的競爭策略，因應時代變局與達成企業經營目標。

🔅 第一節　企業經營環境分析與外在環境診斷

　　企業若想要了解目前的環境與預測未來，就應該要能夠針對其內在與外在的環境加以分析診斷，並深入進行整合性的認識與了解。因為企業的三個主要外在環境（如圖 6-1 所示），對於企業的成長與獲利具有一定程度的影響，例如：台灣在 1999 年發生的九二一大地震、2001 年美國的 911 恐怖攻擊事件、2008 年起的全球金融海嘯與經濟大幅衰退、不同時期各國的經濟強弱勢，以及新興科技的出現等外部環境因素，對台灣與全世界各個國家的企業經營均產生相當程度的衝擊。不論科技產業、傳統產業，或是觀光休閒產業均受到立即性的衝擊，而這些產業的供應商也受到同樣的波及，以致於在 2009 年初全球性的經濟低迷、原物料價格反向上漲，所造成經濟衰退與通貨膨脹同時發生之產業環境，造成相當多的科技廠、汽車廠、工具機廠、飛航公司、金融保險集團、休閒觀光飯店結束營業或破產重整，這些均是外部環境因素所造成的機會與威脅，對一般企業組織的策略行動，具有相當重大的影響。

　　如上所述，今日企業所面對的全球環境，已經與過去的環境有相當幅度的變化，尤其科技的變遷、資訊蒐集與處理技術持續的更新，使得企業能夠及時與立即地採取有效的競爭行動與反應。因此，企業必須要能夠深入地了解目前的環境，與預測未來的外在環境的可能發展。一般而言，企業的主要外在環境大致上可分為三個環境：總體環境、產業環境與競爭者環境。（如圖 6-1 所示）

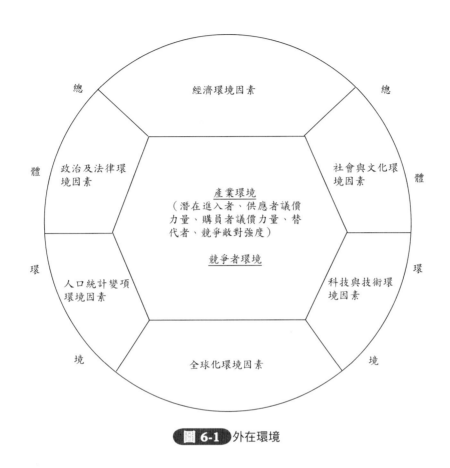

經濟環境因素

總體　　　　社會與文化環境因素

政治及法律環境因素

產業環境
（潛在進入者、供應者議價
力量、購買者議價力量、替
代者、競爭敵對強度）

競爭者環境

體　環

人口統計變項環境因素

科技與技術環境因素

全球化環境因素

境

圖 6-1 外在環境

　　企業可以運用外在環境分析（external environmental analysis）技術，解決外在環境資訊的複雜、模糊與不完整之難題，並藉此深入認識到總體環境、產業環境與競爭者環境，而此分析技術可由掃瞄（scanning）、監視（monitoring）、預測（forecasting）與評價（assessing）等四項活動所構成的外在環境分析流程來進行。（如表 6-1 所示）

表 6-1 外在環境分析流程

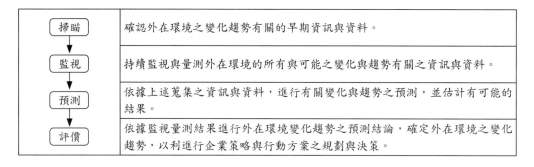

掃瞄	確認外在環境之變化趨勢有關的早期資訊與資料。
監視	持續監視與量測外在環境的所有與可能之變化與趨勢有關之資訊與資料。
預測	依據上述蒐集之資訊與資料，進行有關變化與趨勢之預測，並估計有可能的結果。
評價	依據監視量測結果進行外在環境變化趨勢之預測結論，確定外在環境之變化趨勢，以利進行企業策略與行動方案之規劃與決策。

一、總體（一般）環境分析

總體環境（general environment）又稱為一般環境，乃指足以影響產業及企業營運管理活動的廣泛性環境因素，一般的總體環境大致上可分為：政治及法律環境因素、人口統計變項環境因素、經濟環境因素、社會及文化環境因素、科技及技術環境因素、全球化環境因素等六個環境構面。同時因為企業組織無法直接控制上述各個構面與因素之總體環境，所以企業必須要能夠蒐集總體環境有關資訊、了解各個構面與因素，以及有智慧的選擇與執行合宜的策略方案，才能因應環境變化趨勢，發展與執行有效的永續經營策略。

（一）政治與法律環境因素

政治與法律環境因素（political/legal segment），乃指企業在其母國與國際之間，相互競爭市場與資源之組織，與利益關係人的管制與指導法律法規。政治與法律環境因素乃強調母國與跨國之政府，所有可能影響與管制企業營運活動之行為，以及企業如何影響政府之行為。此等行為包含：①企業透過遊說（lobbying）、協商（bargaining）、結盟（coalitions）、合作／協力（co-operation）等以獲得在複雜政治環境中生存／調適之機會，而各國政府為規範與管制其所轄區域內企業營運活動而制訂法律規章（regulation）等。此等均是企業必須正視的政治及法律環境因素，尤其如下幾種變數更是企業應予正視者：①政治的穩定程度；②社會開放與政治民主程度；③政治、法律對企業營運活動之規範情形；④政府制定之租稅獎勵制度；⑤政府制定之投資獎勵、融

資貸款、研發創新補助、教育訓練補助等措施；⑥政府之貨幣政策、財政政策、通貨膨脹狀況、市場風險程度、金融市場功能等措施與管理績效狀況；⑦資本／證券市場、匯率與利率狀況等健全狀況；⑧政府的交通、通信與網路建設狀況；⑨政府對電子商務與行動商務之政策與法令規範狀況；⑩政府對消費者保護、智財權保護、公平貿易措施、勞工保護等施政方針與法令制頒狀況；⑪政府機關組織的行政效率、公務人員清廉程度等。

（二）人口統計變項環境因素

人口統計變項環境因素（demographic segment）乃指人口規模、年齡結構、地理分布、族群組合與所得分配等因素。企業組織除了對母國的人口統計要有所分析之外，也應分析全球人口統計變項。尤其對擬發展國際化策略之企業，更應針對擬投資設廠／場或行銷至他國的人口統計變項有所分析。

（三）經濟環境因素

經濟環境因素（economic-environment segment）乃指市場的經濟本質與發展走向，包括企業已加入競爭的市場，或可能加入競爭的市場。由於一個國家的經濟健全性，會影響到企業與產業的經營績效，經濟環境往往是企業所面對的一般環境中之最重要因素。因此，企業必須研究經濟環境，以便確認其中的變化、趨勢與其策略性意涵。而經濟環境之變項因素有許多種類，較為重要且值得注意與分析者有：①國民所得（GNP）及成長趨勢；②人口及成長趨勢；③信用制度的健全與普及程度；④利率水準；⑤經濟結構的變化；⑥經濟發展政策及產業政策；⑦財稅及金融之管制或獎勵措施；⑧薪資水準、就業水準及勞資關係；⑨匯率及物價水準變動趨勢；⑩基本建設及公共投資；⑪政府與他國雙邊及多邊貿易、關稅、區域整合狀況等。其中，我們可以發現在現實中，經濟議題常與政治、法律等外部環境因素存有密不可分的關聯性。

（四）社會與文化環境因素

社會文化環境因素（sociocultural segment）乃指與社會大眾的態度及文化價值有關之相關因素。所謂的社會是指人類生活的各種組織體系，文化則為人類的各種生活方式、行為、態度、思想、價值觀等方面的綜合（劉平文；

1993）。由於企業無法脫離社會而生存，同時社會大眾的態度與文化價值規範乃是社會的基石，因此社會文化環境中的各種因素與變化趨勢，均會對人口統計、經濟、政治及法律、科技及技術等外在環境產生相當大的影響，所以社會文化環境之變化趨勢，就會對企業營運活動產生影響。一般而言，企業在制定經營與管理策略、從事營運活動的過程中，可能需要考量到的社會及文化因素應該包括：①人口統計變項因素，如：人口數目及變化趨勢、家計單位數目的變化、人口分布及其變動、性別與年齡之分布與變化狀況、結婚狀況的變化等因素之變化與趨勢，因為此等變化與趨勢均會對消費行為、購買行為產生重大影響；②教育文化變項因素，如：教育水準提升、兩性平權概念提高、婦女就業率提高、單親家庭出現與增加、不婚族與頂客族風氣流行程度、消費者價值觀與保護消費者主義的變化、人類生活型態與人際關係的變化、休閒主義與工作價值觀的變化、數位知識經濟所衝擊到的新通路／新產品／新行銷手法層出不窮的被創造出來，企業再不時時偵測、利用，及早提出策略性因應、調適，將有可能會遭到大挫敗的危機；③大眾意識與社會運動因素，如：消費者運動、勞工運動、環境保護與生態保育運動、企業倫理與道德運動、青年創業與二度就業運動等均會對政治、法律、經濟、科技技術等因素產生牽動，甚至結合成為社會運動。所以企業必須要能夠時時偵測、處處警覺、步步慎慮，才能在此多變複雜的環境中永續經營與發展。

（五）科技與技術因素

科技因素（technological segment）乃指與創新知識，及將創新結果轉換為具體產出、商品／服務／活動、作業程序／作業標準、與原材料／零組件的機構與活動（Hitt, Ireland & Hoskisson; 2003）。在此數位經濟時代裡，科技與技術變化速度相當快速，而其影響力更遍及於各個企業組織與社會層面。所以企業必須對於科技技術環境，保持高度敏感性與關心，如此才能透過新產品、新作業程序、新材料的運用，迅速獲取較高的市場占有率、產業吸引力、投資報酬率及競爭優勢，這就是企業要能夠秉持創新的策略與政策，以及應該妥善運用科技與技術的真諦。網際網路與行動通訊、電腦資訊的發展，將會是科技技術發展的主要原因，此等 3C 科技與技術的運用，可以促進企業獲得與維持競

爭優勢，以及獲得顧客滿意、股東滿意、供應商滿意、員工滿意與社會滿意的關鍵。至於此等科技與技術之獲得，可由企業內部自行開發或是購自外界，均是外在的科技技術環境為企業帶來的機會與威脅。

（六）全球化環境因素

　　全球因素（global segment）乃指新的全球市場與現有的市場之變化、重要的國際政治事件與全球市場的關鍵性文化等機構與特質。由於二十一世紀的全球化主義不只為企業帶來機會，也包括企業因全球化而必須面對的威脅，所以企業就有必要研究全球化環境因素，以便確認其中的變化、趨勢與策略性意涵。全球化環境因素有相當多種類，其中較為重要且值得注意與分析者有：①企業因全球化趨勢可以確認與進入新的、有價值的市場；②全球市場的疆界越來越趨於模糊與更加統合為一；③進入國際市場應該要能使企業延伸現有市場之範疇與發揮潛力；④全球市場中各地區的不同社會文化與屬於特定市場的機構性屬性，乃是全球化企業必須深切認知的；⑤國際經貿結盟已成趨勢（例如：歐盟、北美貿易體系、東協 10 + 1／10 + 3／10 + 6／10 + 7 的可能發展），乃是全球化企業必須認識與能夠擬定策略的議題；⑥全球化企業必須要能夠自全球市場中，獲取成功營運的資源；⑦全球市場雖然充滿商機，卻也充斥著各種危機（如：中國市場的商機與中國崛起的威脅、阿根廷在 2001 年幾乎面臨破產、冰島在 2009 年的政府破產與金融機構為債權人接管之危機等）等因素。此等因素的分析之主要目的，在於確認外在環境因素中所存在之可能變化與趨勢，以及確認全球化環境中可能的機會與威脅，以利於企業及早擬訂出因應策略，以及分散風險策略行動方案，其目的乃在於永續經營與成為具有高競爭優勢的標竿企業。

（七）總體環境分析的範例（如表 6-2 所示）

表 6-2 某公司的總體環境機會與威脅分析表

	總體環境因素	目前趨勢	未來期望狀況	未來因應對策
一、人口統計因素	1. 人口變動趨勢對產業市場規模的影響程度			
	2. 人口變動趨勢對產業的其他次級市場影響程度			
	3. 人口變動趨勢對產業的影響是機會或威脅			
二、政治法律因素	1. 政府的管制措施可能變動趨勢與影響			
	2. 政府研議中的租稅與其他獎勵措施，有哪些項目及其可能影響策略			
	3. 政治情勢可能面臨的改變與影響			
三、社會文化因素	1. 國民工作／生活／休閒生活方式之變化與影響			
	2. 社會風氣與倫理道德規範之變化與影響			
	3. 文化的變動趨勢與影響			
四、經濟因素	1. 國家經濟健全狀況之前景與影響			
	2. 其他次級市場的經濟健全狀況與影響			
	3. 國家收支狀況與影響			
	4. 國家貨幣與匯率、利息政策趨向與影響			
	5. 經濟發展動向及經濟大勢之發展與影響			
五、科技技術因素	1. 本身目前應用之科技技術成熟度與影響			
	2. 本身未來開發中之科技技術趨向與影響			
	3. 本身科技發展之突破狀況與影響			
	4. 政府之科技技術政策發展與影響			
	5. 國際之科技技術發展趨勢與影響			
六、全球因素	1. 國際行銷／人資／財務管理狀況與影響			
	2. 國際區域經貿體制與貿易保護政策發展趨勢與影響			
	3. 跨國市場營銷活動狀況與績效			

二、產業環境分析

產業環境（industrial environment）乃指一群提供或生產具有高度替代性商品／服務／活動的所有企業的經營環境。由於在產業中的各個企業之間存在有彼此的影響力，而典型的企業乃包括眾多為追求策略性競爭力與產業平均水準之上的報酬率之企業，以及此等企業所採取的競爭策略。一般而言，產業環境分析包括五種競爭力模式與力量（如圖 6-2 所示）：新進入者的威脅、供應商的議價能力、購買者的議價能力、替代品的威脅與現有競爭者的敵對狀態。（如表 6-3 所示）

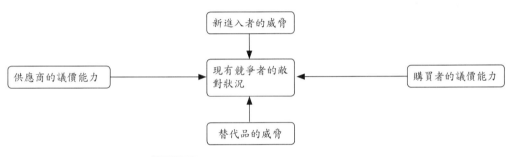

圖 6-2 產業環境分析的五種競爭力模式

（一）新進入者的威脅

企業必須偵測與確認新競爭者（雖然這個工作不容易完成），因為新進入者會威脅到企業現有的市場占有率、市場價格發生削價競爭、企業產能過剩造成的呆滯庫存品增加，以及企業獲利能力減低或虧損，所以企業必須，明知不易確認出新競爭者，但是發現新競爭者卻是相當重要的工作。由於企業若是能夠認清競爭環境，就有必要促使改進經營效率與效果，並且更要學習以新的方式與新進入者競爭（如：網路式配銷管道、發展高附加價值的商品／服務／活動、創新營銷手法與策略、改進生產與服務作業效率與效能、創新出不易進入的障礙等），如此才能讓企業永續經營、維持產業水準以上的高報酬率、提升競爭優勢與市場占有率。

（二）供應商的議價能力

供應商具有如下的狀況而有較強的議價能力：①原材料來源集中在少數

供應商手中，且其產業集中程度比購買者所屬產業來得高；②市場上尚無可資替代或替代滿意度低的原材料；③供應商未將某企業列為重要的顧客；④供應商的商品／服務／活動乃是某家企業的關鍵零組件／原材料／產品；⑤供應商創造出令某家企業，須支付高額轉換成本才能轉購他家供應商之產品；⑥供應商具有成本與品質或品牌形象之優勢；⑦供應商具有向前整合的優勢能力，以進入某家企業所在的產業等優勢。所以企業組織在發展競爭力與產業吸引力之時，就應分析其供應商所可能帶來的機會與威脅，及早擬定因應對策，否則只有低的議價能力，將會喪失許多的獲利機會。

（三）購買者的議價能力

購買者（即為顧客）具有如下狀況而有較強的議價能力：①購買者的購買數量／金額在產業中總產出的比重較高，能夠左右整個產業市場；②購買者對某家企業的採購量／金額之比例相當高；③購買者所購買之商品／服務／活動的轉換成本相當低，隨時可改向他家企業或改購他種商品／服務／活動；④購買者購買品為標準品或無大差異性，以致於購買者有能力向後整合，轉進到購買對象的產業之中，由其組成自我供應所需；⑤購買者與銷售者之間存在有策略聯盟或關係企業之關係，自然議價能力就高了。因此企業應確認出其購買者的議價能力所帶來的機會與威脅，以擬定出因應對策，才能擺脫購買者的糾纏與控制。

（四）替代品的威脅

替代品（substitute）乃來自產業之外，然而其具有相似性、相同功能性與替代性的商品／服務／活動之特色，所以這些替代品隨時可以替代某項商品／服務／活動。一般而言，在顧客的轉換成本較低與替代品價格也低的情況下，替代品就會立即對某家企業產生威脅，所以企業應該採取如下改進對策，以利及早擺脫替代品的威脅：①提升品質水準；②降低成本；③提高差異化程度；④努力滿足顧客需求；⑤提供高優質服務給顧客等。

（五）競爭者的競爭敵對態度

在產業中的企業間存在有相互依賴性與相互競爭性，因此任何一家企業推

出新營運活動時，勢必會引發同業的反應，尤其當其中一家企業遭到其他企業的挑戰時，或是有企業能夠掌握到改進本身的市場吸引力與競爭力之機會時，整個產業就會呈現出高競爭氣氛與高競爭壓力環境。一般而言，競爭者之間的敵對狀態受到如下因素的影響：①產業內競爭者數量過多，與市場勢力均衡狀況，在未有主導產業遊戲規則時競爭更激烈；②產業成長率因市場飽和而呈現成長緩慢時，易使競爭更為激烈；③高的固定成本結構（含研發成本在內），競爭壓力愈大；④高的回收期限壓力與高的倉儲成本，競爭壓力將會愈高；⑤缺乏差異化程度之商品／服務／活動，其競爭壓力更大；⑥購買轉換成本愈低的商品／服務／活動，其競爭壓力愈大；⑦產業中產能擴充速度愈快的，競爭壓力愈強；⑧企業間均以該市場為策略性市場時，其競爭壓力愈強；⑨企業在產業中進行退出的障礙（exit barrier）愈高時，企業不易自由退出，以致於競爭壓力更為增強（退出障礙有資產專用性高、退出成本高、情感上的考量愈多時，以及政府與法律限制、社會輿論，與社會責任等方面均是退出障礙）。

表 6-3 某公司的產業環境五種競爭力分析表

五種競爭力模式	公司或產品	目前強度變動	未來期望水準	未來的因應策略
1. 供應商議價能力				
2. 購買者議價能力				
3. 替代品威脅				
4. 新進入者威脅				
5. 競爭者的敵對狀態				

三、競爭者分析

　　競爭環境（competitor environment）裡的市場共同性（market commonality）與資源相似性（resource similarity），乃是產業間之企業競爭強度的決定因素。所謂市場共同性乃指兩者或以上的企業所經營的市場之間的重疊程度，而資源相似性則指兩者或以上的企業之間的相似資源（如：品牌、財力、研發能力等）程度。當市場共同性與資源相似性高時，其競爭程度越高，反之則會變成次要對手。一般而言，競爭者分析乃在於研究與某家企業直接競爭的每一家企業，由於競爭者均需要敏銳地注意對手的目標、策略、假設與能力，所以若是現有競爭者之間的競爭強度增高，企業就有必要深入了解其競爭者如下資訊：①競爭者的未來目標是什麼（因為目標乃為驅動競爭者行動之力量）？②競爭者的現在策略是什麼（正在進行的策略與行動方案）？③競爭者的假設是什麼（競爭者對產業的態度與看法）？④競爭者的核心能力是什麼（其優勢與劣勢）？以深入了解競爭者的可能目標、策略、假設與能力。（如圖6-3所示）

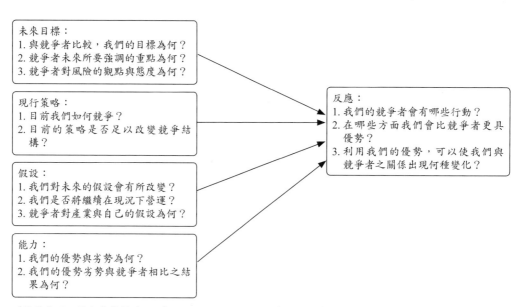

（資料來源：吳淑華等譯（2004），Hitt, Ireland & Hoskisson 著（2003），《策略管理》（第五版），台中市：滄海書局，p.91）

圖 6-3 競爭者分析圖

　　一般而言，我們可以經由如下角度來分析競爭對手：①競爭者與我們的企業規模、成長與獲利狀況；②競爭者與我們的企業願景、事業經營政策與經營目標；③競爭者與我們企業的組織因素（如：企業文化、創新性等）；④競爭者與我們的成本結構；⑤競爭者與我們過去的經營管理策略；⑥競爭者與我們的資源與能力的強勢與弱勢；⑦競爭者與我們的產品策略、行銷策略、生產與服務作業策略、用人與組織環境策略與對外策略等執行策略。（如表 6-4 所示）

表 6-4　競爭對手策略之分析比較

競爭者分析項目與內容		本公司策略行動	競爭對手 A		競爭對手 B	
項　目	分析內容與問題		策略行動	與本公司比較	策略行動	與本公司比較
一、經營策略	1. 經營策略為何？ 2. 策略主導為何？					
二、產品策略 （一）選擇與範圍	1. 產品線之選擇為何？ 2. 產品線之範圍為何？ 3. 產品範圍預期的變化為何？					
（二）產品策略	1. 業界地位為何？ 2. 何處與如何開發新產品？ 3. 新產品開發資金來源？ 4. 新產品創意與創新基礎？ 5. 產品品質及可靠度為何？ 6. 產品差異化程度如何？ 7. 產品標準化程度如何？					
	產品策略總評（含市場共同性、資源相似性）					
三、行銷策略 （一）配銷通路	1. 配銷通路的層次為何？ 2. 配銷通路是否改變過？ 3. 配銷商是什麼類型？ 4. 配銷商經營多少品牌？ 5. 與配銷商間的關係？ 6. 配銷商經營業務性質為何？ 7. 配銷商經營規模或業務量大小為何？					

（續前表）

競爭者分析項目與內容		本公司策略行動	競爭對手A		競爭對手B	
項　目	分析內容與問題		策略行動	與本公司比較	策略行動	與本公司比較
三、行銷策略	(二)供貨準備	1.是否可以及時供應需求？				
		2.存貨地點與方式為何？				
		3.對庫存量與方法的管理能力？				
	(三)促銷業務	1.如何進行促銷活動？				
		2.促銷活動在業界評價？				
		3.促銷費用高低程度？				
		4.促銷主要媒體為何？				
		5.促銷期間與頻率為何？				
	(四)定價決策	1.定價決策採用基礎？				
		2.如何控制定價？				
		3.在業界的定價地位？				
		4.付款條件為何？				
		5.銷售帳款方式為何？				
	(五)銷售組織	1.銷售組織或人力類型？				
		2.銷售人力之人才素質？				
		3.銷售人員之薪資獎金？				
		4.銷售組織編組方式？				
		5.銷售人員教育訓練方式？				
	(六)服務決策	1.服務成本是否列入定價？				
		2.服務的主要目的為何？				
		3.服務類型重點為何？				
		4.服務品質管理方式？				
		5.品質保證方式為何？				
		行銷策略總評				
四、製造策略	(一)生產與服務決策	1.自製或外購？				
		2.何處製造或取得？				
		3.生產／服務場所狀況？				
		4.設施規劃狀況？				
	(二)生產與服務績效	1.產能利用率／場地利用率？				
		2.生產／服務彈性程度？				
		3.生產／服務品質狀況？				
		4.生產效率／服務效率？				
		5.生產／服務成本狀況				

（續前表）

競爭者分析項目與內容		本公司策略行動	競爭對手A		競爭對手B	
項目	分析內容與問題		策略行動	與本公司比較	策略行動	與本公司比較
	製造策略總評					
五、財務策略	（一）財務分析 1. 負債對權益比例？					
	2. 每股盈餘？					
	3. 淨利率、毛利率？					
	（二）融資分析 1. 貸款主要來源？					
	2. 貸款期限？					
	3. 利息負擔？					
	（三）會計制度 1. 存貨成本計價方法？					
	2. 內部控制與稽核制度？					
	3. 成本分析制度為何？					
	財務策略總評					
六、其他執行策略	（一）組織策略 1. 員工構成之年齡層分布？					
	2. 員工構成之教育水準？					
	3. 領導統御模式為何？					
	4. 教育訓練與人力資源發展政策？					
	5. 員工薪資福利水準？					
	（二）對外策略 1. 競爭力與市場占有率狀況？					
	2. 社會責任履行狀況？					
	3. 企業／品牌形象地位？					
	其他執行策略總評					
各項執行策略之綜合評價						

❀ 第二節　企業競爭策略分析與整體策略診斷

　　由於市場競爭日趨白熱化，新科技新技術與新工具、新產品、新企業的不斷出現，以及全球化所造成的國家界線日趨模糊，無不加速了商業環境的變動速度。Richard Forst & Sarah Kaplan 指出「目前存在的主要企業能夠安然度過未來二十五年者，將不到三分之一」，更是道盡了現代與未來的企業經營管理

者，將會面臨相當嚴峻的環境之挑戰的事實／趨勢。企業唯有在此變幻莫測與激烈競爭的經營環境裡，發展出適當的競爭策略，否則遲早會被淘汰出局的！

企業經營的原則乃在於永續經營，因此企業組織每天面對的是永無止境的競爭過程與壓力。只有持續地掌握住競爭優勢、因應市場環境的快速與激烈變動、在競爭者發動競爭策略行動之前或之時，能夠及時採取策略以克敵致勝，才能永續經營下去。而這裡所謂的策略，乃是指企業經過整合與協調，被設計用來開拓核心能力與獲取競爭優勢的承諾與行動（Hitt 等；2003）；所以策略就是一種衡量企業的競爭環境，而對資源運用的抉擇結果（Fleisher & Bensoussan; 2003），企業經營管理階層藉由策略，來整合與協調企業內部之各種不同營運活動，如此的策略選擇，乃是企業藉以決定如何與其他企業相互競爭的各種行動，以維持其企業的持續競爭優勢。

✎ 一、競爭策略分析之概念與程序

由於這個世紀已是十倍速的時代，企業必須要能夠運用更好的策略管理與競爭分析工具，持續重新定位，才能維持平均以上的報酬，並保持領先業界競爭者與建立優勢競爭的基礎。

（一）競爭策略的定義、本質與範圍

1. 策略的定義

策略乃在於評估企業本身的優勢與劣勢，並衡量外界環境之機會與威脅，為了發揮優勢、隱藏劣勢、掌握住潛在機會與避開可能的威脅，企業會採取一種企圖達成其願景與目標的行動方案，這就是 Fleisher & Bensoussan 對策略的定義。當然策略之定義與範圍乃是百家爭鳴式的，有相當多不同的詮釋與界定，美國學者 Henry Mintzberg（1987）作了整理而分為五大類（5 Ps）：①策略是一種計畫（plan），即認為策略是企業組織有意安排的一套行動方案；②策略是一種計謀（ploy），即為謀取勝過競爭者而特別策畫的一種謀略；③策略是一種模式（pattern），即為企業內部共識的行為模式；④策略是一種態勢（position），即為將企業明確定位的一種手段；⑤策略是一種展望（perspective），即為企業對其所位處之產業的一種共同知覺、意識與展望。

2. 策略的本質與特性

策略的本質表現在如下四個方面（方至民、鍾憲瑞；2006）：①經營目標的設定及執行順序之安排；②主要經營議題（如：政治法律的制訂與修改、消費者偏好的多變化、消費者談判力量的增強、金融政策、貨幣政策與匯率政策的改變等）的確認；③企業關鍵資源的分配；④企業組織運作的協調與整合等。因此企業的策略具有如下特性（劉平文；1993）：①策略具有較長期的引領企業從事各項營運活動之特性，所以企業一旦建立了策略，其主要方向就不易改變；②策略具有選擇性，強調持續且重要的關鍵點，因此較為細微的活動，則為策略以下的戰術（tactic）運用；③策略乃為營運行動之主導，在於定義企業使命，並提供作業性目標；④策略點明了企業之外部環境與內部行動之關係。

3. 策略之範圍

策略的範圍包括下列三個層面（劉平文；1993）：①總體策略（corporate strategy），即為企業組織的整體活動方向，包括決定企業之型態、資源之來源與運用、企業的宗旨（mission）；②事業策略（business strategy），即為企業內部各個部門（即策略事業單位，strategic business unit; SBU）應如何進行其產業或於特定市場區隔中，提升其競爭地位之策略；③功能策略（functional strategy），即為企業的各種管理機能應如何有效運作，以發揮最大的效能，達成整體目標的個別策略。

（二）競爭策略管理程序

策略管理（strategic management）乃由如下三項基本要素所構成的互動且循環的程序：策略形成、策略執行與策略評估及控制。而所謂的策略管理程序則基於上述三項策略管理要素原則，以進行維持競爭優勢、建立競爭優勢與擴張競爭優勢之有效策略的一套決策與行動。而競爭策略管理程序，就是企業經營管理者為獲致競爭優勢而進行的策略管理程序。（如圖 6-4 所示）

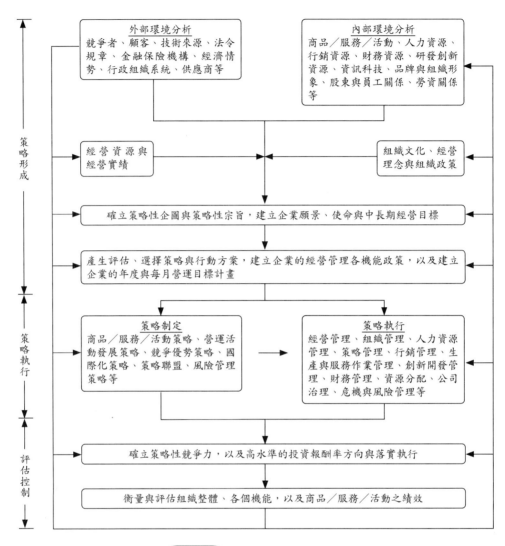

圖 6-4 高競爭優勢之策略管理程序

（三）競爭策略分析的重要性

　　競爭策略分析的目的在於探索市場環境的動態性，例如：產業吸引力的評估、企業競爭強度分析、產品生命週期變化、競爭情報與資訊的蒐集、投資組合計畫、營運活動決策等。企業組織的經營管理階層就是藉由競爭策略分析的結果，來進行研判其企業本身與競爭者之間的競爭優勢之消長，以作為企業擬定競爭優勢策略之依據（Fleisher & Bensoussan; 2003）。基本上，競爭策略分析也可作為企業組織之各個事業部與各個部門主管、基層員工學習與運用的工

具，以為他們了解企業所位處的環境、面臨的機會與威脅、了解企業本身的資源，協助他們為達成企業目標與願景、宗旨而努力，如此企業營運的綜效與目標將易於順利達成。

依據 Fleisher & Bensoussan 的研究指出，有關競爭策略分析的工具有五個方向（請參考張保隆審訂（2007），《企業策略與競爭分析》，滄海書局）：

1. 策略分析工具方面，有波士頓 BCG 矩陣分析、奇異經營分析矩陣（GE business screen matrix）、波特的五力分析、策略群組分析（strategic group analysis）、SWOT 分析、價值鏈分析等。
2. 競爭與顧客分析方面，有盲點分析（blindspot analysis）、競爭者分析、顧客區隔分析、顧客價值分析等。
3. 環境分析方面，有議題分析（issue analysis）、情境分析等。
4. 評估分析方面，有經驗曲線分析、專利分析（patent analysis）、產品生命週期分析、技術生命週期分析等。
5. 財務分析方面，有財務報表分析、策略性資金規劃、持續成長率分析等。

二、競爭策略分析之基本方法

競爭策略分析的基本方式（如圖 6-5 所示）有四大構面：分析架構、蒐集、分析與涵義等（Fleisher & Bensoussan; 2003）。由於策略分析需要結合科學與非科學的層面、多準則程序，進而藉由對資料與資訊的蒐集、整理、分析與解釋，才能提出有意義、有價值的見解。利用策略分析乃在於推論各項事物的相關性，用以評估有關的競爭趨勢與確認企業本身的績效落差，同時找尋可資改進、維持或成長的機會，以產生可以創造競爭優勢本質（維持、建立與擴展競爭優勢）與達成企業永續經營目標之見解、策略與行動方案。只是在運用分析技術／工具之時，往往會有偏差認知所導致的不合宜策略決策，乃是在運用分析技術時應予以注意者。

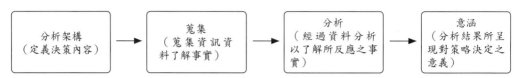

（資料來源：張保隆、陳瑋玲審訂（2007）、Fleisher & Bensoussan（2003），《企業策略與競爭分析：工具與應用》（第一版），台中市：滄海書局，p.29）

圖 6-5 競爭策略分析的基本方式

（一）競爭策略分析的主要範疇

依據 Fleisher & Bensoussan（2003）的研究，競爭策略分析的主要範圍有：①決策範疇，即競爭策略分析對企業的影響組織層級會受到決策層級、決策者、影響時間長短、決策頻率、結構化程度等差異情形而有所差異，至於決策範疇可分為戰略層次、戰術層次與作業層次；②地理範疇，即進行競爭策略分析時應考量到國內、多國籍與全球性競爭型態；③環境範疇，即 Montgomerg & Weinberg（1998）所提出的競爭、技術、顧客、經濟、政治及行政規範與社會等六個環境區隔；④時間範疇，即在進行競爭策略分析時應考量到時間序列之間的各個事件之關係，以及其間的正面影響變數；⑤決策者職位，即應考量各個層級所需要之關鍵情報需求各有不同之特性；⑥產品技術範疇，即應考量到哪些涉及價值鏈的關鍵活動，有哪些需求、供給、流程、商品／服務／活動、價值鏈等有關之技術基礎與新興技術。

（二）競爭策略分析之陷阱與應注意事項

由於在運用分析技術之時，會因為認知的偏差而導致做出不合宜的決策，而這些可能的偏差就是分析的陷阱，諸如：投注升高效應（escalating commitment）、群體思考現象（groupthink）、控制幻覺（illusion of control）、過度簡化（reasoning by analogy）、以偏概全（representativeness）、假設前提錯誤（prior hypothesis bias）等現象均會造成決策上的偏差。

所以我們在運用競爭策略分析方法之時，就應該注意如下幾個方面，以改進偏差／陷阱現象的發生：①企業組織不宜將任何一種方法當作唯一或正式的方法，因為沒有一種方法可以適用於任何情況，分析人員必須認知分析的深

度與複雜度,進而判斷所需的關鍵情報需求,與選擇合宜的分析技術;②不宜老是選擇既定的分析技術方法與工具,應該視資訊與資料之蒐集狀況及關鍵需求來選擇分析技術與方法;③必須根據競爭環境之情境與需求,選擇數種分析技術與工具來進行決策上之支援,不必刻意選擇與競爭者不同的分析技術與工具,因為決策乃是模仿不來的。

三、企業整體策略診斷

　　企業組織之所以選擇一個好的、合宜的策略,乃是為了讓其企業永續經營與獲取水準以上的投資報酬率、高的市場占有率與產業吸引力。但若只著重在制定／形成層面,就可能會有所失望,因為競爭優勢策略必須要策略形成、策略執行、評估與控制等三個基本要素能夠順利進行,如此才能使策略目標順利達成。尤其在策略執行過程中,要能夠不斷的評估、稽核與診斷,才能讓策略目標達成,若是在策略執行過程中發現策略無效或不如預期時,就應該重新進行策略診斷,(因為策略之形成可能是有錯誤的)。

　　企業整體策略診斷應涵蓋:①已量化的經營分析指標(如:淨收益、每股盈餘、投資報酬率、市場占有率、銷貨成長率、生產力、員工流動率等);②各項政策、制度之間的一致性;③環境的配合性;④風險性;⑤資源運用效率;⑥時效性;⑦其他等方面的因素。一般而言,在進行企業整體策略診斷時常會運用檢核表的方式來分析。(如表 6-5 所示)

表 6-5　企業整體策略診斷表

項　目	細　項	內　　容	實際狀況	評　價 5 4 3 2 1
一、企業現況	(一)經營績效	1. 平均每股盈餘(EPS) 2. 投資報酬率(ROI) 3. 整體市場占有率 4. 銷售成長率 5. 平均生產力		

（續前表）

項　目	細　項	內　　容	實際狀況	評　價 5　4　3　2　1
一、企業現況	(二)策略方向	1. 企業使命與事業定位 2. 企業整體目標與事業目標 3. 經營管理策略組合 4. 各項政策的一致性，與使命、策略、目標相容性 5. 政策與使命、策略、目標相容性		
	(三)董事會	1. 成員來自內部或外部及其資歷 2. 董事擁有股權比率 3. 董事學經歷、技術與社經關係 4. 獨立董事與勞工董事設置狀況 5. 董事投入管理策略、實際參與程度		
	(四)高階經營管理階層	1. 組成、學經歷、技術、社經狀況 2. 為公司經營成敗與績效負責情形 3. 策略管理之系統化制定、實施、評估、與控制狀況 4. 投入策略管理程序之程度 5. 高階經營管理階層間、與董事會間之互動交流狀況		
二、外部環境 O/T 分析	(一)社會文化	1. 有哪些社會文化因素會影響公司 2. 目前這些因素有哪些是最重要 3. 往後幾年這些因素有哪些是最重要		
	(二)政治法律	1. 有哪些政治法律因素會影響公司 2. 目前這些因素有哪些是最重要 3. 往後幾年這些因素有哪些是最重要		
	(三)經濟	1. 有哪些經濟因素會影響公司 2. 目前這些因素有哪些是最重要 3. 往後幾年這些因素有哪些是最重要		
	(四)科技技術	1. 有哪些科技技術因素會影響公司 2. 目前這些因素有哪些是最重要 3. 往後幾年這些因素有哪些是最重要		
	(五)利益關係人	1. 有哪些內部利益關係人會影響公司 2. 有哪些外部利益關係人會影響公司 3. 目前的內部利益關係人因素有哪些是最重要 4. 目前的外部利益關係人因素有哪些是最重要		

（續前表）

項　目	細　項	內　　容	實際狀況	評　價 5 4 3 2 1
三、內部環境 S/W 分析		5. 往後幾年這些內部與外部利益關係人因素有哪些是最重要		
	（一）內部結構	1. 目前的組織結構是功能、專案、區域、產品、混合型態 2. 目前的組織結構之決策權為何 3. 員工對目前的組織結構了解程度 4. 目前的組織結構是否與公司目標、策略、政策、方案相合程度 5. 與類似公司之組織結構比較		
	（二）企業文化	1. 企業文化是否由共同願景、經營理念、價值觀等塑造而成 2. 企業文化與當前之目標、策略、政策、方案相合程度 3. 企業文化定位（如面臨生產力、績效、品質、環境適應性等問題時）		
	（三）行銷資源	1. 目前公司的行銷目標、策略、政策、方案為何 2. 由市場定位與行銷組合（4P、7P、8P、9P等）來看該公司之行銷績效為何 3. 該公司行銷績效與同類企業之比較 4. 行銷管理者是否考量行銷概念與技術，來評估與改進產品與部門績效 5. 行銷管理者在策略管理程序中所扮演的角色為何		
	（四）財務資源	1. 目前公司的財務目標、策略、政策、方案為何 2. 該公司是否採取公認的財務觀念與技術（如國際會計準則（IFRS）接軌） 3. 目前公司的財務分析比率為何（如：流動比率、獲利率、活動性比率、槓桿比率、資本結構、經常性資金等）？顯現出哪些趨勢？ 4. 公司的財務分析比率是否支持公司策略決策？ 5. 該公司財務績效與同類企業之比較 6. 財務管理者是否考量財務概念與技術，來評估與改進公司與部門績效 7. 財務管理者在策略管理程序中扮演的角色為何		

（續前表）

項　目	細　項	內　　容	實際狀況	評　價 5　4　3　2　1
三、內部環境 S/W 分析	(五)研究發展	1. 目前公司的研究發展目標、策略、政策、方案為何 2. 目前公司的研究發展與當前之目標、策略、政策、方案內外部環境相合程度 3. 科技技術在公司績效之角色為何 4. 研究發展投資所獲致之報酬為何 5. 目前公司的研究發展能力如何 6. 該公司研發績效與同類企業之比較 7. 研究發展者在策略管理程序中所扮演的角色為何		
	(六)生產服務作業資源	1. 目前公司生產服務的目標、策略、政策、方案為何 2. 目前公司的生產服務與當前之目標、策略、政策、方案內外部環境相合程度 3. 目前公司的生產服務作業型態與範圍如何 4. 生產服務作業設施是否會受到天災、罷工、供應資源限制或減少、原材料成本大幅增加、政府政策等而受到損害 5. 生產服務績效與同類企業之比較 6. 生產服務作業績效是否支持公司過去與待決的策略決策 7. 公司是否能成功調和生產與服務作業資源而成功的運用營運槓桿 8. 生產服務作業管理者是否考量合宜的概念與技術，來評估與改進公司與部門績效 9. 過去生產服務作業管理者在策略管理程序生產服務作業管理者的角色		
	(七)人力資源管理	1. 目前的人力資源管理之目標、策略、政策、方案為何 2. 目前的人力資源管理與當前的目標、策略、政策、方案內外部環境相合程度 3. 目前的人力資源管理績效為何？趨勢為何？此趨勢對過去與未來績效之影響程度為何 4. 目前的人力資源管理績效的改進因素有哪些？是否支持過去與當前待決之策略決策？ 5. 人力資源管理績效與同類企業之比較為何？		

（續前表）

項　目	細　項	內　　容	實際狀況	評　價 5 4 3 2 1
三、內部環境 S/W 分析	（八）資訊系統	6.人力資源管理者是否考量合宜的概念與技術，來評估與改進公司與部門績效 7.過去生產服務作業管理者，在策略管理程序生產服務作業管理者的角色 1.目前的資訊作業系統的目標、策略、政策、方案為何 2.目前的資訊作業管理與當前之目標、策略、政策、方案內外部環境相合程度 3.資訊作業管理績效與同類企業之比較為何？ 4.目前的資訊作業管理績效如何？所呈現之趨勢為何？此趨勢對過去與未來績效之影響程度為何？ 5.目前的資訊作業管理績效分析是否支持過去與當前待決之策略決策？ 6.資訊作業管理者是否運用合宜的觀念與技術來評估並改進員工、公司與部門績效？如何進行？ 7.過去資訊作業管理者在策略管理程序生產服務作業管理者的角色		
四、策略管理程序	（一）要素分析	1.會真正影響企業之目前與未來營運績效之關鍵內外部因素有哪些 2.目前公司的使命與目標能夠適當的說明關鍵的策略因素與造成原因有哪些？ 3.公司的使命與目標要作修正？要如何修正？修正後對公司之影響為何？		
	（二）策略形成	1.能否有效與適當地調整策略？ 2.此一可行與適宜的策略為何？要如何來推動與進行此策略？ 3.此一可行與適宜的策略能夠解決長短期的經營管理問題？ 4.此一可行與適宜的策略是否考量到關鍵策略因素（KSF）？ 5.公司應如何發展或修正哪些政策以引導策略的有效實施？		
	（三）策略執行	1.實施策略之時應該確立哪些行動方案來執行這些所建議之適宜策略？要由何人來制定？何人來執行這些適宜的策略？ 2.這些所建議之策略在財務上可行？能否據此制定出預算？並取得核准？		

（續前表）

項　目	細　項	內　容	實際狀況	評　價 5 4 3 2 1
四、策略管理程序	（四）評估控制	3. 這些所建議之策略是否要另行制定新的作業程序或作業標準？ 1. 策略績效能由事業部、部門、專案、區域、或功能等方面加以呈現？ 2. 目前的資訊系統能否提供充分的策略績效，以回饋至策略管理者與主管？是否具有時效性？ 3. 策略執行過程中是否設置了合宜的控制標準與評量方法，以確保計畫之實施？ 4. 所謂的合宜的控制標準與評量方式為何？要如何有效的執行？ 5. 是否制定激勵獎賞制度？能夠有效激勵與鼓勵優良績效？		
五、策略管理回饋	．持續循環	1. 策略控制與評量結果是否及時回饋至策略管理者與部門主管？讓他們及時掌握績效資訊，並採取及時有效的改進措施？ 2. 策略控制與評量結果是否公開給應該了解的員工或利益關係人？讓他們了解執行績效狀況？ 3. 策略控制與評量結果是否作為修正或調整策略規劃之參考？		

CHAPTER 7

經營組織活化與組織診斷

　　企業組織乃是透過組織力量的運作，才能使其營運活動、各項管理作業系統得以順利進行，也才能導引企業經營願景、使命與目標的達成。由於組織乃是由人所組成，同時每一個個體均各有其信念、態度與價值觀，以致於在組織運作的過程中，不論是正式的或非正式的內部與外部之互動交流，均會造成組織運作的複雜性。這樣的組織運作過程與組織結構、組織程序、資訊與控制、組織文化與領導權方面，均值得企業加以關注、分析與診斷，以為調整、建立與達成高績效組織之目標而努力。

　　第一節　企業組織結構與組織運作程序診斷
　　第二節　企業組織資訊控制與領導統御診斷
　　第三節　企業組織文化與員工態度士氣診斷

　　Ulrich & Smallwood（2004）認為無形資產在企業經營上相當重要（遠比有形財務資產重要），而這些無形資產就是人力資源與組織管理的學習與成長，也就是企業組織的人力資本（包括技巧、訓練、知識）、資訊資本（包括系統、資料庫、網路）、組織資本（包括文化、領導、協調一致、團隊合作）等（李長貴；2006，p.204）。Peter Drucker 將組織視為一個結構性的社會（society of institution），也就是將組織視為扮演著社會發展、進步的主要角色。而且企業的營運活動，也脫離不了組織的形式，企業的作業程序與作業標準、行動方案均須透過組織力量的運作，才能順利執行與獲致企業目標。

　　企業乃是以人為主體，由於每一個人均有其特質與個別的差異性，因此促使企業組織中主管與主管間、主管與部屬間、部屬之間的正式的與非正式的互動交流關係，呈現出更為複雜與多元化。所以企業組織就有必要針對組織結構、組織程序、資訊與控制、組織文化與領導統御等方面進行關鍵影響要素之

探討、分析與診斷，以發掘出其組織的問題，並建議採取妥適的改進與矯正預防措施。

🔆 第一節　企業組織結構與組織運作程序診斷

　　企業組織結構乃是組織中比較具有長期穩定性與靜態性的事物，其偏重在組織的硬體層面，諸如：企業組織的規模、業務性質、部門劃分方式、人員素質、人員配置、職能區分、廠房布置或設施規劃等，而此等均為影響組織效能的重要因素。至於組織的運作程序係指企業組織中的某些動態活動的運作過程，而這些運作過程（如：基本程序、工作與決策程序、解決問題程序、溝通協調程序、激勵獎賞程序、授權與參與程序等）所必須遵循的制式程序，即為企業組織之運作程序，或簡稱為組織程序。

↯ 一、組織結構的診斷

　　企業組織要想能夠達成企業與員工的共同願景與短中長期經營目標，就應該要進行策略規劃與目標管理。所謂策略規劃乃是目標策略、利潤與企業政策之組織與領導行動，所以在進行組織結構診斷時，應朝向組織結構與策略之配合、組織分工方式、部門之間的關係、權責劃分情形、集權與分權等方面進行診斷。

（一）策略規劃目標、管理與組織結構之關注議題

1. 工作進度、銷售業績、營銷收入、利潤、競爭力、市場占有率等實現結果與預期目標有沒有落差？若有落差時，是否有正確與有效的改進與矯正預防措施可供採行？

2. 員工的技術、知識與能力之運作是否有價值、有品質、有吸引力、有規模經濟、有以市場／顧客導向的營運或商品／服務／活動？

3. 員工對企業組織的願景與目標是否有共同認知、認同與責任上的承諾？員工工作態度上之意願與投入程度為何？

4. 高階層主管是否努力塑造高績效團隊與員工學習與成長機會？

5. 企業組織的預期利潤目標是否達成？若有落差時，高階主管有無具有解決問題的積極心態？或是將員工的工作態度、工作士氣與工作方向作一番大幅度的改變以追求卓越？

6. 組織與領導者是否規劃合宜的組織結構、建立工作團隊、建構合宜的人力資源管理制度、強調授權與賦權、有效地進行水平與垂直溝通協調機制？

7. 是否有效地運用 PDCA 模式，使企業組織的各項營運活動得以順利進行，以追求永續經營目標的實現？

（二）組織結構與策略配合的診斷要項

1. 組織圖（乃是部門劃分方式與各部門之從屬關係圖）是否已為組織全體員工所認知與了解？此組織圖是否為最新版次？是否常常修改組織圖？修改動機與目的是否明確宣導？

2. 組織方式與部門間的重要程度是否有因應競爭情勢需要，而於組織上特別強調？是否因為市場需求不同或競爭的需要，而針對組織結構作因應與調整？

3. 組織結構中的事業部或商品／服務／活動別之獨立性、靈活性與彈性，是否能夠與企業的整體策略相契合？

4. 組織設計規劃是否能夠及時修正或調整，以因應當前市場的新問題？

5. 企業組織形態是否能跟隨企業的當前策略與行動方案而調整？

6. 企業組織結構設計的決策因素（如：正式化（formalization）、專精化（specialization）、標準化（standardization）、層級（hierarchy of authority）、複雜化（complexity）、集權化（centralization)、專業化（professionalism）、人員比率（personnel ration）等），以及可能影響的系統因素（如：組織規模、組織技術、組織環境、目標與策略、組織文化等）之搭配，是否考量到其彼此間的關聯性與妥善搭配，以設計規劃出有效能的組織？

7. 企業組織結構是否因為策略選擇（如：成長策略、收割策略、榨取策略等）而做調整？是否因組織形態可能會阻礙企業策略而做調整（如：功能組織對國際化或多角化可能不適合）？

（三）組織分工方式的診斷要項

1. 各級主管的控制幅度是否合宜？是否因控制幅度過寬，以致減少／降低主管的監督與指導效果？是否因控制幅度過窄，以致增加管理成本與壓縮部屬之能力發揮？

2. 各級主管的控制幅度是否配合企業的經營與管理環境要求、工作特性、員工的素質之變動而做調整？

3. 組織結構的間接人員比率為何？間接人員分工方式是否合理？如此的人員配置之專業能力可否發揮？

4. 組織分工情形會不會太粗糙，以致於造成專精化效果不彰？又是否分工太細，以致於造成成員無法充分了解企業的整體目標？而徒增過多的溝通協調成本與困難度？

5. 當商品線趨向多元化之際，組織分工有無進行妥當的調整與因應？

6. 企業內部各部門之間，會不會因地區分散而增加部門間溝通協調的困難度？或造成員工對企業的認同度低落？或是造成主管對部屬的領導統御上發生問題？

7. 企業內部各部門是否會因專長分散，而引發部門主管指揮不易之情形？

8. 企業內部各部門的劃分方式，是否妥適地配合業務需要？

9. 企業組織結構中，是否存在閒置／呆滯的部門或人員？組織內員工工作分配是否有勞逸不平均之狀況？

（四）部門間的關係之診斷要項

1. 企業組織之直接與間接部門的角色與任務，是否有明確及妥當的劃分？

2. 各個部門之相對地位及重要性，是否妥適地配合企業組織所位處的產業環境特性？

3. 組織結構中，是否存在關鍵性部門之組織層級編制過低，以致於該部門效能受到限縮？

4. 組織中各部門共同需要的間接／服務／支援部門，是否已適當安置？

5. 間接／服務／支援部門有無因本位主義作祟而造成直接／直線部門工作上的不方便？

6. 是否發生應集中辦理之事項，而分別由各個部門各自處理之虛工現象？

7. 各部門工作目標是否依據企業願景、使命與經營目標而制定？各部門的使命與目標是否相當？

（五）權責劃分之診斷要項

1. 企業組織中，每一位員工是否皆有明確的部門歸屬？是否均了解應對誰負責或向誰報告？

2. 每個部門與員工的權責劃分是否清晰？職位說明書是否明確制定且為員工所認知、了解？而各個職位的評估（如：專業知識技術、管理知識、人際關係知識、自發性與創新性的思考能力、擔當職責的能力、冒險的能力）是否明確制定與執行？

3. 各部門與員工的績效責任，是否有明確的歸屬？或者是凡事皆要由高階主管負最後的責任？

4. 上級間接／服務／支援部門之權力，會不會對基層直接／直線部門之績效造成影響？

5. 組織結構中，是否存在有權無責，且這些部門或個人會對決策與執行方法產生相當大的影響力，而對績效卻毋需負責的部門或個人？

6. 能充分掌握資訊、情報與資料，且對狀況有相當了解者，是否就是享有適當的決策權？而且決策權之持有者其職級高低是否合宜？

7. 決策是否太依賴專案小組或委員會，以致決策遲延及無人員負最後的責任？

8. 各部門之使命與目標是否明確？是否依據目標來制定各部門之績效指標？各部門的目標是否與企業整體策略相契合？或由企業整體策略延伸而制定？

9. 新商品／服務／活動之研發與創新專案，是否指派專人負責？該人是否擁有相對稱之權力？

10.除生產與服務作業部門之外的各個部門，是否確實配合生產與服務作業部門機能之順利運作？

11.成本中心、利潤中心與投資中心的運作，是否可以配合各該部門的業務性質？

（六）集權與分權情形之診斷要項

1. 是否存在著本應集中辦理之事項，而由各個部門分別處理？

2. 能掌握情報、資訊與資料且了解情況者，是否擁有適當的決策權？其職位層級是否合宜？

3. 擁有決策權者，其掌握情資的時效是否能夠配合實際需要？

4. 當組織規模與業務擴充後，是否能夠適時提高分權程度，企圖使高階層主管不致於因工作負荷過重，而降低其決策之品質、速度與效果？

5. 分權程度是否會跟隨市場環境之變動性與複雜性而作適當的配合或調整、修正？

二、組織程序的診斷

組織的運作程序乃涵蓋組織基本程序、工作與決策程序、解決問題程序、溝通協調程序、激勵獎賞程序、授權與參與程序等整個企業組織在組織運作上應遵循的制式程序。由於這些程序乃是企業組織的組織架構機能是否有效發揮的動力元素，所以在進行組織診斷時即應將之納入診斷項目。簡單說明如後：

（一）企業組織基本程序的診斷要項

1. 企業的創辦人所期望其企業是什麼樣子？其目標與同業種之企業組織經驗的契合程度為何？投資人或貸款人的目標是什麼？

2. 目前的組織目標與整體策略為何？如何制定？由何人決策？

3. 目前的組織目標與整體策略是根據哪些資訊、資料或假設而予以擬定？

4. 目標市場如何決定？目標顧客是如何確認與接觸？

5. 營運所需的原物料、零組件、半成品、成品的取得途徑為何？取得的成本與方式為何？

6. 勞動力的供應程度為何？來源為何？成本多少？

7. 生產與服務作業管理方法為何？

8. 行銷活動方案為何？售後服務的配合方案為何？

9. 策略性控制方案為何？

（二）工作與決策程序的診斷要項

工作程序乃指企業組織內部各個層級人員，從事本身工作所需要的行動步驟，而決策程序則是指企業組織中的例行性決策，依據哪些資訊與資料，以及由何人做決策之規則。（如表 7-1 所示）

表 7-1　工作程序與決策程序之診斷要項

區　分	診斷內容
工作程序診斷	1. 業務處理的正式化程度，是否能夠配合產業環境變化及策略的彈性要求程度高時，而修正為業務處理低正式化？ 2. 組織是否指派專人負責進行檢討工作程序之合理性與必要性，並建立一套正式的作業程序以供執行？ 3. 組織內部員工對於有關的工作程序之目的、範圍、執行方法與作業步驟，是否有所了解並遵行之？ 4. 組織內有關業務執行與處理之正式化程度，是否採取因應員工特性（如：教育程度、IQ、EQ、工作經驗與自主性）措施，予以調整其正式化程度，讓員工創意與潛力得以發揮？ 5. 各部門之間的事務處理作業流程與程序是否建立妥善制度？ 6. 各部門之間的工作程序之正式化程度是否僵化或因時因地制宜？是否因應內部環境與外部環境之變化而彈性調整？ 7. 組織的工作程序有沒有因組織歷史長久而僵化不靈？
決策程序診斷	1. 經常有的例行性決策內涵有哪些？由何人決策？ 2. 例行性決策之根據有哪些資訊、資料與情報而作成？ 3. 例行性決策是某個人單獨決定或由多數人做決定？ 4. 各個例行性決策之間，是否有其關聯性？ 5. 不同部門之間的決策之前是如何進行溝通協調？ 6. 決策者所擁有的資訊、資料與情報，是否足夠應付其進行決策之所需？ 7. 決策權是否分散於各個部門？各部門之間要如何聯繫以維持決策之一致性與決策品質？

（三）解決問題程序的診斷要項

1. 企業組織是否制定有不符合或異常問題管制程序？此不符合或異常問題應包括商品／服務／活動之供應及時性、品質符合性、供應便利性、供應時間與地點正確性、回應顧客要求快速化等方面的不符合情形（內部異常問題之處理程序類同上述作法）。

2. 企業組織的高階、中階與基層主管，是否具有發現問題的能力？

3. 在發現問題之後的問題要因分析、臨時對策、永久對策、處理時程及處理權責人員之編定等處理程序，是否完備並導入實施？

4. 在解決問題之處理過程中，是否有採取員工參與方式？有無制定權責之決策人？有無積極處理／解決問題之作為？

5. 在問題解決之後，有無將異常問題原因分析、暫時對策、永久對策與問題改進成效等回饋到高階主管？必要時有無回饋給顧客機制可供執行？

（四）溝通協調程序的診斷要項

1. 事業部之間、部門之間，會不會因職司業務之獨立性而忽略在策略制定、執行與控制上之溝通協調？

2. 企業組織內部是否存在過多有待溝通協調的事項（如：各類型會議、說明會、研討會），以致於耗費太多的溝通時間與成本，或是延遲決策時效？

3. 任何溝通協調過程之前，是否已事先充分準備了決策需要的資訊、資料與情報，以利決策的快速進行？

4. 各事業部／部門之間的溝通協調或整合的方法，是否會因時空環境與競爭者策略行動因素變化，而採取適度的彈性作法，且不會墨守既定之溝通協調程序？

5. 召集或主持溝通協調者，是否有被充分授權或是其職位與權力相稱？參與溝通協調人員，是否會擅用職位或權力而對決策者施壓？

（五）激勵獎賞程序的診斷要項

1. 以獎賞來激勵有效性、適時性、績效表現的權變性、耐久性、公平性與可見性等六項因素，是否有呈現在企業的激勵獎賞制度中？

2. 企業的激勵獎賞制度是否能夠有效引導全體員工努力達成組織目標？

3. 對於員工的努力工作情形與工作績效，是否能讓績效管理與激勵獎賞制度有效地相結合？

4. 以激勵獎賞來激發員工的績效考核，是否會對員工之薪資、獎酬、福利、升遷等有所影響？或是全由最高層主管決定？

5. 企業組織除了對員工之薪資、獎酬、福利與升遷等有所考量之外，是否對於接班人、專業人才、行政管理人才的職業生涯有所規劃？

6. 企業組織在設計薪酬系統之時，是採取開放給員工（尤其是主管）的高度參與及對薪酬溝通的坦白度？或是採取集權式決策？

7. 企業組織對於接班人、特殊性專業人員的薪酬水平，是採取全組織一視同仁的態度？或是採取專案處理方式？

8. 企業的薪酬與獎賞制度，會不會造成員工間各自努力而無法整體配合之情形？有沒有因部門間目標之差異，而引起部門間的衝突情形？

9. 激勵獎賞制度下的工作設計，是否考量到員工內在成就的需求？以及讓員工的工作滿意？

10. 激勵獎賞制度是否會因組織願景／目標與產業競爭環境改變，或新穎／效率高的設施設備投資，以及利益關係人的要求改變，而進行適當的調整？

11. 激勵獎賞制度是否因企業的經營環境變更（如：生命週期已進入成長階段、飽和階段、衰退階段），而進行適當的調整？

（六）授權與參與程序之診斷要項

1. 對於企業組織的未來發展有重大影響之決策，是否由最高階層主管制定？或是由下層人員決定？

2. 充分授權乃是必要的原則，但是授權之程度與方式是否經過上下階層人員的明確溝通，方不致於因雙方了解與認知之差異而導致授權失敗？

3. 企業組織的目標與行動方案，以及各項有關經營績效的改進措施，是否在制定過程中開始給員工參與？一經定案的措施與方案能否取得員工的了解與接受，並進而支持、參與執行？

4. 企業組織有無明確的政策以為授權之依據？

5. 在進行授權之前，上級主管有否給予部屬適當的訓練與嘗試決策之機會？

6. 企業組織內部有無主管因害怕丟掉既有職位與權力，而在心理上呈現抗拒授權的情形或反應？

7. 企業組織內部各級主管有無因應環境變化，而積極培養接班人的主動負責與溝通協調精神？並給予磨練與嘗試決策之機會？

🔆 第二節　企業組織資訊控制與領導統御診斷

　　企業組織要想能夠有效率與順利地運作，其內部中的人與人間、部門之間、與外界利益關係人之間，均需要相當多的互動交流、溝通協調、說服談判等活動，而這些活動均有賴於資訊的傳遞。這些資訊的蒐集、整理、分享、流通與運用等機制之配合，乃扮演了：①下級員工了解上級主管的決策與指示；②上級主管了解下級部屬的工作需求與期望、工作進度與績效狀況、遭遇問題與請求協助事項，以便其進行適當決策；③企業組織的高階主管需要充分掌握產業環境變化狀況與趨勢，以便採取最有利的因應行動；④企業組織高階主管掌握內部與外部資訊，對各項營運活動及策略行動方案之執行實施有效的控制；⑤企業組織利用內部、外部資訊之控制，以及時有效地改進策略行動方案，並藉以達成組織目標等方面相當重要的角色。

　　企業組織無時無刻都需要作決策，特別是當組織企圖轉型，包括組織學習、創新與變革之時，均會牽扯到許多的重大決策，而這些決策更是牽涉廣泛與複雜，常會引起組織衝突、權力與政治上的運作。組織決策過程中，常會遇到決策者與參與者各持己見而引發衝突，不同意見有時純粹是看法上的不同，有時是事業部或部門間的利益關係人角力。但是不論如何，決策結果是會受到權力結構、組織衝突、領導統御、政治運作等方面的影響。

✍ 一、組織資訊與控制的診斷要領

　　企業組織的資訊流程，乃區分為資訊的輸入與輸出兩方面，在資訊輸入方面，首先要了解究竟接收了哪些資訊？這些資訊依其性質分類有哪些類別？資訊的來源為何？資訊對各部門／事業部中的哪些人、哪些業務會發生怎樣的影響？而在資訊輸出部分，資訊產生者與傳遞者是否了解各部門／事業部所產生的資訊，要怎麼選擇傳遞的對象？如何選擇要傳遞的資訊內容？各部門／事業部之間是否能夠互相配合或支援彼此間之資訊需求？

　　基於上述的說明，我們以為想對資訊與控制方面進行診斷，就應由資訊與溝通、資訊與控制兩大層面來進行診斷，茲說明如下：

（一）資訊與溝通層面的診斷要項

1. 企業組織是否採取適度的開放政策，以激勵各階層員工勇於跟外界進行互動交流，以吸收外界的新思考、新構想、新理念、新知識與新技術？

2. 企業組織是否建立提案制度或建言機制，以對員工新的建議提案、新的創意構想、新的創新理念、新的科技技術與新的商品／服務／活動等加以審核及採納執行？並建立激勵獎賞制度以鼓勵員工勇於提案或建言？

3. 企業組織對於外在環境變化，有無建立環境偵測系統蒐集各項資訊、資料與情報，以充分及時掌握外在環境之新機會、新威脅？並適時深入研究？

4. 各階層主管對於雙向溝通是否具備正確的認知？以及是否有運用雙向溝通之能力與意願？

5. 企業組織是否已建立適當的內部溝通網絡（垂直與水平式溝通）、方式與程序？另外組織是否有建立與外部溝通（指顧客、供應商與其他利益關係人）之程序與方式？

6. 資訊流程是否與決策過程相互結合？資訊傳遞的時效性與形式可否配合決策上的需要？決策者在進行決策時，可否及時獲得其所需的資訊？而與決策無關的資訊是否有不當流通情形？這些無關的資訊有無建立過濾篩選機制，以防止資訊爆炸？

7. 企業組織內部各機能部門之間，有無建立資訊交流與傳遞之管道？企業組織有無建立適當的激勵獎賞措施，以鼓勵各個部門／事業部之間主動與正面地進行資訊提供與資訊交流？

（二）資訊與控制層面的診斷要項

1. 資訊控制的對象與方式是否與企業經營管理策略相配合？

2. 對各部門／事業部控制項目之選擇，是否配合其業務性質？

3. 資訊控制制度是否考量到員工素質水準與工作心態？是否因企業組織採取集權與分權程度而加以改變？

4. 控制制度是否會因環境的異質性（heterogeneous）所造成的組織結構分化，而加強其控制制度與資訊系統？

5. 控制之方式與項目會不會為適應環境變化，而阻礙到企業組織的創意與創新

文化之發展？

6. 有無制定一套制度化方式來蒐集有關資訊，以評估企業的策略績效？而各項關鍵績效指標之制定，是否隨企業的生命週期（如：成長階段、飽和階段、衰退階段等）而調整？

7. 企業組織的所有員工對企業願景，以及企業對其期望與要求是否了解？是否對企業考核員工績效之項目有明確認知？而這些考核項目是否為員工所能掌握之範圍內？

8. 企業組織在進行員工績效考核過程中，是否給予員工能夠自我改進與自我成長的空間或機會？

9. 績效評估是否已經確實執行？或是淪為考績分配之無意義作用？

10. 績效評估是否為追求量化，而導致讓員工忽略了長期性之非計量性目標的努力與達成？

11. 控制頻率之長短，是否符合需要與價值，而不會過長或太短？

二、領導統御的診斷要項

領導統御的診斷重點可分為組織決策的權力結構與組織衝突、組織權力的領導與指揮、組織政治等三個面向，茲分別說明如下：

（一）領導與指揮面向的診斷要項

1. 組織圖會顯示出職權大小與指揮體系，但是平行部門間，究竟誰的影響力較大？（因為組織中權力大小乃來自於該部門應付組織的重要不確定性能力、不可替代性與營運流程中心性。）

2. 企業組織的各階層主管人員的領導作風，能否配合員工的人格特質與工作需求？

3. 企業組織是否制定有接班人培養計畫，以為培養各階層主管（尤其是高階層主管最重要）的接班人？

4. 高階主管之間的經營理念是否一致？彼此之間的專長與人格特質能夠互補？並且各高階主管能為塑造高績效員工與團隊而互相合作與全力以赴？

5. 中階與基層主管是否被企業組織賦予適度的激勵與懲罰權力，進而對其所屬

員工擁有一定的影響力？

6. 策略決策是由最高階主管一人決策，或是由最高階主管召集各級主管（至少應召集高階主管），以集思廣益與群策群力之方式進行決策？

7. 各級主管在進行決策時，是否也採集思廣益與群策群力方式？會不會因階級差異、權力結構與自我保護等原因，而減少採取集思廣益方式？

8. 企業組織是否制定有命令單一來源原則以供員工採行？若同時或同一議題有兩個或以上的命令來源時，是否也制定了命令服從之優先順序規範？同時均獲得員工的了解與執行？

9. 企業組織內部的非正式組織存在？有無擁有過度的影響力？會不會對正式組織系統在業務運作上造成困擾？

（二）權力結構與組織衝突面向的診斷要項

1. 決策能否有效被執行？高階主管是否具備足夠的影響力？決策時有沒有一併指派專責的人員，負責推動執行該項決策？決策之後有沒有親自或指派另一專人負責查核執行成效？遇有成效落差時，是否回饋給決策人，並採取及時改進措施？

2. 分權方式乃將權力分散於組織內部各級主管，而分權的結果是正面（對企業目標達成）的？或是造成各級主管維護本身或本部門利益之本位主義作祟，而造成妨礙整體目標達成之負面效果？

3. 企業組織有無建立一套制衡機制，來防止各級主管因權力過大或濫用之現象發生？各級主管會不會因擁有權力慾望而造成破壞組織制度之情形？

4. 企業組織各級主管、各個部門之間，仍存在有「輸入—轉換—輸出」的相互依存與均衡互惠關係，會不會因而產生組織衝突（諸如：因有限資源分享與人員調度問題而發生衝突、因績效獎金問題而發生問題或因不正常競爭問題之衝突等）？

5. 組織衝突的化解是經由何種方式化解？或是否必須由最高階主管或高階主管的介入才能化解？

6. 組織內部的非正式組織是否存在？若存在時，其對企業整體目標達成或與團隊合作是具有正面或負面的影響力？

7. 直線人員與間接／支援／幕僚人員之間的關係是否良好？有沒有互相排斥或扯後腿現象？

（三）組織政治的診斷要項

組織政治乃在某個不確定情境，或對決策缺乏共識之情形下，獲取、展開與運用權力，以及其他資源以促成有利於己的結果之相關活動。也就是企業組織中的個人或團體不採取正式職權、規章制度或其他正式管道，而採取體制外使用權力以達成目的時，即為組織內部的政治行為（楊仁壽、卓秀如、俞慧芸；2009，p.373）。

1. 組織中哪個部門主管可以在不同議題下，尋求不同部門或利益關係人的結盟，藉以獲取權力、解決衝突、達成其業務目標？

2. 高階主管是否因遇到衝突議題時，拋開公開討論與集權方式，而採取私底下運作方式，以尋求他人的支持，建立管理聯盟關係，進而擴大影響力、解決衝突、達成目標？

3. 組織內部是否存有聯盟運作現象？有沒有引起最高階主管與他人的敵意或產生對抗的聯盟，以致於不利於聯盟之運作，同時也會傷害到組織團結合作氣氛的情形？

✿ 第三節　企業組織文化與員工態度士氣診斷

員工的工作態度與士氣，乃關係到企業組織的成敗與生產力的高低。整體組織成員的態度與士氣水準，更涉及到員工的需要、報酬、工作環境、升遷機會、福利措施、組織氣氛、人際關係等因素，而此中最應予以重視的乃是士氣低落與態度不良的徵兆。

由於員工的工作態度與士氣是組織中的最重要因素，而所謂的團隊精神（team spirit）則說明組織的成功依賴著態度與士氣均相當高昂。但是在這個數位經濟時代裡的態度與士氣乃牽涉到：①組織成員之間的價值、經驗、文化及目標；②組織間的緊密互動交流與溝通等因素，更是將態度與士氣的效能評估，以及培養積極態度與士氣的技巧，遠遠超越了以往純靠傳統規範與世俗

常識，以激發員工積極態度與良好士氣的範疇。因此，本節將說明如何進行組織文化與態度士氣的診斷，並提供企業高階層主管妥當的運用，超越直覺、常識、經驗及邏輯之傳統思維，達成企業經營目標。

一、員工工作態度層面的診斷要項

1. 企業組織最高層主管是否採取開放的理念，給予員工充分了解到其企業與員工的共同願景與經營目標，並且將各種管理系統的政策（如：人力資源政策、薪酬政策、品質政策、環境政策、安全與衛生政策等）明白地與員工溝通，讓員工充分了解企業組織的發展方向到底為何？

2. 企業組織內的全體員工是否認同與支持企業願景、目標與政策？是否意識到本身工作對達成上述任務之間的關係？

3. 企業組織內的全體員工是否認知其工作之價值與貢獻？是否理解到其工作關係到企業組織目標實現與否的關鍵點？是否了解他們可由工作中學習成長與實現其工作目標？

4. 員工之間、員工與管理者之間、員工與組織（泛指最高階層主管）之間的彼此信任感如何？是否存在有不信任感而導致企業組織在推動企業轉型、變革與再造的過程產生阻力？

5. 員工態度乃是員工工作信念、意見、認知與觀點，也就是一種反應的傾向（a predisposition to respond），所以員工對企業組織採取新的制度／作業程序／作業標準、變革／轉型／再造措施之基本態度，足以影響到其上述措施成敗。而企業員工的態度如何？是支持或反對？

6. 企業組織的內部員工是否具有對工作情況的相當積極態度？因為積極的態度會引導員工士氣的高昂，反之則消極態度會造成士氣低落。

7. 企業組織的內部員工在工作過程中會不會展現主動積極、自動自發、互相支援、負責熱忱、協調溝通等精神？

二、員工士氣與組織氣候層面的診斷要項

1. 企業組織是否提供給員工較良好的工作條件、較公平的對待與更優厚的待遇福利？

2. 企業組織是否努力塑造「愉快的生活兼具愛與創新性的工作」之工作環境與氣氛？

3. 企業組織是否為員工積極進行工作生涯規劃？以提高員工的向心力，並將其組織視為終身／畢生事業？

4. 企業組織是否制定激勵獎賞員工主動發掘問題、解決問題之機制／制度？企業組織是否鼓勵員工提出其高工作滿意度之意見、感受與建議？

5. 企業組織是否建構員工以企業組織為家、在組織任職為榮的環境與文化，以促進員工工作積極負責、守紀律的風氣。

6. 企業組織是否採取適度、合宜的賦權和授權、參與和溝通之態度與政策，積極培養接班人與提高員工責任感？

7. 企業組織之組織結構規劃是否合宜？組織的管理幅度、職位說明書、職位評估、員工個人發展方案等，是否會局限到員工的工作態度與士氣？

三、員工工作態度不良與士氣低劣的徵兆

1. 員工生產力或效能低落。

2. 發生員工怠工現象，或是工作不細心、物件損毀、吵架、失誤等。

3. 員工未經合宜請假或外出程序而擅自缺勤或外出。

4. 發生遲到或早退，以及午餐時間或咖啡時間、抽菸時間太久。

5. 未依企業組織規定穿著服裝或服裝汙損不整潔。

6. 輕忽組織工作管理與安全衛生管理規則或政策。

7. 只願做出組織規定之最低績效水準，不願多一份努力。

8. 只完成職位說明書上載明之工作，未載明者堅決排斥。

9. 發生故意或故意疏忽的損毀設施設備／原材料／成品事件。

10. 發生順手牽羊或盜取組織資源。

11. 工作中故意或無意的疏忽，以致發生浪費組織資源（如：工具、原材料、

　　五金耗材、事務設備、其他用品等）。

12.上班前或上班時間飲酒或吸食違禁品。

13.在職場中製造爭議事端。

14.在組織中籌組非正式組織或派系。

15.企業組織員工流動率與缺勤率居高不下。

16.員工私底下批評企業組織或各級主管。

17.員工在組織外部散布對企業組織不佳的謠言。

18.發生罷工事件。

19.工會與組織或主管形成對立情境。

20.發生盜用組織公款、接受賄賂、索取回扣、販售組織機密等。

21.其他。

CHAPTER 8

投資開發與經營自我診斷

投資者、創投分析師、企管顧問師、股東、經營管理者均應評估企業是否值得投資？如何輔導企業？了解自己投資或經營的企業經營狀況？甚至於員工也應了解所服務企業的經營成效，或是判斷所經營的企業是否值得再經營下去？新產品與新事業的投資開發企劃是否良好？凡此種種問題均應運用企業診斷的技巧，針對其經營管理狀況、新產品新事業開發策略、研究發展企劃、經營管理能力、經營體質及創業者潛質等方面加以分析與診斷，以供上述人員或組織在進行決策時的參考。

第一節　新產品新事業開發企劃的分析診斷
第二節　經營者的企業體質分析與自我診斷

投資人、創投分析師、企管顧問師、企業內部中高階主管與員工、企業經營者等均會關心其所關注焦點之企業組織的投資可行性、經營管理狀況與績效、未來發展性等是否良好？因為：①投資人要了解其投資標的是否值得投資？②創投分析師要了解其經營狀況與績效是否值得投資？③企管顧問師要了解從哪個角度切入，以獲得企業的委託輔導案？④企業內部中高階主管與員工，則可了解其任職企業是否有明天？是否值得繼續任職或另謀他就？⑤經營者更要了解企業體質，找出問題與解決問題，以為採取成長或撤退、收割、讓他家企業併購等策略的決定依據。

企業經營管理活動中，每每受到內部環境與外部環境的變化，以致於產生相當多的危機與風險，諸如製造產業與生產性服務業的生產與服務作業管理、行銷管理、人力資源管理、研究發展、財務管理、資訊科技、時間管理，以及組織與員工的道德操守等機能系統上發生危機與風險因子，甚至於造成營運績效衰退、停止或撤退之情形（服務產業與休閒產業、文化創意產業也不例

外）。因此企業組織與經營者就有必要進行企業體質分析與經營者自我診斷。如果企業組織與經營者能夠秉持客觀態度，掌握重點、細心研判，就會發掘出所有的問題，也能針對問題謀取改進與矯正預防對策，進而將所有問題（當然以關鍵主要問題為優先解決項目）一一予以克服，如此才能達成企業的經營目標及追求永續經營與發展。

❂ 第一節　新產品新事業開發企劃的分析診斷

如上所述，投資者、創投分析師、企管顧問師、組織內部中高階主管與員工及經營者，均會關注到其所投資或服務的企業組織之經營管理狀況與績效是否良好，企業組織在經營管理上的優點與缺點，以及是否值得投資、服務或再經營下去？上述種種問題均是這些人所應秉持客觀態度、掌握重點、細心剖析研判之焦點議題。茲分新產品新事業開發企劃程序之診斷、新產品開發流程展開之診斷、新產品新事業創新機會的評估等層面簡單介紹如後。

➥ 一、新產品與新事業開發企劃程序的診斷重點

由於企業組織或創業者面臨數位經濟時代的激烈競爭，就有必要不斷地開發出新的商品／服務／活動與／或新事業。所以在這個資訊爆炸、全球化主義盛行的時代，企業組織必須很明確的鑑別出其目標顧客／市場在哪裡？顧客的要求是什麼？因此，企業組織就有必要建構強而有力的新產品與新事業開發企劃案，而所謂的企劃（陳志安；1994）乃指「依據開發方針，有機地結合達成目標所需要的各項條件（如：人員、物資、財務資金、技術、廠房／場地、設施設備等），根據設定的目標水準，製作出具有邏輯性與創造性的方案。」當然企劃的最終目標，乃在於適時、適地、適質、適量地將商品開發出來，並使之順利上市行銷，則可以建立以該商品／服務／活動為基礎的新事業。為達成新產品新事業開發企劃之目標，就應先了解有關開發企劃之進行程序（如圖8-1所示），並依據此等步驟確實執行。

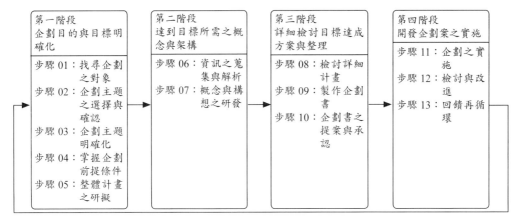

（資料來源：整理自陳志安（1994），〈新產品新事業開發企劃方法〉，台北市：中國生產力中心，《科技研發管理新知交流通訊》第 9 期，p.34）

圖 8-1 新產品新事業開發企劃進行程序

　　針對上述新產品與新事業之開發企劃進行程序（共分為四個階段，13 個步驟）來進行診斷分析，乃為追求開發企劃案之可行性、適宜性與合理性之推展目標。茲將開發企劃執行程序之分析與診斷的要點項目分述如下：

（一）第一階段企劃目的與目標之明確化的診斷要項

　　在本階段裡，企劃者與診斷者必須針對企劃的目的與目標予以深入了解，其目標是否合乎當前的企業作業能力？並設定預期的效益目標以供企劃者／研發／創新團隊在企劃時的依循。

步驟 1：找尋企劃之對象的診斷要項

(1)企業組織與其研發創新團隊、企劃者是否具備尋找課題的能力？是否具有問題意識？

(2)在進行企劃作業時，必須要具備有「好還要再好」、「有無可以再改進的空間」、「某些地方是否已完美而無缺點」等持續改進的理念與認知。

(3)在企劃進行時，是否具有找出內部的改進或開發、創新等課題（因為唯有明確課題才能說是開發目的已告明確）？

步驟 2：企劃主題之選擇與確認的診斷要項

(1)企業組織在既有的內部與外部環境資源中找出企劃主題，並予以評估是

否有其迫切性、價值效益性？

(2)選擇這個開發企劃之對象或課題的真正原因何在？

(3)選擇了這個企劃主題，其開發企劃之效益如何？

步驟 3：企劃主題明確化的診斷要項

(1)開發企劃主題的目標是否可以數值化？

(2)開發企劃主題的目標是否可以讓人一目瞭然？

(3)開發企劃主題的目標是否考量到企業組織之資源、限制條件，是可以達成的目標或是遙不可及？

步驟 4：掌握企劃前提條件的診斷要項

(1)決定的企劃範圍（含已經確認與未來必須確認的事項）與內容是否已明確決定？是否符合高階主管的方針？

(2)確認了企劃時所需要的人力資源，如：企業內部員工可投入本企劃案的人力有哪些？要不要借調其他部門員工或企業外部人力機動支援？

(3)確認了企劃時所需要的物力資源，如：是否有足夠的後勤補給？既有廠房／場地與設施設備是否足夠？有關取自供應商之原材料、零組件、半成品、成品等，供應是否可以足夠與適時、適質供應？

(4)確認了企劃時所需要的財務資金，如：企業組織與最高階主管對本企劃案的財務資金預算有多少？是否容許追加減預算？

(5)確認了企劃時所需要的資訊與資料，如：①此開發企劃案需要多少資訊、情報與資料？②企業組織目前擁有哪些顧客資訊？③企業組織對競爭對手之資訊與資料擁有或了解多少？④已蒐集的資訊、情報與資料是否足夠？⑤抑或還要再蒐集？

(6)確認了企劃時所需要的技術能力，如：企業內部對此新產品新事業的應有技術能力是否已經足夠？若還沒有足夠時，其不足部分是否可以自行開發或需要借用外力開發？

(7)確認了企劃時所需要的時間資源，如：此開發企劃案預計要投入多少工時與人力？整個開發企劃案期限為何？

步驟 5：整體計畫之研擬的診斷要項

(1)在擬定開發企劃案之前應該要經過再確認的動作，而再確認的要項有：

①再確認企劃課題與企劃目的是否合乎邏輯？是否不會悖離企業文化？
②再確認企劃的前提條件、限制條件、可投入資源等課題，是否合乎企
劃的需求？③再確認有關作業方法（如：工作進度排程表）是否合乎企
劃的需求？④再確認此企劃案的預想效果（如：要提出哪些報告或附帶
資料），是否合乎最高主管與顧客的期待與要求？⑤再確認預算計畫與
開發企劃案製作期限是否合乎要求？

(2)在擬定開發企劃案時，應考量進行作業計畫的研擬方法有哪些（如：
PERT/CPM 法、甘特圖法）？本企劃案要運用哪些研擬方法？

（二）第二階段達到目標所需之概念與架構的診斷要項

在本階段裡，應該就第一階段所確立的企劃目的與目標，予以進行資訊、
情報與資料的蒐集、整理、分析作業，並依據上述的作業結論來進行新產品新
事業之概念與構想的研擬作業。

步驟 6：資訊之蒐集與解析的診斷重點

(1)平時企劃或研發、營業部門是否有進行資訊、情報與資料的蒐集？蒐集
之後的資訊交流分享與整合狀況為何？

(2)企業組織內部是否有建置「資訊儲存資料庫」，並作為內部資訊交流與
分享之平台（當然在分享之前應經過分類、處理與儲存等作業）？

(3)企業組織所蒐集的資訊、情報與資料，是否有做假設與驗證的過程（因
為使用資訊資料庫者應該秉持假設心態來閱讀，才會產生新概念、新構
想）？

步驟 7：概念與構想之研擬的診斷重點

(1)經過上述步驟之後，是否產生了概念形象？此概念形象是否經過整理、
濃縮之後而產生了企劃的核心精神？而這些概念形象有哪些核心精神
（如：筆記型電腦走向輕薄短小的超薄小筆電）？

(2)有了概念形象之後就應尋求解決方案與解決方案之細部架構，以為萌生
創意構想。此一創意構想是如何產生？要如何激發創意？

(3)創意構想必須符合顧客的要求（包括嗜好、購買／參與習慣、購買／參
與對象、顧客申訴抱怨與顧客期待等），是否已經做到了上述的顧客要
求？

（三）第三階段詳細檢討目標達成方案與整理之診斷要項

在第二階段裡，整個新產品與新事業開發企劃作業裡，已經將概念與構想研擬出來了，接著可進行有關企劃案內部所有的細節／議題之整理作業，如此一來即可開始進行撰寫開發企劃案了。

步驟 8：檢討詳細計畫的診斷要領

目標達成方案是否包括構想計畫、營運計畫、組織計畫、財務計畫與日程計畫？而這個目標達成方案也就是開發企劃書／案。

(1)構想計畫是否可以讓上級主管接受？構想本身的邏輯性如何？

(2)營運計畫要如何進行營運管理？有無善用既有資源？營運的短期、中期與長期目標為何？

(3)組織計畫要如何進行人力資源配置？組織與角色任務為何？薪酬與獎賞、福利制度為何？

(4)財務計畫要如何進行經費預算？現金流量供需分析為何？營運資金若短黜時要如何籌措？

(5)日程計畫要如何在期限時間內達到如時／及時的目標？

步驟 9：製作企劃書的診斷要領

企劃書的製作乃為將企劃明確地傳達給上級主管、經營者、投資人、創投分析師、企管顧問師，以及企業組織的內部同事，其目的在於爭取支持與認同。而企劃書的主要內容有：①企劃名稱；②企劃日期；③企劃者或團隊成員姓名；④企劃的目的與背景；⑤企劃的前提條件；⑥明確與詳實地說明企劃內容與構想要點；⑦營運計畫之詳細說明；⑧企劃之結果預期與效益評估；⑨風險管理；⑩替代／備胎方案；⑪參考文獻與資料等。

(1)企劃書／案之內容是否具體簡明，而不會咬文嚼字、字句冗長、學術用語過多，以致閱讀者無法理解之情形？

(2)企劃書／案必須具有說服力與把重點找出來，以凸顯出整份企劃書／案的特色，而這些特色有哪些？

(3)企劃書／案之撰寫，是事前即已撰寫完成？或是一邊實行與思考一邊撰寫的形式以形成企劃書（應該要避免邊撰寫邊思考之情形）？

(4)企劃書／案的寫作順序，是否如上所述的企劃書內容一步一步的發展與

撰寫？

(5)企劃書／案之有關概念與構想、計畫流程等，是否儘可能以數量或圖表化來呈現？

步驟 10：企劃書之提案與承認的診斷要領

企劃書完成後必須向上級主管或權責審議人員提案，並以獲得承認與採納為目標，因此企劃人員應將企劃書當作商品，並將其特點凸顯出來。

(1)該份企劃書的特點是如何凸顯出來？是否具有說服力？

(2)該份企劃書是否經過包裝與宣傳，以為獲得承認與採納？

(3)該份企劃書的特點有沒有儘可能予以數字化、具體化？

（四）第四階段開發企劃案之實施的診斷要項

在本階段裡，最重要的乃是將經過主管或權責審議人員承認與採納之開發企劃書付諸實施，且在執行過程中設置查核點，適時進行實施成果之鑑識與量測，掌握實施績效與遇有落差時之問題改進，同時應將改進與矯正預防措施、改善績效回饋給企劃人員，以為未來新開發企劃案時的參考。

步驟 11：企劃之實施的診斷要項

(1)企劃人員能否將開發企劃案之內容與意圖，予以適當地溝通與傳遞給實施的部門或人員？

(2)企劃人員在新產品新事業開發過程中，是否與開發人員進行緊密的互動交流？是否經常到開發現場了解執行狀況？

(3)在實施企劃案時，有沒有背離企劃的主旨與目標、目的？有無建立風險管理機制，以防止意外事故發生？

步驟 12：檢討與改進的診斷要領

(1)企劃案付諸實施後，是否每隔一階段即針對每個階段之成果進行檢討？

(2)每個階段之成果若發生落後或異常點時，有沒有進行問題分析與處理？並確立改進與矯正預防措施，以為達成企劃主旨與目標、目的。

(3)企劃案實施結束之後，有沒有再做一次總檢討，以找出預期效益未達成的原因，再回頭依階段別、步驟別逐一分析，找出落後／異常的環節，並提出改進與矯正預防措施？

步驟 13：回饋再循環的診斷要項

(1)是否將各階段、各步驟的異常原因分析與持續改進對策，回饋給企劃人員與執行人員（如：開發人員），作為另一企劃案實施時的參考，以防止同樣問題一再發生？

(2)開發企劃案從立案開始，一直到實施過程均充滿著不確定性與危機因子，企劃人員有沒有從頭到底都願意接受挑戰？不斷的創新以為持續開發新產品或新事業，為其企業創造出永續經營之契機？

(3)企劃人員是否持續進行創意、創新、創業與創造等一系列，且具有循環迴路特性的新產品與新事業的開發創新活動？

二、新產品開發流程展開之診斷重點

新產品新事業開發管理（new business product; NBP）之流程有七大步驟（黃振榮；1994，p.42～48）（即：新產品開發方針之擬定、新產品開發機會之探索、新產品開發之企劃、新產品開發組織機能之設計、開發流程的展開與管理、新產品市場的導入，以及事業化管理與推展等）。而新產品開發流程展開與管理，黃振榮（1994）將之細分為 29 項開發主題（如圖 8-2 所示），而其各個主題之細部流程展開內容說明與各主題的管理重點於表 8-1 中說明。

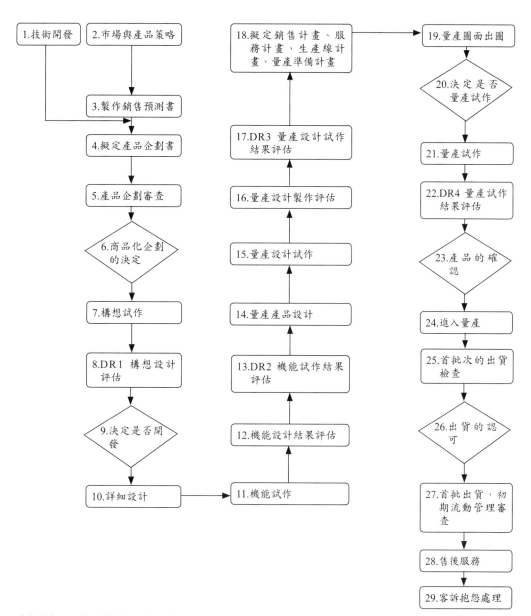

（資料來源：黃振榮（1994），〈新產品開發流程之展開與管理〉，《科技研發管理新知交流通訊》第 9 期，p.45）

圖 8-2 新產品開發流程與展開（以製造業為例）

表 8-1 新產品開發流程之展開與管理重點

步驟	主題	簡要診斷／管理重點內容
1	技術開發	盤點其組織所擁有的要素與技術有哪些，以建立要素技術體系。
2	市場與產品策略	查核企業願景、經營方針、目標市場、產品線、價格與銷售方法等策略，是否能符合滿意度、顧客與社會整體利益？據此而擬定市場與產品策略。
3	製作銷售預測書	以 2W3H（Who、When、How、How much、How many）手法查核所製作（營業部門負責）的銷售預測書內之目標市場／顧客是誰（who）、何時要開始銷售（when）、如何銷售（How）、銷售多少數量（How much）、預計會有多少利潤（How many）。
4	擬定產品企劃	是否已將產品定位明確？目標市場在哪裡？進行行銷活動時行銷組合要素明確計畫了嗎？
5	產品企劃審查	開發此新產品是否與企業形象相吻合？對於開發技術的可行性為何？引進的技術與自有技術之間的均衡性？行銷策略的妥適性？生產與服務作業規模的可行性？投資報酬率為何？預估利潤率有多少？
6	商品化企劃的決定	查核在目標成本限制下，開發技術達成開發預期目標之可能性為何？同時商品化企劃之決定權乃在於高階主管之認可。
7	構想試作	查核區塊試作、要素試作過程，是否可以達成產品企劃書中所定義之商品機能、性能與品質？藉此決定新產品的主要設計參數。
8	DR1 構想設計評估	查核產品規格書、產品企劃書與開發企劃書的內容是否有問題？即查核內容包括：新產品之目標市場、產品規格、使用方法、價格、銷售體系、開始銷售時間、法令規章、專利商標與著作權等方面有無問題。
9	決定是否開發	查核其開發企劃書是否已確認沒問題了？檢核所有的要素設計參數與容許差異（允許公差範圍）是否已決定？
10	詳細設計	查核是否以構想設計為基礎，以決定所有要素與零組件的規格？並查核所有要素設計參數與容許差異是否已決定？
11	機能試作	查核是否依據詳細設計來進行機能設計？查核機能評估計畫是否已完成？試作數量是否適當？所要求的機能與性能是否有偏差？
12	機能設計結果評估	是否依據產品規格書與開發企劃書來評估機能設計試作結果？其結果包括：機能、性能、操作性、維修性、成本、規格、專利等方面是否符合設定標準？
13	DR2 機能試作結果評估	是否依據技術、企劃、營業、品質管理等立場來審查？其審查重點項目為產品品質、成本，以及可靠性等方面，是否符合設定標準或顧客要求之標準？
14	量產產品設計	是否依據 DR2 的問題來進行量產產品設計？（如目標成本、操作方便性、外觀、維修性等）？能夠滿足產品所要求各項條件？查驗造型設計是否完成？最終規格是否決定？
15	量產設計試作	是否依據量產設計圖來試作？其中的製造準備（如：採購原物料／零組件之規格、數量、成本，以及裝配作業標準設定等）是否已符合量產之條件？

（續前表）

步驟	主題	簡要診斷／管理重點內容
16	量產設計試作評估	是否依據產品規格書與開發企劃書來評估試作結果與撰寫試作結果報告書？並查驗是否有可以量產化、進入專業化的評估計畫？以及所評估項目有無問題？
17	DR3 量產設計試作結果評估	是否經由技術、製造、營業、品質管理部門審查？產品規格書是否有過修改以符合企劃目標與顧客要求？此時是否已考量要將新產品移轉到生產與服務作業部門？
18	準備計畫	查核各個責任部門是否擬定好其準備計畫？諸如：①營業部門要依據銷售計畫展開行動規劃；②技術部門則應配合銷售準備規劃所需的服務項目；③製造部門也應準備製作生產／服務預算書；④工程部門則準備生產製造與服務作業過程中的各個作業標準書（SOP）；⑤品管部門應準備好檢驗標準書（SIP）。
19	量產圖面出圖	查核是否依 DR3 結果予以修正產品設計圖？並準備好正確的量產時必要圖面？
20	決定是否量產試作	查核決定量產試作前的產品規格書、銷售計畫書、生產預算書是否已準備好？且經由權責主管審查通過？
21	量產試作	查核此為試銷需要而進行的量產試作？此時要查驗所有的作業是否依照 SOP 與 SIP 執行？
22	DR4 量產試作結果評估	是否均合乎產品規格書、開發企劃書、商品企劃書與審查量產試作結果？並已對新產品之機能、性能、品質、成本、生產性等方面予以確認？查驗量產試作結果是否與當初的計畫成本、不良率、工時相吻合？
23	產品的確認	查核設計圖面與各項 SOP、SIP 之值是否有差異？
24	進入量產	查核初期流動管理項目之管理情形？
25	首批次的出貨檢查	查核是否由品質管理部門來執行首批次的出貨產品品質之檢查？查驗首批次的出貨檢查報告是否依據 SIP 來執行／判定？
26	出貨的認可	是否由品質管理部門高階主管依據首批次出貨檢查結果予以判定是否可以上市？
27	首批次出貨、初期流動管理審查	查核在審查量產試作之後，所進行的初期流動管理結果是否合乎品質安定性？而審查初期流動管理項目之成果是否合乎標準／要求？
28	售後服務	查核營業部門、售服部門是否做好售後服務工作？他們又是怎麼做售後服務工作？以掌握顧客對產品與服務的滿意度。
29	客訴抱怨處理	查核客訴抱怨登記、受理、處理與回饋給顧客等流程管理狀況？經由客訴抱怨處理過後的設計圖面、BOM 與 SOP/SIP 是否有同步修正，以符合顧客要求？

（資料來源：整理及增刪自黃振榮（1994），〈新產品開發流程之展開與管理〉，台北市：中國生產力中心，《科技研發管理新知交流通訊》第 9 期（1994 年 6 月 20 日），p.42～48）

♻ 三、新產品新事業創新機會的評估／診斷重點

　　企業組織唯有不斷地創新出新產品新事業的開發與上市行銷，才能讓顧客滿意度、忠誠度與依賴度增高，也才能使企業組織永續經營下去，並維持高檔的競爭優勢。一旦尋找到新產品新事業的創新機會之後，緊接著就是對各種創新提案作評估／診斷。其評估／診斷之目的在於：①選擇出在任何環境條件或資源限制、需求考量下最妥適的創新方案；②再藉由評估／診斷的過程，以對創新方案作思考，經由修正與檢討，可找出最適合企業組織需要的創新方案。將評估／診斷因素說明如下（如下部分參考自呂鴻德總編輯；1989，p.3-15～3-17）：

（一）創新機會的評估／診斷要項

1. 企業組織的願景、經營目標、策略方案、價值觀方面之診斷
   (1)本項創新機會是否可以與組織的現在策略與長期規劃相符合？
   (2)因為此項創新方案而導致組織現在策略之變更，有沒有證據可以證明是正面的或是可以接受的？
   (3)本項創新方案是否會對組織的形象產生變化（有正向與負向兩方面）？或一致？
   (4)本項創新方案是否與企業組織現在所面對的風險與危機之態度相一致？
   (5)本項創新方案與企業組織現在所面對創新的態度相一致？
   (6)本項創新方案是延續性創新商品／服務／活動？或是破壞性創新商品／服務／活動？
   (7)本項創新方案是否可以配合企業組織時間上的迫切性？

2. 企業組織的行銷策略或準則方面之診斷
   (1)本項創新方案的市場定義與定位夠明確？有無再定義過？
   (2)本項創新方案預估的目標市場規模多大？潛力市場多大？
   (3)本項創新方案預估的市場占有率為何？其競爭地位為何？
   (4)本項創新方案的商品／服務／活動之商品生命週期為何？現在是位處於哪個時期？
   (5)本項創新方案的商業化計畫成功之機率有多高？

(6)本項創新方案可能的目標銷售量與銷售金額有多少？

(7)本項創新方案之行銷計畫所設定的要求有哪些？與現有產品行銷計畫與市場通路之影響為何？

(8)本項創新方案的定價與顧客反應程度為何？

(9)本項創新方案預估要投入多少預算？預計有多少利潤？預計多久可回收其研發創新成本？

3. 企業組織的研究發展策略或準則方面之診斷

(1)本項創新方案是否與組織的研究發展策略相符合？

(2)本項創新方案是否有對組織的研究發展策略造成重大改變？

(3)本項創新方案在技術層面上成功的可能機率多少？

(4)本項創新方案的研究發展成本與時間預算如何？

(5)本項創新方案所需要的資源有哪些？組織的支持程度為何？

(6)本項創新方案所衍生的著作權、專利權、商標權有哪些問題？

(7)本項創新方案所開發出來的商品／服務／活動的延伸發展性如何？

(8)本項創新方案所需要應用的科技技術有哪些？

(9)其他方案對本項創新方案之影響為何？

4. 企業組織的財務資金策略或準則方面之診斷

(1)本項創新方案的財務資金需求預算有多少？

(2)本項創新方案在實現過程中所需要的生產製造／服務作業管理方面的投資有多少？

(3)本項創新方案在實現過程中所需要的行銷活動投資有多少？

(4)本項創新方案在實現過程中，其時間上可能呈現之財務利益為何？

(5)本項創新方案對其他需要財務資金方案之影響程度為何？

(6)本項創新方案要達到損益平衡點之時間或數量為何？

(7)本項創新方案估計可能發生之最大的現金流量或現金供需平衡點有多少？

(8)本項創新方案預估的期望利益有多少？

(9)本項創新方案預估每年可產生的利益有多少？

(10)本項創新方案預估短期（1年）、中期（1～3年）、長期（3～5年）的

利益有多少？

(11)本項創新方案是否符合企業組織的投資政策／原則？

5. **企業組織的生產與服務作業策略或準則方面之診斷**

(1)本項創新方案對於既有的生產製造／服務作業流程的影響程度為何？是否需要重新進行設施規劃／賣場規劃／店面布置／參訪動線規劃／旅遊行程規劃？

(2)本項創新方案對於生產製造／服務作業所需人力是否可以沿用既有人力（或須經再教育）？或是要另行徵選人力？

(3)本項創新方案所需要的技術或能力，可否由現有的技術或能力經培養後予以轉換？或須另覓技術來源？

(4)本項創新方案對於既有生產產能／接待遊客人數／參與體驗人數之影響程度如何？

(5)本項創新方案所需的原物料／零組件／設施設備／場地費用預算要多少？

(6)本項創新方案所需的生產製造費用或服務作業費用預算要多少？

(7)本項創新方案在生產、服務、作業活動過程中存在之風險危機因素有多少？有沒有建構一套「緊急應變與災害預防作業標準」以供採行？

(8)本項創新方案有無考量到「需求量＞供給量」或「需求量＜供給量」時的應變措施？其措施主要內容為何？

(9)本項創新方案可產生的附加價值為何？有無可能產生何種無形／非經濟性利益？

6. **企業組織的人力資源管理策略或準則方面之診斷？**

(1)本項創新方案對於現有組織架構是否造成衝擊？有哪些衝擊？因為此等衝擊而須要重新調整組織架構？如何調整？

(2)本項創新方案對於現有組織架構中的各個部門／單位的工作狀況（量）、人員配置、人員職掌與溝通協調管道通順性之衝擊程度為何？該如何調整或重新建立？

(3)本項創新方案對於企業組織的人力資源制度（如：工作規範、請假作業標準、人員升遷作業標準、薪資管理作業標準、績效評估與激勵獎賞作

業標準等）是否造成衝擊，有哪些因應對策？

(4)本項創新方案是不是會造成某些員工（如：迷戀過去、故步自封型員工）的流動率？企業組織有何培訓或轉調因應措施？

(5)本項創新方案對管理體系方面（如：市場策略、產能策略、組織策略、資金策略等）的衝擊有哪些？企業組織有否採取哪些因應或調整、修正之完整規劃措施？

7. 企業組織的社會責任方面之診斷

(1)本項創新方案對於生產製造過程與服務作業流程中，會不會產生對人員安全與環境生態保育方面的風險？有哪些風險因素？有沒有管理／消除風險之因應對策或方案？

(2)本項創新方案對於社區居民會不會造成在生活品質上、作息上、就業機會上、治安上、交通上的不便或有利之反應？

(3)本項創新方案會不會造成利益關係人（尤其環保組織、公益組織、利益團體）的敵對現象？有哪些敵對狀況？有沒有因應對策或方案？

(4)本項創新方案會不會陷入法律訴訟泥沼中？有沒有解決或因應之策略或方案？

(5)本項創新方案對於員工僱用上有哪些措施（如：起用在地人）？這些措施對其商品／服務／活動品質之影響程度為何？

🛠 第二節　經營者的企業體質分析與自我診斷

企業組織及其經營者、投資者、利益關係人，無一不會對該企業追求目標的達成，以及健全的經營體質、高績效的組織／團隊／員工等方面給予關注焦點。所以經營者就有必要針對企業經營的要項進行稽核，包括經營階層、企業願景、經營目標與行動方案、員工階層、勞資關係、場地與設施設備、資本結構、商品／服務／活動、社會責任、企業形象等方面時時進行自我診斷與分析企業體質，其目的乃在異常未發生之前即可採取持續改進與矯正預防措施，以消除企業組織之危機因子。

本節將針對創業者在創業之前檢核本身是否具有成功企業家潛質之自我診斷、已創業者針對其企業經營體質之自我檢核與檢查自己的企業經營能力，以及經營管理階層如何進行自我診斷與作業檢核等方面，藉由檢核表方式予以探討，以分享讀者。

一、創業前的檢核本身是否具有創業者潛質

（一）對於自己的特質、信念與管理能力的自我檢查（如表 8-2 所示）

表 8-2 創業者創業成功潛力自我檢查表

分類	序	檢查項目	評核（○／×）	簡略說明
一、心智信念	1	確實確立自己的人生觀，做事總不忘最終目標		
	2	擁有明確的職業價值觀，從事某一行業已經有五年以上的經驗		
	3	已具備價值判斷的基準，天下沒有不勞而獲的事		
	4	充分具備對變化的應變能力，因時勢而修正目標		
	5	始終不忘記進行自我檢討、察覺自己的錯誤與學習精進		
	6	自己應負的責任絕不逃避，且喜歡爭取多負擔責任		
	7	我能承受壓力而不感到沮喪，喜歡解決問題的挑戰		
	8	我自認為是一個很好的聽眾，也曾與人談過創業的想法		
	9	我相信「有志者事竟成」天性樂觀，我的朋友也是這樣認為		
	10	我是一位責任感重的人，做事情一向有始有終		
	11	對任何事皆能積極進取與熱心，不待別人開口往往就會主動提供協助		
	12	我是待人寬容，嚴以律己的人，可以承認自己的錯誤與改進		
	13	隨時充滿信心，富想像力、好奇心、腳步輕盈		
	14	喜歡自己下決定，不喜歡聽從別人的指示		
	15	可以犧牲睡眠時間工作，甚至廢寢忘食，長時間工作而不累		
	16	個人的禮儀與個人的品味得宜出眾，喜歡看到人生光明面		

（續前表）

分類	序	檢查項目	評核 （○／×）	簡略說明
一、心智信念	17	我遵守約定、時間、正義、正念、不疑、不忘恩、不怕生		
	18	向銀行借錢並不會不自在，我需要錢時總會想辦法籌到		
	19	我很容易與別人攀談且自在，很容易交到朋友		
	20	我運動、注意健康，既經決定減肥就能持之以恆		
	21	做事是屬於有計畫、組織力、判斷力強的人		
	22	具有打破現狀、創意及創新的能力，我喜歡發掘新的作法		
	23	能和各種人協力完成事物，討論問題時我會考慮對方的立場		
	24	具有蒐集、分類、應用知識情報的能力		
	25	具有領導能力且能激勵部屬		
	26	具有豐厚人際關係、一同工作的夥伴、提意見的專家		
	27	能預見問題發生而事先預防，能分析問題並籌畫解決之道		
二、一般管理能力	28	處理問題能夠周延、系統性考慮細節，並快速解決問題		
	29	能訂定實際可行的計畫，及達成目標的細部計畫		
	30	能認清達成目標可能遇見的阻礙，並預先籌畫克服障礙的策略		
	31	即使目標看似遙遙無期，我也不會輕易放棄		
	32	決策明快不拖泥帶水，即使手上的資源不足，也能根據分析下決定且充滿信心		
	33	能以書面、口頭、講演等技巧方式與公眾、下屬、同事溝通		
	34	能制定薪資、福利、僱用、選才、訓練等人事制度		
	35	具備協商談判之得失衡量所需的技巧與能力		
	36	認識時間管理技巧與運用，能有效的安排與抓緊時間管理的重點		
	37	我計畫在創業以前先修習一些企管課程及訂閱商業雜誌		
	38	有機會接觸生意人，我總會問很多關於他工作與做生意的情形		
	39	由於我有多方面的才能，常會被派去做各種工作		
	40	我認為學歷與事業成功與否無關		

（續前表）

分類	序	檢查項目	評核（○／×）	簡略說明
三、企業機能管理能力	41	了解生產程序及生產所需的勞力、空間、設備、經驗		
	42	熟悉存貨控制技巧及採購技巧，如找出理想供應商爭取優惠價格與供應商協商追蹤管理進貨與存貨		
	43	能區分長程與近程的研究發展計畫並取得均衡		
	44	現有的技術知識能真正的投入研發工作		
	45	落實研發管理，能規劃產品設計方向及新產品的測試有關方針、時程與重點		
	46	財務管理：決定籌集資金的最佳途徑、預算資金需求、長短期資金來源確定、具備融資與投資人協商經驗		
	47	熟悉會計與審計的控管系統等能力，如成本控制系統、政府稅法、管理會計人員、內部稽核作業		
	48	具備財務管理能力：企業經營分析診斷、授信與催收管理		
	49	行銷管理能力：市場調查與評估、銷售策略規劃、銷售管理、直接銷售、客戶服務、行銷技巧，與其他企業功能部門的配合		
	50	熟悉國家法令規章：公司法、勞基法、智慧財產權法、稅捐稽徵法、環境保護法、貿易自由關係法、消費者保護法、公平交易法與其他相關法令規章等		

說明
1. 答○者在90%（含）以上者，深具有創業成功的潛力。
2. 答○者在50%（含）～90%（不含）者，可能可以創業成功。
3. 答○者在50%（不含）以下者，需要再努力學習與調整人格特質。

（資料來源：吳松齡、陳俊碩、楊金源著（2004），《中小企業管理與診斷實施》（第一版），台北市：揚智文化事業公司，p.34～35）

（二）對於自己的創業潛力之簡單測試（如表 8-3 所示）

表 8-3　創業者創業潛力簡易測試表

序	測試項目	非常不符合 (0)	相當不符合 (1)	頗為不符合 (2)	有些不符合 (3)	有些符合 (4)	頗為符合 (5)	相當符合 (6)	非常符合 (7)	簡要說明
1	我有能力去傳達溝通與協調（溝通協調能力）									

（續前表）

序	測試項目	非常不符合 (0)	相當不符合 (1)	頗為不符合 (2)	有些不符合 (3)	有些符合 (4)	頗為符合 (5)	相當符合 (6)	非常符合 (7)	簡要說明
2	我有能力去激發他人潛力（激勵部屬能力）									
3	我有能力去組織（周詳的組織能力）									
4	我可以接受責任的賦予（奉獻與負責任）									
5	我可以簡單的適應改變（使命概念與環境應變能力）									
6	我有下決策的能力（決策果斷能力）									
7	我有動力及執行能量（學習與分享能力）									
8	我有很好的健康（身心健康）									
9	我有人際關係技能（人際關係能力）									
10	我富有進取心（熱愛工作的態度）									
11	我對人們交往有興趣（社交能力）									
12	我有很好的判斷力（判斷能力）									
13	我可以打開心胸接受新的創意與點子（創新能力）									
14	我有計畫的能力（有理想與計畫能力）									
15	我可以堅持的（持續堅持的毅力與成功的決心）									
16	我是機智的（執行力與應變力）									
17	我是充滿自信的（自信心）									
18	我可以自動自發（自律能力）									
19	我是一個好的聽眾（聆聽能力）									
20	我願當一個冒險家（勇於冒險能力）									

說明

1. 得分在 110～140 分者具有強大的創業潛力。
2. 得分在 85～109 分者應該是具有創業潛力。
3. 得分在 55～84 分者若要創業很可能會失敗。
4. 得分在 54 分以下者最好不要去創業（因為成功機會不大）。

（資料來源：吳松齡（2005 年），《創新管理》（第一版），台北市：五南文化事業公司，p.300～301；並參考 Prepared by Sherron Boone and Lisa Aplin of the University of Mobile 改寫而成）

（三）對於自己是否具有成功企業家之潛質分析（如表 8-4 所示）

表 8-4 成功企業家潛質自我診斷表

序	檢核項目	A	B	C	評核	簡要說明
1	你是自動自發的人嗎？	凡事自我處理，不必假手他人	若有人催促時，會將工作穩妥地做完	若非必要，我不會自己去做任何工作		
2	你對他人的觀感如何？	喜歡任何人，我可以和任何人相處良好	我有許多朋友，不需要再結交其他朋友	多數人會令人厭煩		
3	你能領導他人？	我能令多數人來參與我所主辦的工作	若有人給我指揮，我就可以發號司令	喜歡讓他人採取行動，我高興時會配合他		
4	你能負責任？	我喜歡負責，並貫徹使命	有必要時我會負責，但沒必要時由他人負責	凡事讓其他人去負責吧		
5	你是個好的組織人才？	我喜歡行前做規劃，通常是由我負責規劃	若事涉複雜時，我會手足無措	做事前規劃由你來做，我只應付所面臨的每件事		
6	你是個好的工作者？	應做的工作我會堅持下去，且不計較其艱難程度	我會辛勤地做一段時間，等到獲致目標時就不再辛勤工作了	我不明白辛勤工作會有何好處		
7	你的決策能力如何？	若需要時，我會在極短時間內做決策，而且是正確的	我需要較長時間才能做決策，因為在短時間內決策往往在事後會被推翻	我不喜歡變成一個決策者		
8	你能夠使人信服？	人們均相信我，因為我從不說沒有意義的話	我盡量說有意義的話，但我不會因利益或環境因素而說出非真心話	若他人無法分辨真話時，要怎麼說就怎麼說吧		
9	你會堅持？	我既已決定了，就沒有他人可以阻止我	通常對自己的決定會堅持，除非中途發生意外	若發現事情進展與意料不一致時，將會立即停止進行		
10	你的健康狀況如何？	我永不病倒	對我想進行的事，就會有足夠的精力去完成它	我似乎比許多朋友力不從心		

說明
1.若答案集中在 A 時，你將會是具有成功企業家之潛質。
2.若答案集中在 B 時，你最好找朋友合夥，以彌補你的缺失。
2.若答案集中在 C 時，你的潛質顯示你不適合創業。

二、已是經營者的檢核自己企業的經營體質與經營能力

(一)檢查你的企業經營體質(如表 8-5 所示)

表 8-5 企業經營體質分析檢核表

檢核項目	細項	不佳(0~1)	普通(2~3)	良好(4~5)	評分	簡要說明
一、經營層人員	1.1 經營層資格條件(性格、知識、經歷、領導統御能力)有否問題	缺點多,時常在經營上發生障礙(0分),稍微好一點給1分	一般普通狀況(3分),稍微差一點給(2分)	能保持非常滿意的狀態(5分),稍微差一點給(4分)		
	1.2 對繼承接班人的看法	不加以考慮,亦沒有具體的決定(0分)	有計畫(3分)	不但決定且已實施經營者教育(5分)		
	1.3 經營層個人間的溝通協調是否良好	有對立時常發生麻煩(0分)	沒有多大問題(3分)	完全沒有問題,且維持非常完美的關係(5分)		
	1.4 經營層是否為自我發展而努力	不大關心(0分)	時常參加外面講習、研究會等進修活動(2分)	將自我的精進與努力發展視為經營者的任務,且利用所有機會(5分)		
	1.5 經營層面與外部關係(顧客、供應商、同業是否有問題)	有必須改善的地方,但不大關心(0分)	不一定沒有問題,但現況大致上令人滿意(2分)	認為尚維持良好關係,但正努力獲得更佳關係(5分)		
	1.6 對於科學管理的看法	不太關心(0分)	有些部門正努力於現代化管理,但有些部門還未實施(2分)	在經營的全部領域謀求經營管理現代化(5分)		
二、經營願景計畫	2.1 是否確立經營方針,並使全體員工充分了解	沒有太明確的經營方針(0分)	有方針但未使全體員工了解(2分)	有方法且一有機會就謀求員工徹底了解(5分)		
	2.2 是否在明確的計畫下進行經營活動	沒有明確的擬定經營計畫(0分)	雖擬定計畫但與實際活動未結合(2分)	經營活動全部依經營計畫為中心予以展開(5分)		

（續前表）

檢核項目	細項	不佳（0～1）	普通（2～3）	良好（4～5）	評分	簡要說明
二、經營願景計畫	2.3 從何種觀點來建立組織	不按工作內容加以適當劃分（0分）	考慮工作的圓滿進行，但人的問題上有不合理之處（2分）	基於長期計畫並考慮公司特性或人員來組成（5分）		
三、員工	3.1 人員結構在職種職階方面是否保持均衡	有事務太多、管理人員太多等不均衡之處（0分）	雖有部分問題但未發生重大障礙（3分）	各部門均保持適當人員（5分）		
	3.2 從業人員的年齡結構是否適當	年輕人進用少以致年齡偏高（0分）	雖不是滿意的狀態，但亦沒有重大障礙（3分）	因注意新陳代謝，故經常妥當注意員工年齡分布狀況（5分）		
	3.3 個人能力與擔任工作的關係是否合適	因人員不足致不得不使其擔任超出能力以外的工作（1分）	有一部分發生能力不足的現象（2分）	認為充分符合適才適所（5分）		
四、勞資關係	4.1 對員工的要求是否正確合理	因員工的要求以不合理居多，故以經營者的要求為主（0分）	儘可能答應要求（3分）	基於經營計畫、實績資料等，以使兩者皆能諒解為前提努力解決（5分）		
	4.2 經營幹部是否努力與從業人員做個人接觸	認為公務上的接觸就夠了（0分）	僅在公司內福利活動時露臉，未做特別的關懷（2分）	除盡量參加公司內的活動外，並留意員工的婚喪喜慶與康樂活動（5分）		
	4.3 員工的工會活動如何？	反對員工參加工會（0分）	參加工會是不得已，惟可加以指導以獲得經營者所需要的協調資訊（3分）	經常保持接觸，在互相了解的基礎下努力做好協調工作（5分）		
五、生產設備	5.1 作業自動化的進行如何	認為人員是最經濟的（0分）	雖知道其重要性，但進度不如預期者（2分）	儘可能努力於自動化來增進生產力（5分）		

（續前表）

檢核項目	細項	不佳（0～1）	普通（2～3）	良好（4～5）	評分	簡要說明
五、生產設備	5.2 是否積極推進設備現代化	無餘力，故維持現狀（0分）	留意不落後於本業界的水準（3分）	配合經營計畫積極發展（5分）		
	5.3 工廠的地區條件或面積對現在或將來有否不合適	生產效率、公害等方面極為不合適（0分）	有若干不合適之處（2分）	因按計畫進行無不合適者（5分）		

六、資本結構、經營的安定性

6.1 固定比率（自有資金投入的適當程度）

$$= \frac{\text{固定資產（\qquad）}}{\text{自有資本（\qquad）}} \times 100 = \underline{\qquad}\%$$

6.2 固定長期適合率（固定資產的資產安定性投入程度）

$$= \frac{\text{固定資產（\qquad）}}{\text{自有資本（\qquad）＋固定負債（\qquad）}} \times 100 = \underline{\qquad}\%$$

6.3 流動比率（對短期借款的支付能力）

$$= \frac{\text{流動資產（\qquad）}}{\text{流動負債（\qquad）}} \times 100 = \underline{\qquad}\%$$

6.4 速動比率（對償還速動負債的現金準備）

$$= \frac{\text{速動資產（\qquad）}}{\text{流動負債（\qquad）}} \times 100 = \underline{\qquad}\%$$

6.5 負債比率（他人資本額的適當程度）

$$= \frac{\text{流動負債（\qquad）＋固定負債（\qquad）}}{\text{自有資本（\qquad）}} \times 100 \underline{\qquad}\%$$

	劣等		普通		良好		評分
	0分	1分	2分	3分	4分	5分	
6.1 固定比率	200以上	199～171	170～121	120～81	80～61	60以上	
6.2 固定長期適合率	150以上	149～131	130～101	100～71	70～51	50以下	
6.3 流動比率	80以下	81～100	101～125	126～150	151～169	170以上	
6.4 速動（還現）比率	50以下	51～60	61～75	76～90	91～99	100以上	
6.5 負債比率	400以上	399～301	300～226	225～151	150～101	100以下	

檢核項目	細項	不佳（0～1）	普通（2～3）	良好（4～5）	評分	簡要說明
七、產品或服務	7.1 所處理的產品對中小企業是否有利者	經常與大企業發生競爭關係故不利（0分）	有大企業插手感覺不安之處（2分）	明確屬於中小企業領域者，且商品需要有將來性（5分）		
	7.2 為提升經營績效狀態是否考慮產品結構或程序	未充分考慮以致受景氣變動的影響很大（0分）	加以若干程度的考慮，但似嫌不夠（2分）	進行多角化製品分析研究，且就產品結構或服務程序加以長期計畫（5分）		

（續前表）

檢核項目	細項	不佳（0~1）	普通（2~3）	良好（4~5）	評分	簡要說明
七、產品或服務	7.3 是否使產品在品質或設計上具有特色以利競爭	因無特色且時常遭遇過分競爭而發生困擾（0分）	部分具有特色但非主要產品或服務（2分）	主要產品或服務屬於市場需求者，目前具有競爭優勢（5分）		
	7.4 是否具有銷售的主控性	力量薄弱在各方面不能確立自控性（0分）	對設定價格具有若干程度的主控性，並無不利之處（3分）	主要產品或服務係自己企業的商標品，且以自己公司的銷售系統達成良好的業績（5分）		
八、企業的社會形象與地位	8.1 經營者所屬的行業或廣泛的產業界是否有貢獻	不關心，且對業界各項會議甚少參加（0分）	盡量努力（3分）	站在指導立場，為服務出錢出力（5分）		
	8.2 從銷售額或企業規模而言，企業處在業界的何層級	三流（0分）	普通（3分）	一流的企業（5分）		
	8.3 技術水準受一般社會的評價如何？	不算是技術優良（0分）	現在不發生技術水準的問題，但新產品的發展上則有問題（3分）	在業界是被公認高水準者（5分）		
	8.4 股東、金融機構的評價如何？	名聲不太好（0分）	不好不壞（2分）	被認為相當好（5分）		
	8.5 購買者、銷售者、消費者的評價如何？	一般來講名聲不太好（0分）	不太出名（2分）	被認為非常好（5分）		
	8.6 同業或地區社會的想法如何？	有被認為不好的地方（0分）	沒有特別受批評（3分）	受好意或感謝、歡迎（5分）		

（資料來源：整理自李廣仁著（1986），《企業診斷學》（第一版），大中圖書公司，p.157~164）

（二）檢查你的企業經營能力（如表 8-6 表示）

表 8-6 中小企業自我診斷表（以生產工廠為例）

診斷項目	診斷標準			評核	簡要說明
	進步	普通	不佳		
一、一般性事項 （一）政策方面	企業政策與目標均已明確訂定，並為全體員工所了解。	企業政策與目標尚未明確訂定，也未為員工所了解。	並無所謂的企業政策或目標，乃依據傳統辦理有關業務。		
	公司的經營計畫會將未來之經濟環境因素考量在內。	在公司的經營計畫中偶爾會考量未來的經濟環境因素。	所謂的計畫乃在為顧客或利益關係人要求時才會進行。		
	相當有熱忱地參與各個工商業團體活動。	不太有興趣參與各種工商業團體活動。	厭惡參與各種工商業團體之活動。		
	對於中央與地方法令規章均相當熟悉	公司主管人員不了解中央與地方各項法令規定，有關事項由法律顧問處理。	對法令規定並不關心，發生糾紛時再找有關機關接洽解決。		
（二）員工關係方面	制定充分員工職權與員工關係政策，並授權高階主管代表公司處理員工有關事宜。	員工關係之重要性已有了解，但尚未明確制定員工職權與責任區分。	員工關係不過是人資部門的職掌之一而已。		
	所制定員工關係方案已減少人事變動，並積極培養員工之工作精神與工作效率。	尚未籌畫員工關係方案，惟管理方法很好，以致員工工作精神與工作效率不低。	不甚注意員工關係，員工流動率很高。		
	制定員工甄選、測驗、任用、派職、訓練等程序，而且已有成效。	各個部門甄選、測驗、任用、派職、訓練方法等，並無標準程序依循，乃由各部門自己編定程序。	並無統一的作業程序，大多由各部門主管依據自己的想法而自己決定方法。		
	有建立工作評價制度，全體員工皆依工作評價編定職位與薪資、獎酬，且公平、公開、公正的進行評價。	無工作評價制度、薪資、獎酬於受到壓力時再調整，高階主管則依年資而授予。	薪資、獎酬乃依主管個人意見而核定。		
	制定獎賞懲罰標準並依據公平、公開、公正原則（數據化原則）。	一般員工有納入獎賞、懲罰適用範圍，但特定人員與主管未納入。	尚無獎賞、懲罰標準之制定。		
	員工履歷、升遷、訓練、薪資等均有完整記錄。	雖有進行記錄但不甚齊全。	除薪資、獎金報表外，尚無員工個別記錄。		

（續前表）

診斷項目		診斷標準			評核	簡要說明
		進步	普通	不佳		
一、一般性事項	（三）財務方面	依經營目標／計畫估算資金需求。	未做資金需求估算故有發生資金過剩或不足現象。	無做資金需求估算，資金常發生不足。		
		設備汰舊換新有設定專款致可充分供應。	僅配合稅法提折舊準備，但未為設備汰舊換新作計畫。	並未依設備實際價值提列折舊準備，僅象徵性提列且挪用他途。		
		股息政策配合健全之長期財務計畫。	無明確的財務與股息政策。	完全依資金急需程度而調整財務政策。		
	（四）產品研發方面	為開拓新市場與開發新產品，不斷進行產品、設備、製造方法等的改進與研究發展。	偶爾會做研究開發，但目標不甚明確。	未曾作研發工作，產品設計開發之工作不夠。		
		在組織中編組合格人員擔任研發工作，並在專家指導下進行研發。	雖有研發人員但未經良好編組。	無合格人員從事研發工作。		
		研發工作與各個部門密切合作，藉以保持產品市場性、設備正常且可與人競爭之成本。	雖有產品研究設計等工作，但並未與其他部門配合。	忽視產品研發工作之需要。		
二、生產事項	（一）採購方面	制定有採購作業程序，故採購均經請購手續向合格供應商採購與適合品質、規格、數量，並經議價、比價手續，準時交貨且手續便捷。	雖有採購作業程序依循，惟不太受限請購需求，完全依採購成本低與方便性而有變更品質、規格、數量、交期之情形。	無採購作業程序依循，且採購工作分散各部門辦理，手續繁瑣，與需求部門聯繫程度差。		
	（二）生產管制方面	生產作業配合業務行銷需要與製程設備能力，且有完善生產計畫與生產排程進度。	僅對主要生產工作項目加以計畫，至於材料與人工則由各部門主管自行安排。	未集中辦理生產管制、生產政策為不讓員工沒工作做，故常有存貨不平衡或過多現象。		
	（三）廠房方面	廠址選址依原料與人工供應、市場位置而定，設備布置配合製造方法與程序，廠房與設備之保養維護作業管理良好。	設廠地點未經研究，設備布置不甚配合材料流動，廠房與設備之保養維修作業不甚周詳。	設廠地點遷就建廠用地，設備布置較少考量材料流動，無廠房與設備保養維修計畫，致保養工作甚差。		

（續前表）

診斷項目		診斷標準			評核	簡要說明
		進步	普通	不佳		
二、生產事項	(四)生產設備方面	選購生產設備之前均經研究、設計與試驗，以求各項產品之成本降至最低程度，且設備保養維護作業良好。	生產設備乃選購構造良好的，但並非為降低產品製造成本而設計，至於設備保養維護情形尚屬不錯。	生產設備工程未與產製程序相配合而使之降低成本，且設備保養維護成效很差。		
	(五)產製工程方面	產製工程主管對產製程序之研究、改良、簡化與標準化足以勝任，並可以與相關部門合作以降低生產成本。	雖編製有單獨之產製工程部門，但與相關部門之間的連繫不甚良好。	產製方法係由各部門主管各自設法解決，以致改進遲緩、產製程序之記錄不齊全、管理頗差。		
	(六)製造方面	利用新設備，工廠布置配合材料流動，並實施激勵獎賞制度與工作考核，提高工作效率，因此產品之品質很好且成本低。	利用新設備，但材料流動需改進，製造成本不低，激勵獎賞制度未獲得認同，以致工作考核方法需改進。	製造工作之籌劃與工作考核均欠佳，設備老舊、材料流動不良、產品品質不高，且無激勵獎賞制度，不重視工作考核。		
	(七)品質方面	品管部門獨立，能配合各項產品之有效品質管理方法，並可配合以促進生產效率與提高銷售數量、品質。	品管工作未集中辦理，除非顧客嚴格要求時才進行品質管理工作，否則僅在製程上有需要時才會執行品質管理工作。	除非顧客嚴格要求時才會被迫採取矯正預防措施，同時品管工作未有獨立部門設置，乃由各部門自行管理品質工作。		
三、行銷事項	(一)行銷管理方面	依據目標顧客需求與市場調查而制定行銷方案，並以良好廣告與推廣計畫予以配合行銷需要。	依據過去行銷經驗而制定行銷方案，對市場趨勢不太了解，且在廣告宣傳與推廣方面並未加以選擇。	行銷方案不周詳，且對市場競爭情形了解度不高。		
		銷售預算係依據產品別、客戶別、業務員別與業務區域別予以估算預測。	僅有銷售總數之預測，未依各種產品對客戶與業務區域作預測。	並無行銷預算。		
		考量各項成本因素之標準成本而核定售價。	定價方法刻板，未依據確實的成本定價，且價格高低相當受市場競爭之影響。	依據市場競爭情形或市場可接受程度定價，成本並未作為定價參考。		
		依業務人員、業務區域、客戶與產品分別評核其盈虧情形。	毛利與淨利皆未依照業務人員、業務區域、客戶與產品別予以分析。	未進行銷售分析。		

（續前表）

診斷項目	診斷標準			評核	簡要說明
	進步	普通	不佳		
三、行銷事項 （一）行銷管理方面	選用各種行銷方法以獲取最大利潤。	行銷方法並未以獲得最大利潤為目標。	未對行銷方法進行選擇而採用。		
	行銷人員均經由訓練，並有專人指導且給予合宜薪酬。	行銷人員有嚴密督導管理，但未經充分訓練過。	行銷人員未經良好訓練，且督導管理欠周詳，報酬無法與競爭者相比。		
	一切銷貨記錄皆妥善保持且相當齊全。	銷貨記錄未經常保持記錄與完整。	除訂單登錄與銷貨發票之外，就沒有記錄可供查詢。		
（二）庫存方面	庫存計畫依據顧客交貨需求而擬定，並研究市場競爭狀況而決定。	庫存計畫乃依據服務已建立之較大銷售中心，而非分析市場競爭狀況後再決定。	庫存設於製造地點，對市場競爭情形未作考量。		
四、會計管理事項 （一）標準成本方面	成本制度乃為反應實際成本與標準成本間之差異而設定。	成本分析尚屬準確，惟並非為迅速供應標準成本資料而設計。	無標準成本，分批成本不準確也未加以控制。		
	將與標準績效相比發生之差異情形，經常（日、週）供應管理人員參考改進。	記錄與報表未能充分配合控制成本之用。	成本資料大部分係估計而得，每年的盈虧計算並不準確。		
	取消掉沒有價值之會計記錄，提供管理控制所必須之報表。	經常辦理之許多登記簿與報表，並非有用之管理工具。	所辦理之若干登記簿與報表皆無實際效用。		
	一切控制記錄與成本數字皆與標準成本相聯結。	一切控制記錄與報表和控制無關，因此甚少有所助益。	缺乏為控制成本所需的生產記錄（含品質記錄）。		
	依據標準成本而提供核定售價所需估計資料，且絕不臆測。	估計之數字未與實際成本相比較。	依據過去實績而決定估計之數字。		
	行銷方案與售價對公司盈虧產生之影響，隨時可以在各作業層中了解。	未知各項產品與各批次定價對公司盈虧之影響。	每月估計盈虧，每年依存貨額查核調整，但不知各項產品之盈虧。		
	銷售增加對成本與利潤影響甚易確定，收支平衡點也能確定。	銷售增加對成本與利潤影響不易確定，收支平衡點雖可確定但未被重視。	為使生產線不停工而增加銷售量，卻不知其對成本與利潤之影響，也不知收支平衡點。		

（續前表）

診斷項目	診斷標準			評核	簡要說明
	進步	普通	不佳		
四、會計管理事項					
（二）預算控制方面	各工作階層之各項費用，皆按公正核定之彈性績效標準加以預算控制。	預算編訂過於刻板，費用對銷售額之比率係依據過去之實績而定，不按預計之彈性績效標準。	預算及績效預算皆未辦理。		
	銷售預算係依據市場分析，依產品、行銷人員、客戶、業務區域而編製。	銷售預算依據過去實績，並依產品、行銷人員、客戶、業務區域加以編製。	無銷售預算，也無行銷人員之業績目標與行銷計畫之制定。		
	每日、週、月均將各部門實績提出檢討，指出標準績效或預算績效與實際績效比較並分析原因。	定期提出各部門會計報告，以顯示：本期與過去比較、未設定標準績效，故無法與應有績效比較也無從分析差異之原因。	無預算，也無長期計畫，所定政策並非根據完整資料和透澈分析，因此搖擺不定。		
	了解並控制各種售價調整對盈餘預算之影響。	並未為使售價配合預定盈餘而集中控制售價。	未有售價政策，銷售較大之產品售價也未考量成本估計，亦未估算削價競爭對利潤之減損程度。		
（三）會計方面	會計程序、記錄與報表均以最節省而又能產生必須資料為目標而設計。	會計程序有若干書面規定會計記錄與報表內容廣泛且準確，並能按時辦理。	會計記錄與報表依簿記觀點尚屬準確，但欠完整且方法老舊。		
	準時供應會計資料且方法也能配合經營與管理需要。	欠缺「以各種標準從事控制」之最新概念之衡量。	會計尚未被深切認識為一種經營管理之工具。		
	新式會計設備被有效利用於編製各項資料與報表。	新式會計設備已有所利用，惟使用方法有嫌陳舊。	使用老舊會計設備，且不經濟。		

（資料來源：中國生產力中心（1972），《中小企業管理技術彙編》（第三版），台北市：中國生產力中心，p.19～25）

（三）檢查你的企業經營管理作業能力（如表 8-7 所示）

表 8-7 企業經營管理作業能力檢核表

項 目	檢核內容	檢核結果
（一）廣告方面	1. 是否已決定如何進行廣告或選擇媒體？ 2. 是否知道哪個組織／個人可協助你做廣告？ 3. 是否觀察過他家企業如何廣告以吸引顧客？	
（二）產品定價	1. 是否仔細評估過各項產品之售價？ 2. 是否了解其他企業的產品售價？	
（三）貨品採購	1. 是否有建立顧客需求調查或評估程序？ 2. 是否建立存貨水準機制，以了解採購時機與數量？ 3. 是否有考量過較多的貨品供應來源？	
（四）產品銷售	1. 是否決定了通路與運籌／物流管理等策略方案？ 2. 是否了解到如何吸引顧客再度購買／參與之方案？ 3. 是否評估過產品銷售通路問題與顧客反應？	
（五）僱用員工	1. 是否知道從何處僱用到合適的員工？ 2. 是否知道需要的員工是什麼樣子？ 3. 是否建構了員工的訓練計畫？ 4. 是否知道員工的訓練課程需要？ 5. 是否知道員工所需要的職涯目標？	
（六）顧客賒帳	1. 是否在交易時即確認各個顧客的現金或賒帳交易方式？ 2. 既已決定給顧客賒帳，則其票期多久？ 3. 是否知道如何辨別顧客的信用狀況？	
（七）其他問題	1. 是否考量過到他家企業任職的收入比你自營事業還高？ 2. 是否有家人支持你去創新事業？ 3. 是否知道何處可以找到新構想或新商品？ 4. 是否自我要求與要求均要建立工作計畫？ 5. 是否善用政府資源以協助事業的發展？ 6. 是否延聘專家、顧問、老師來協助事業發展？ 7. 有沒有能力去確立自己事業要什麼？而會努力去完成？	

（一、經營問題的檢核）

（續前表）

項　目	檢核內容	檢核結果

（一）材料費	1. 主材料費用 ＿＿＿＿＿　　2. 副材料費用 ＿＿＿＿＿ 3. 零件費用 ＿＿＿＿＿　　4. 補助材料費用＿＿＿＿＿ 5. 消耗工具費用＿＿＿＿＿　　6. 器具備品費用＿＿＿＿＿	

二、每月費用的估計

（二）用人費用	1. 直接人工成本＿＿＿＿＿　　2. 間接人工成本＿＿＿＿＿ 3. 薪　資 ＿＿＿＿＿　　4. 津　貼 ＿＿＿＿＿ 5. 獎　金 ＿＿＿＿＿　　6. 雜　項 ＿＿＿＿＿	
（三）經費	1. 租　金 ＿＿＿＿　2. 福利費 ＿＿＿＿　3. 保險費 ＿＿＿＿ 4. 修繕費 ＿＿＿＿　5. 電力費 ＿＿＿＿　6. 瓦斯費 ＿＿＿＿ 7. 水　費 ＿＿＿＿　8. 運　費 ＿＿＿＿　9. 維修費 ＿＿＿＿ 10. 保管費 ＿＿＿＿　11. 稅　捐 ＿＿＿＿　12. 旅　費＿＿＿＿ 13. 交通費 ＿＿＿＿　14. 通信費 ＿＿＿＿　15. 交際費＿＿＿＿ 16. 盤存消耗費 ＿＿＿　17. 發包加工費＿＿＿＿　18. 折　舊 19. 事務品消耗費 ＿＿＿　20. 試驗研究費 ＿＿＿　21. 雜　支	
（四）銷管費用	1. 銷管人員薪資＿＿＿＿　2. 旅　費 ＿＿＿　3. 交通費 ＿＿＿＿＿ 4. 廣告費 ＿＿＿＿　5. 發貨包裝費 ＿＿＿　6. 交際費 ＿＿＿＿＿ 7. 通信費 ＿＿＿＿　8. 董監事薪資 ＿＿＿　9. 水電費 ＿＿＿＿＿ 10. 修繕費 ＿＿＿＿　11. 福利保健費＿＿＿＿　12. 事務品消耗費＿＿＿ 13. 地租房租 ＿＿＿　14. 保險費 ＿＿＿＿　15. 稅　捐 ＿＿＿＿＿ 16. 銷售手續費 ＿＿＿　17. 銷貨備金 ＿＿＿　18. 折　舊 ＿＿＿＿＿ 19. 雜　費 ＿＿＿	
（五）營業外收支	1. 營業外利息收入＿＿＿＿＿　　2. 營業外利息支出＿＿＿＿＿ 3. 營業外投資收入＿＿＿＿＿　　4. 營業外投資支出＿＿＿＿＿	

三、尋求資金

（一）在平時即應會善用的理財技巧	1. 準備好企業組織的不動產、動產抵押文件？ 2. 要求供應商給我們更大的採購信用？ 3. 準備好企業的應收帳款與融資往來資料？ 4. 利用客票貼現或支票借款？ 5. 跟企業內家族成員借款或壽險解約金？ 6. 向保險公司申請長期貸款？ 7. 向政府輔導體系貸款？ 8. 民間互助會？ 9. 其他？	
（二）尋求資金來源方法	1. 將股票出售給員工換取現金？ 2. 將股票出售給其他公司換取現金？ 3. 尋求與大企業合併，以使用其公司信用？ 4. 將股票質押借款或透過投資公司貸款？ 5. 透過投資公司介紹承購／銷無人認購之股票？	

（續前表）

項　目	檢核內容	檢核結果
四、利潤問題檢核	**(一) 你賺錢嗎？** 1. 你是否制定在一定的時間內找出此期間之利潤？ 2. 你是否找出此期間的總收入（應細分為銷貨收入、退回、折扣折讓、淨銷貨收入、其他收入等科目）。 3. 你了解此期間內的總費用（分為營業成本、營業費用、銷售費用、管理費用等科目）。 4. 你公司的流動比率、速動比率、總負債占資產淨值比、平均收款日、淨銷貨占總資產比、營業利潤占淨銷貨比、淨利占總資產比、淨利占資產淨值比是多少？	
	(二) 利潤足夠性 1. 目前利潤與目標利潤之比較為何？ 2. 目前利潤與前1～3年之利潤相比較為何？ 3. 目前利潤與同業利潤相比較如何？	
	(三) 利潤趨勢 1. 你了解或有分析過公司的利潤趨勢？是如何？ 2. 你的各個產品／服務線所產出的利潤是多少？ 3. 你的各個產品／服務線所負擔的費用是多少？ 4. 你的產品／服務線哪一項有利潤？哪一項沒利潤？ 5. 你的產品／服務線哪一項銷售最快？哪一項最慢？	
五、財會問題檢核	**(一) 基本記錄** 1. 你是否準備日記簿或帳簿（如現金收支簿）？ 2. 你是否制定銷售報告或分析表？ 3. 你是否有準備應付與應收帳款分類帳？ 4. 你是否有準備現金收入與支出分類帳？ 5. 你是否有準備損益表與資產負債表？ 6. 你是否有制定預算？	
	(二) 財務狀況檢查 1. 每日應處理事項： 　(1)公司有無保存足夠現金？ 　(2)公司收入存入銀行（個人與公司分開）。 　(3)銷貨與現金收入每日摘要記錄。 　(4)更正應收帳款記錄。 　(5)現金或支票支出記錄。 2. 每週應處理事項： 　(1)追蹤應收帳款（注意拖延帳款之顧客）。 　(2)提前支付應付帳款，以換取折扣或優待。 　(3)薪資名冊記錄與員工清冊、出勤記錄表。 3. 每月應處理事項： 　(1)依收支原則將日記簿中的登錄歸類後轉入總分類帳。 　(2)在月底後15天作出損益表，並檢討盈虧原因與提出改進對策，之後再作出資產負債表。	

（續前表）

項　目		檢核內容	檢核結果
五、財會問題檢核	(二)財務狀況檢查	(3)提報主管機關之營業稅記錄與繳交國庫。 (4)核對銀行對帳單。 (5)估算並補足零用金。 (6)核對應收帳款明細及催收績效報表。 (7)檢討庫存政策（清除過時或失效之存貨以補齊新存貨）。	
	(三)訂貨與存貨政策	1. 你是否有制定進貨與存貨政策？ 2. 你是否有對供應商交貨記錄作記錄與評核？ 3. 你是否採取分散採購？分散與集中一家採購利弊如何？ 4. 你是否有訂貨不足或存貨不足之困擾？ 5. 你是否有制定安全存貨與最佳訂購量之記錄／原則？ 6. 你知道訂貨成本、庫存成本及進出存貨狀況？ 7. 你知道大量採購折扣優惠？	
	(四)目前採購業務之進行	1. 誰負責採購？誰掌握採購核決權限？誰與供應商接洽？ 2. 哪些商品已經下訂單？下訂單之前能否找到其他新的供應商加入議價？ 3. 在最近 3～5 年內總共開發出多少新的供應商或供應來源？ 4. 負責採購者有無能力降低成本？熟悉公司與政府制訂之採購規範？ 5. 在與供應商簽訂合約之前，是否全力與之談判爭取更佳交易條件？採購價格是否達成採購前預定目標？	

三、企業經營與管理階層的初步診斷重點

胡伯潛（2004, p.167～168）提出企業經營的初步診斷重點項目，本書予以摘錄如下，以供讀者分享（有興趣者可參閱該書，胡伯潛（2004），《企業經營與診斷》（第一版），台中市：滄海書局）：

（一）公司的經營

1. 經營者是否具備足夠的經營能力？
2. 是否擁有一個具有競爭力的經營團隊？
3. 經營團隊與成員之間是否有足夠的凝聚力及包容力？
4. 經營者對於公司現況及未來發展前景的看法如何？
5. 經營者對高階核心主管與員工表現的看法如何？

6. 高階核心主管對於公司的現況與未來發展前景之看法如何？

7. 高階核心主管的管理哲學、觀念、風格與能力怎麼樣？

8. 高階核心主管對於公司、公司經營者與員工之表現有何看法？

9. 公司經營目標（短、中、長期）是否明確制定，並傳遞與宣導給全體員工了解與認知？

（二）公司的財務狀況

1. 營運資金是否充沛？是否運用得當？

2. 各項主要支出與收入之情形是否適當？

3. 是否有異常的收入、支出、罰款、賠償、訴訟？

4. 支出或收入是否有大幅度轉變之情形發生？

（三）企業文化

1. 公司是否擁有良好的、健全的與具有競爭力的企業文化？

2. 公司員工對於公司整體的向心力及團隊精神是否足夠？

3. 員工的士氣是否足夠？

（四）其他

1. 公司的組織結構是否明確、適當？

2. 公司產品的現況與未來發展前景是否明確、適當？

3. 公司的核心技術、知識（know-how）有哪些？其競爭優勢為何？

4. 公司的內部與外部溝通協調機制如何？是否暢通？

CHAPTER 9

經營利益計畫與均衡診斷

　　企業均有其經營使命、組織願景、經營目標及企業最高負責人的價值觀，而這些基本的方針、方向與價值觀乃是必須先予以確立與了解的。同時也必須針對企業當時的內部資源、外部環境與競爭者策略行動有所偵測與了解，並擬妥經營與利益目標計畫，向全體員工宣達後展開經營管理活動。經營利益計畫應涵蓋整體計畫、營業計畫、生產計畫、採購計畫、人力資源計畫、財務資金計畫、研發創新計畫等項，以及各項作業方針、資源運用、績效目標之預算控制，以利針對預定與實際狀況作管理與考核，以提升經營利益績效。

　　第一節　經營利益分析與目標經營預算管理
　　第二節　經營計畫預算目標與經營均衡診斷

　　當前的企業組織必須緊急處理的乃是為了突破現狀，以及奠定未來的發展，不論是生產事業、生產性服務業或是服務事業，不論是最高經營管理階層、高層經營管理者，或是一般管理者，均應該將之視為最重要的課題。企業經營的良窳，財務資料乃是重要資訊來源之一，而經由經營計畫及預算控制來了解與提升經營績效，也是另一項重要途徑。

　　在二十一世紀初，全球性的金融風暴與經濟不景氣，各個企業組織均面臨了人才流失與培養、新產品新技術新材料的開發、強化行銷擴大銷售業績、財務體質的改進與健全等系列的問題。上述問題的角度與各個企業組織重視的問題雖各有不同，但是想增加「獲利」的目的，則是一致的。企業組織乃是為追求獲利而進行一切經營與管理的活動，所以需要以最少的費用達成最大的效果。

　　為達成以最少的費用獲致最大的效果，企業組織就應該建立一套完整的經

營計畫（business plan）與利潤計畫（profit plan），一般大多將利潤計畫放到經營計畫裡面，所以大多以經營計畫稱之。而經營計畫就如同是投資過程的許可證，事前沒有提出經營計畫，就無法獲得投資人的青睞；同樣的一個已經在運作中的企業組織更應提出其經營計畫，以供其股東與員工了解其經營短期、中期與長期目標、經營策略方向、行動方案規劃等經營決策，並且作為全體員工共同努力追求組織目標實現的依據。

企業組織在管理其營運活動中，乃在於透過他人力量有效率地且有效能地達成其組織目標，而為了達成上述的效率與效能目標，就應該制定周延的經營計畫、確實執行並嚴格管制與評核，以達成創造有用的利潤與利益。而這中間除了計畫與控制為其管理功能之核心職責之外，企業高階經營管理階層尚應考量到經營均衡分析之概念，如同利用損益平衡分析方法以作為經營計畫與利潤計畫的經營決策，而這個經營決策乃為企業經營與利潤目標制定、策略計畫、方案規劃、短中長期計畫研擬與營業預算編定之依循。

第一節　經營利益分析與目標經營預算管理

企業組織均有其基本的使命及最高經營階層的企業經營價值觀，而且必須在其組織內部形成全體員工的共同願景與企業經營理念之共識與認知，同時針對其企業組織的內部環境與外部環境加以偵測與鑑別，如此才能讓企業內部全體員工了解到其企業組織的優勢與劣勢、機會與威脅，建立全體員工的危機意識與對經營計畫目標的認知與了解，以利於企業組織的經營計畫與目標體系（objective hierarchy）的制定。至於企業組織之目標則有公司整體層次、事業部或部門層次、單位層次與個人層次（如圖 9-1 所示）。所以在進行目標項目（如：投資報酬率、淨利率、市場占有率等），可由上而下指派以形成目標體系。但是各目標之達成水準，則宜由下而上逐級討論，如此才合乎目標管理與員工參與經營／管理的基本精神。

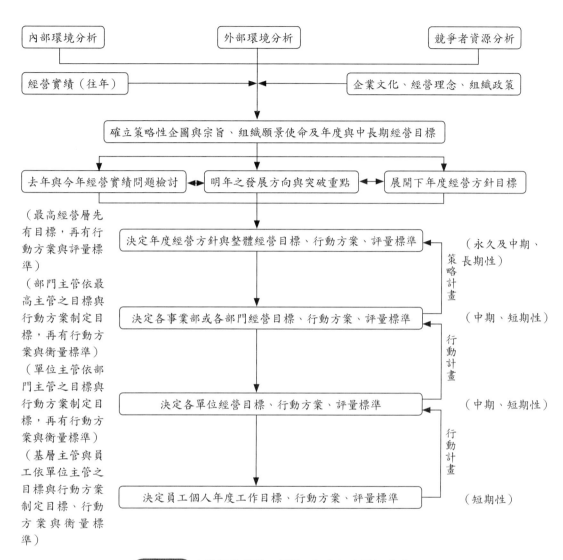

圖 9-1 企業組織整體、部門、個人年度目標體系

⇨ 一、經營計畫乃在於促進企業的成長

經營計畫的目的在於促使其事業之營銷業績向上成長、意欲開發創新新的產品與事業、經營績效安定、企業經營與發展、永續經營與發展等，所以經營管理者就應該經過審慎的規劃與妥善的考量，以擬定與撰寫其組織的經營計畫。

（一）經營計畫之研擬與執行

1. 研擬經營計畫之前應考量事項

(1)經營計畫的方向與前提應該要予以明確化，諸如：經營計畫期間、目標範圍、企業使命與宗旨、企業經營理念等。

(2)經營計畫的主要功用應釐清（乃用於企業經營策略規劃之用途，或是用於執行行動方案等細部計畫之用途）。

(3)經營計畫擬訂之前，應先進行 SWOT 分析、PEST 自我診斷分析及競爭者情勢分析，以鑑別、了解本身的優劣勢、機會、威脅與市場競爭地位等。

(4)各項細部計畫之目標均應予設定，同時載明行動方案以供執行之依據（行動方案應包括執行目標及達成目標之方法與步驟、職司人員／單位／部門的職權編定與授權方案、執行期限與查核管制時點、績效指標、經費預算、激勵獎賞與懲處規定、人員技能專長需求與訓練等項目）。

(5)整體經營計畫與各事業部／部門經營計畫、各單位經營計畫之間的水平與垂直關係與溝通機制之建立。

(6)經營計畫目標預算研擬與編製，以及因應環境變化與市場趨勢、顧客需求變動而作彈性調整之原則與限制。

(7)經營計畫研擬之形式與資料引用，以及對後續營運活動之影響層面的說明。

2. 研判經營計畫時應考量事項

(1)深入分析與了解企業組織內部環境因素與外部環境變化、競爭情勢變動等因素，尤其對企業營運活動會有影響之因素，應予以鑑別與了解，同時對於危險因子也應予以監視與量測管理。

(2)對於商品／服務／活動的顧客需求與期望應予以認知與了解，更應掌握與了解競爭者的產品策略與創新商品策略方向，並將之納入研擬的經營計畫之中。

(3)了解潛在顧客的需求與期望，掌握目標顧客與潛在顧客所關注的焦點，以利開發更多的潛在顧客，並維持既有顧客之再購買／再參與行動。

(4)對於市場價格之訂定考量因素，與競爭者價格策略均應納入研擬經營計畫之考量因素。

(5)對於往年營銷業績與利潤應有所了解與檢討，對利潤以外之目標也應該加以關注。

(6)對於企業管理功能方面（如：設施設備管理、財務資金管理、資訊系統、人力資源管理、研發創新管理、生產與服務作業管理、行銷管理等管理功能）應廣泛蒐集資料，進行分析與整理，以利經營計畫之研擬及目標之設定。

(7)考量可以獲得成功的經營計畫所應具備之關鍵要件。（如表 9-1 所示）

表 9-1　可獲得成功的經營計畫之關鍵要件

1. 必須有適當的編排（包含主管所做的摘要、所包含的表格、依正確順序編排的各個章節等）。
2. 必須長短適中，具有高度吸引力（內文不宜太冗長、太簡短、太虛幻、太平淡，過與不及均非所宜）。
3. 必須明確指出創辦人、公司名稱、未來 3～5 年內期望達成之目標。
4. 必須以計量與計數方式，具體說明公司的商品／服務／活動之目標顧客，與其可獲致之利益。
5. 必須指出商品／服務／活動行銷可行性之有力證據。
6. 必須說明所採用銷售商品／服務／活動的籌資方法乃是正確可行的。
7. 必須解說與證實已達到商品開發水準，以及生產製造過程與有關成本等細節。
8. 必須說明合夥人與專業經理人均是高績效團隊的一員，在管理技術上具有均衡互惠與相輔相成之功用。
9. 必須陳明商品創新開發團隊之經驗、技術與知識，且整體評估要愈高愈好。
10. 必須涵蓋可信度高的財務管理與資金預算，並附加說明資料與有關文件。
11. 必須顯示未來 3～5 年內，以適當的資金增值收回資金。
12. 必須向最能接受的融貸資金者指出，尤其當公司縮減資金時，可避免浪費時間。
13. 必須容易且簡潔，並配合良好的口頭說明與解釋。

（資料來源：整理與修改自林隆儀譯（1988），Stanley R. Rich & David Gumpert 著，《經營計畫實務》（第一版），台北市：清華管理科學圖書中心，p.3）

3. 研擬與執行經營計畫之步驟（劉平文；1993 年，p.124～126）

(1)第一步驟，組成專案小組以規劃如下事項：

①研討總體經營計畫之目標、計畫期間、計畫原則、注意事項及後續有關之計畫。

②擬定各項子計畫，並考量子計畫劃分之方式與標準、研擬計畫之負責人、審查計畫者與安排審核之時程及進度。

③討論各項子計畫之範圍、項目、計畫大綱、內容與格式要求。

④進行各項子計畫負責人之間的充分溝通與協商。

⑤決定計畫之總體架構及研擬其進度表。

⑥向有關人員簡報說明。

(2)第二步驟,進行各項子計畫之規劃:

①擬定各項子計畫之工作項目(內容應包括:現況、目標、現況與目標之差異狀況、達成目標之方式與所需資源、責任者(分為主辦者與協辦者)、執行管制考核者及考核衡量標準、各項假設條件與有關資料等)。

②確立子計畫之格式及撰寫規定。

(3)第三步驟,研擬過程中要不斷進行水平與垂直的溝通。

(4)第四步驟,專案小組審核各項子計畫並提出建議,在審核時應考量之問題有:

①是否違背計畫之原則或格式?

②是否考量周詳?

③是否具體可行?

④說明是否清晰、恰當?會不會引起誤解?

⑤內容是否一貫而未有矛盾存在?

(5)第五步驟,各子計畫之修正與定案。

(6)第六步驟,統合各子計畫訂定整體計畫。

(7)第七步驟,執行與考核評量:

①各子計畫負責人是否依內容與進度執行其工作?

②專案小組依查核點了解各子計畫之進度與問題,並呈報總計畫負責人(含建議)。

③各子計畫依執行狀況與考核指示不斷進行檢討與修正。

④專案小組於期終提出總結報告,並分析目標達成狀況與差異原因,作為後續計畫之規劃、評估、執行、考核之依據。

(二)經營計畫的內容

一份完整的經營計畫應該包含如下項目與內容,同時企業組織之年度整體經營計畫,乃以利益計畫為先。(如表 9-2 所示)

表 9-2 年度整體／總合經營（利益）計畫內容

區　分	計畫內容（含子計畫）
一、行銷利益計畫	1. 營業額計畫（總營業額與預定成長率、產品別／客戶別／地區別／行銷人員別之目標營業額與預定成長率）。 2. 銷售促進計畫（廣告媒體、人員推銷、促銷推廣活動、商展活動、品牌行銷等）。 3. 價格計畫（如何決定高價與低價？價格競爭之因應方式）。 4. 行銷通路計畫（通路選擇）。 5. 人力資源計畫（行銷服務人員與行銷服務作業標準、訓練預算等）。 6. 服務計畫（銷售前、銷售中與售後服務方式）。 7. 商品計畫（利基市場、目標市場與潛在市場，產品線增減策略方案等）。 8. 收款計畫（貨款回收、客戶徵信、賒銷或現金等）。 9. 其他計畫（包裝、物流、市場調查、行銷費用、行銷研究等）。
二、生產利益計畫	1. 生產線安排計畫（生產線布置、流程設計、擴張與否、廠址／場地選址、設施規劃等）。 2. 生產成本計畫（自製？外包？降低成本／改善品質／提高生產力方法等）。 3. 生產計畫（產能如何規劃、製程如何改良等）。 4. 庫存計畫（倉庫規劃、庫存管理、存量管制等）。 5. 設備計畫（設備自動化、新技術、新設備）。 6. 人力資源計畫（員工招募、訓練與預算等）。 7. 其他計畫（競爭者生產策略比較等）。
三、研究發展利益計畫	1. 研究發展計畫（研究發展目標？產品／技術／設備研究發展等）。 2. 產品發展計畫（新產品發展或既有產品改良）。 3. 技術發展計畫（新技術發展或既有技術改善、工業設計或品質保證等）。 4. 智財權保護計畫（商標、著作權、專利、商業祕密等）。 5. 研發合作計畫（新設備增購、技術合作、授權移轉等）。 6. 人力資源計畫（人力規劃、組織、招募、訓練與預算等）。 7. 其他計畫（競爭者之研發策略、方向、進度等方面的了解，並擬定因應競爭之優勢策略）。
四、人力資源利益計畫	1. 人力資源部門計畫（HR 部門行事曆（含行動計畫表））、升遷與獎金計畫、人員省力計畫、員工招募與異動升遷計畫、管理規則計畫、組織架構計畫、員工福利醫療計畫、教育訓練計畫、縮減人工計畫、安全衛生與環境整理計畫、薪資報酬計畫、激勵獎懲計畫、人力資源部門人員管理與預算、人力資源部門之組織與預算等）。 2. 提高工資計畫（工資率、平均每人工附加價值、平均每人工純利益等）。
五、採購利益計畫	1. 採購部門計畫（自製與外購／外加工之程度與品項、匯率與價格變動因應計畫、經濟採購政策、交期及運交管理計畫、庫存管理計畫、原材料標準化與規格化計畫、倉儲管理效率化計畫、降低材料之採購與倉儲成本計畫、穩定貨源與開發供貨新來源計畫、採購人員管理與訓練計畫、採購部門之組織與預算計畫等）。 2. 競爭對手的採購方針、策略與採購對象。

（續前表）

區　分	計畫內容（含子計畫）
六、產品利益計畫	1. 本公司的產品定位與市場趨勢？現有產品生命週期？ 2. 想進入不同的產品領域時，要如何改良現有產品或加強宣傳推廣？ 3. 現有市場是如何與何時進入？要如何強化產品或包裝設計？
七、財務利益計畫	1. 財務管理部門計畫（資金籌措與運用、資本結構、盈餘分配計畫、危機與風險管理計畫、稅務規劃、匯兌管理計畫、現金供需分析計畫、應收帳款與應付帳款管理、投資方案評估、財務人員管理與訓練預算計畫、財務部門之組織與預算計畫等）。 2. 充實自有資本計畫（壓縮總資產計畫、充實內部保留以產生利益分配計畫、增資計畫等）。
八、其他利益計畫	1. 企業形象與品牌形象提升計畫。 2. 形塑企業文化計畫。 3. 社會責任與公民企業計畫。 4. 敦親睦鄰及參與社區計畫。 5. 糾紛處理（客訴、供應商、勞資、稅務、法務等）計畫。

ᘐ二、經營計畫的目標管理與目標經營之設定

　　於圖 9-1 中，目標的設定方式乃是由上而下制定的，其由企業組織的整體目標開始，然後由上而下依序制定各事業部／部門、單位、個人的目標。基本上企業整體目標在各個事業部／部門負責人階級，乃須分割成事業部／部門主管應達成之目標，然後再將事業部／部門主管的目標分割為其所轄屬的各個單位主管負責達成之目標，再分割為各個員工的工作目標。但是，在同一管理階層裡，原則上是由直線部門到幕僚部門之目標設定原則為：①通常是先將銷售目標決定之後，再決定生產目標；②相互依賴的部門，應先由對達成整體目標影響程度較大者決定，然後再互相調整與修正；③幕僚部門的目標設定乃在於支援與協助直線部門達成目標。

　　目標設定在目標管理過程裡，乃是第一階段的工作，也是最重要的工作。由於經營者的任務乃在於：①提高競爭力與優質經營力（永續經營與發展之道）；②回饋社會（繳納稅金、均衡社會財富、發展經濟、參與社會公益、保護環境生態）；③提高對投資者的分配力（股息、股利、酬勞）；④提高經營者酬勞（董監事酬勞）；⑤員工分紅酬勞與薪酬獎金；⑥如上 1～5 項能達到

充分水準時，則應對需要者／消費者／顧客／參與者給予酬勞（如：減價、回饋、雙重服務等），所以，經營者必須進行目標管理以使得其企業成長。

（一）目標設定之步驟與重點

1. 目標設定的步驟

(1)上級主管的目標與方針之標示：即由上級主管明定目標與方針，然後再轉達給下一級主管，由其循此目標與方針來決定其本身的目標。

(2)目標設定之事前討論與調整：應經由組織縱向體系之主管與部屬討論與調整，同時要制定目標之時應與橫向有關聯的人員進行充分的討論，之後再訂定自己的目標。

(3)目標之設定及登記：經由上述第二步驟之後而訂定自己的目標，並予以登記與轉達給所屬部屬了解（而此目標乃由目標達成者自己設定本身之目標、需要與上一級的目標有關聯性，且必須以重點成果為目標）。

(4)目標之檢查、討論與決定：上級主管應就所屬訂定之目標的內容加以檢查，必要時互為討論，加以修正之後再做最後決定。

(5)目標之整理：各級主管於確立目標時，應就目標體系圖加以檢查所訂定之目標是否合乎整個體系之目標？若有差異時應再循本步驟三～五項依序作檢討修正，而後再正式確立。

2. 目標設定的重點

(1)目標設定必須與上級目標相關聯（也就是循著上級已定之目標與方針加以訂定）。

(2)重點目標的設定不要超過五個以上（以利於自己的重點管理及獲取重大成果為目標）。

(3)選定的重點目標要進行重要性評估（以利從重要性大者開始執行，也有利於事前的達成成果之大小予以表明，以及可幫助事後的評估），如表9-3所示。

(4)目標需要將達成成果予以具體化與定量化。

(5)只要努力應可達成所設定之目標（一般來說，目標訂定要稍高於個人能力所能達到的程度，才算是理想的目標設定原則）。

(6)設定目標要考量到長期與短期目標的均衡（至於重點放在哪裡？乃看企業與部門／單位之重點放在長期目標或短期目標，其對企業影響較大者乃為重點目標）。

(7)目標應該要以最適當的水準為考量依據（即依照輕重緩急依序訂定目標）。

(8)以共同目標來互相連繫（即各事業部間、各部門間均應互相關聯來訂定目標，並由大家共同努力達成）。

(9)目標是要全企業共同努力與互助合作來達成的（各自的目標絕非自己可以達成的，而是由全體部門／單位共同努力才能達成的）。

表 9-3　重點目標之重要性與達成基準表（某公司）

序	重要性	目標項目	達成基準
1	40%	產品整體出貨準時率之提高	增 10%
2	25%	服務件出貨準時率之提高	增 5%
3	20%	減少服務件訂單錯誤率	減 5%
4	10%	減少廠內訂單流程之延誤	減 5%
5	5%	遵守經費預算比率	預算 ±5%

（二）經營計畫之目標設定與預算編製

目標之設定乃為達成經營計畫之控制，其目標乃在於有效配合、運用企業的各種資源，檢討資源之運用狀況以增加利益。而預算係企業以會計方式與貨幣金額表達在一定期間內各部門的方針與目標、資源運用及企業經營政策等相互關係的一種經營計畫。因此，預算控制乃是對預定目標與實際績效所採取的一種管理措施，並以數據化來比較差異與分析原因，以提供企業組織之經營績效考核與提升（劉平文；1993，p.129）。

預算編製乃以企業整體之經營與利益目標，以及各事業處／部門之計畫預算為基礎，預算的編製必須依據經營計畫來進行。而經營計畫與目標可分為短期（通常 1 年以內）、中期（1～3 年或 5 年）、長期（3 年或 5 年以上）計畫與目標。至於預算之編製基本上需要決定其預算期間是為月別預算、季別預

算、半年制預算、一年預算或一年以上的中長期預算。為使企業預算控制能發揮實質的功能，預算之編製首先要確立其預算期間，一般的預算期間大多依照其產品產製週期之長短、季節變動、銷售、融資或長期預測之必要性而決定。預算期間之長短各有其優缺點，乃視企業經營階層的預算編製目的與其企業經營上的需要、利益關係人的要求或法令規章的配合等因素而定。

1. 預算編製與目標設定方針之實例

(1)明年總利潤目標為×××萬元以上。

(2)明年銷售額目標為×××萬元以上。

(3)損益目標為：①總費用增加率＜銷售總額增加率；②固定費用總額增加率＜變動費用總額增加率；③純利益增加率＞費用總額增加率；④純利益增加率＞銷售總額增加率；⑤明年對今年人工費用總額比例為 120%；⑥明年起變動費用率逐年降低 2%；⑦明年營業利益目標為×××萬元以上等。

(4)明年營業收入方針為：①收入總額×××萬元以上；②現金收入總額××萬元以上；③應收票據平均××日（含）以下等。

(5)明年銷售目標為：①總淨銷售額×××萬元以上；②明年市場占有率達 30%（含）以上；③明年銷售數量為×××萬套以上；④明年經銷據點增為 50 家（含）以上；⑤明年客訴件數降到 10 件（含）以下等。

(6)明年成長目標為：①從業員工人數對今年比例為 125%（含）以上；②明年運用總資本對今年比例為 130%（含）以上；③明年銷貨淨額對今年水準為 200%（含）以上；④明年淨附加價值對今年水準為 215%（含）以上；⑤明年純利益對今年水準為 240%（含）以上等。

(7)明年研究發展方針目標為：①研發費用總額××萬元以下；②研發設備器材增購××萬元以下；③研發費用每年投資依銷售淨額 5% 為之；④研發投資目標以自有資金能夠週轉為前提；⑤研發投資利益率要有 20%（含）以上，且投資回收期以 5 年左右為目標等。

(8)明年人力資源方針目標為：①工資占總成本比率在 18%（含）以下；②在職訓練開班 120 班（含）以上，每班以 20～30 人為目標；③員工職業傷害件數在 2 件（含）以下，職災損失在××萬元以下等。

(9)明年生產方針目標為：①生產量維持每月××套以上，不良率維持在××% 以下；②設備稼動率維持在 95%（含）以上；③成品庫存維持在平均每月銷售量的 50%（含）以下；④成本降低 8%（含）以上；⑤原材料與在製品庫存維持在平均每月生產量的 50%（含）以下等。

(10)明年採購方針目標為：①原材料庫存維持在平均每月生產量的 50%（含）以下；②現金採購比例在××%（含）以下；③賒帳採購票期平均在 90 天（含）以下等。

(11)明年設備方針目標為：①設備擴充以提高生產力××%（含）以上；②設備投資總額以×××萬元（含）為上限；③折舊採取法定年限加速攤提方式等。

(12)明年財務方針目標為：①營銷淨收入增加×××萬元以上；②營業支出減少×××萬元以上；③應付帳款壓縮至×××萬元以下；④應付票據平均票期為××天以上；⑤銀行存款餘額平均×××萬元以上等。

(13)明年品質方針目標為：①製程不良率降至×%（含）以下；②客訴案件降至平均每月×件（含）以下；③退貨金額降至××萬元（含）以下；④出貨超額運費降至××萬元（含）以下；⑤品質成本壓縮至××萬元（含）以下等。

2. 預算編製程序（劉平文；1993 年，p.137）

(1)組織預算專案小組，擬訂各類報表，並整理與提供有關資料。

(2)規定企業組織的經營方針、營業目標、利潤目標，並協調各事業部、各部門有關預算作業之進行。

(3)進行人員組織編制。

(4)各事業部／部門將預算彙總到財會部門進行整合，並編製預估損益表與資產負債表。

(5)財會部門將預算草案送交預算專案小組。

(6)預算專案小組審查預算草案，並提出修正與建議事項。

(7)各事業部／部門依據修正與建議事項進行調整概算，再提交預算專案小組。

(8)預算專案小組再審核調整後概算，並確立正式預算。

(9)預算執行中，若因經營策略或市場情勢、競爭因素而需變更預算時，提出修正預算。

(10)逐月分析預算執行狀況，並找出差異／異常原因，擬妥改進與矯正預防措施。

(11)改進與矯正預防措施送交預算專案小組審議，經審議通過後轉交各事業部、各部門確實執行改進作業。

3. 預算編製內容與施行要件

預算編製內容涵蓋本節所列舉的「預算編製與目標設定方針實例」的各項內容。一般而言，企業均應編製一份整體預算（即總預算）以供執行，一份總預算至少應包括：①營業預算（如：銷售預算、銷售費用預算等）；②生產預算（如：生產製造預算、製造成本預算等）；③材料採購預算（如：銷貨成本預算、原物料採購預算、原物料用料預算等）；④財務預算（如：現金收支預算、財務費用預算、管理費用預算、資本支出預算、預估損益表、預估資產負債表、預估資金供需分析表等）；⑤損益預算（如：總費用預算、總固定費用預算、純利益預算、總變動費用預算、營業利益預算等）。

施行預算之時應注意的要件如下：

(1)秉持由命令到合作的關係來推展預算之執行：目標設定與預算編製必須秉持與建立激勵的原則，而這個激勵原則乃基於上級主管對部屬，表示期待達成目標的方向與幅度之「期望原則」，以及部屬主動引發幹勁，帶動創造性思考的「參與原則」，如此才能將預算之命令屬性轉為合作屬性。（如圖 9-2 所示）

圖 9-2 由命令轉變為合作的關係

(2)預算目標的達成管理乃來自於上級的管理與達成者本人的自我管理。所

謂的上級的管理必基於支持的態度、關聯目標的整體性調整、圓融的溝通、自我統御並非放任、權限的委讓等原則；至於達成者本人的自我管理則依自由裁量，由自我管理而自我啟發。

(3)確立健全的目標預算組織，並明確其責任，分工合作推動。

(4)完整的會計資訊之提供與配合，促使預算達到計畫與控制之目的。

(5)執行達成結果的測定與評估，同時成果的評價乃基於由考核到共同評定之激勵原則（如圖 9-3 所示）。而此激勵原則乃是公開的主管與部屬共同評價原則，為公平起見採用絕對評價方式與客觀評價的公平原則，確認事實／互讚成功／互相反省／互相勉勵的共鳴原則。

圖 9-3 由考核到共同評價的關係

第二節　經營計畫預算目標與經營均衡診斷

經由目標設定與預算編製過程，企業組織即可訂定經營計畫，而經營計畫的執行乃為獲得經營利潤，追求企業的永續經營與發展。因此經營計畫是企業營運活動的指導方針，也是企業組織推展目標管理體系的預算目標。一般而言，企業組織的預算目標經營計畫可分為損益目標提高計畫、以利益為中心的銷貨計畫、成長計畫、產品研發與創新計畫、提高人力效率計畫、年度經營計畫等項目。各項預算目標的編製各有其遵守要點，以利所編製的預算具有可行性，易於取得全體員工的支持。當然在施行預算目標經營計畫時的測定與評估，以及各個部門的檢核，對於預算目標達成具有相當重要的影響，因此經營計畫的推進與檢核乃是左右預算目標是否達成的重要關鍵，而這個經營計畫的檢核／評價點，即為經營均衡診斷的意涵。

一、預算目標的經營計畫編製重點

（一）損益目標提高計畫

企業的五大損益（即景氣利益或損失、機會利益或損失、獨占利益或損失、開發利益或損失、經營成果利益或損失）乃是現代化企業常見的損益現象，惟企業應追求具有經營實力象徵的開發利益與經營成果利益。一般來說，銷售利益率降低的原因有：①銷售額擴大或利益擴大，但其毛利率或營業利益率、純利率卻有可能會降低；②激烈競爭導致商品無利益性，使得總純益率降低；③推銷費用肥大會降低營業利益率；④利息肥大會降低純利益率；⑤激烈競爭導致資本回收困難，會導致純利益率降低；⑥總資產肥大使利益更為降低。

1. 損益提高計畫要點：①緊縮總資產，制定總資產緊縮計畫的明細規定，例如：加強回收應收帳款、縮短應付帳款期日、緊縮庫存、整理雜項資產（如：暫付款）、處分閒置固定資產或予以再利用、有效運用固定性存款等；②重視資產與資本計畫；③以國際性水準作為公正競爭之目標；④加強提高資本效益；⑤將以損益表為中心追求利益之作法，修正為以資產或資本高效率經營為目標之作法，也就是促進以資產負債表為中心的經營計畫；⑥將以銷貨額為中心之長期計畫，調整為以資本計畫為中心之長期計畫。

2. 資本週轉率提高計畫要點：①大型企業要有一年一次以上的資本週轉率、中小型企業的資本週轉率則應一年二次以上；②有成長發展希望的大型企業宜一年二次以上，而有成長發展希望的中小型企業應一年三次以上為宜。

3. 總資本利益率或自有資本利益率計畫要點：①應重視企業總資產純利益率，並使之提高到借貸款利率水準之上；②EPS 也為衡量自有資本利益率之指標，而 EPS 應以在同業水準之上為目標。

（二）以人員為中心之利益計畫

1. 每一位從業員工能夠創造多少利益？則應促進利益目標為每位人工費用的50% 以上為必要，而一個高度成長的企業則應以每位人工費用的 100% 以上為目標。

2. 平均每一位從業員工附加價值對純利益分配率（＝稅前純利益 ÷ 附加價值額 × 100）應該逐年遞增為目標。

3. 企業組織必須以人員計畫為基礎來推動營運活動，也就是應該訂定每位員工的純利益目標，同時應逐年遞增為目標。

（三）以利益分配為中心之利益計畫

利益分配為中心的利益計畫之簡易計算公式為：

$$利益計畫額 = \frac{股息（已繳資本）× 分配率 ＋ 董監事酬勞 ＋ 內部保留（公積）}{(100 - 25)\%（備繳所得稅）}$$

※台灣於 2010 年 4 月 16 日由立法院三讀通過的《產業創新條例》將營利事業所得稅率降低至 17%，未來《所得稅法》將會配合修改營所稅率由 25% 降低到 17%。

上述計算公式計算出來的利益計畫額，乃為對經營者的分配額，以及對員工分紅之分配額，這是經營計畫中應予以考量者。（如表 9-4 所示）

表 9-4 某 A 公司長期利益計畫表（以利益分配為中心）

項目 ＼ 年度	200X + 1	200X + 2	200X + 3
①股息計畫			
②董監事酬勞計畫			
③法定公積計畫			
④自由公積計畫			
⑤償債計畫			
⑥增購設備計畫			
⑦增加營運資金計畫			
⑧稅後利益計畫			
⑨備繳所得稅計畫			
⑩稅前計畫			

⑧ ＝ ① ＋ ② ＋ ③ ＋ ④ ＋ ⑤ ＋ ⑥ ＋ ⑦

（四）以總資本利益率為中心之利益計畫

以總資本利益率為中心之利益計畫，乃是從股票價位或股份投資側面作為衡量自有資本純利益率的重要尺度。一般而言，企業組織應該要使之提高（至少應在現行利率以上的水準），才能提高總資本之效率，也就是必須針對各項資產加以嚴格控制，以達總資產緊縮之目的。至於總資本之計畫應如何建立？則以（應行計畫之總資本額＝目前總資本額－總資產壓縮目標額＋預計總資本增加額）為之。

（五）以損益平衡點為中心之型態改進計畫

1. 損益平衡點與經營安全率之計算方法

(1)彙總該期間內的變動費用

(2)彙總該期間內的固定費用

(3)求變動費用比率＝該期間內之（變動費用÷銷貨收入）

(4)求損益平衡點＝該期間內之〔固定費用÷（1－變動費用率）〕

(5)求經營安全比率＝$100 - \left[\dfrac{該期間之損益平衡點}{該期間之銷貨收入} \times 100 \right]$

2. 損益平衡點位置之計算與安全尺度（如表 9-5 所示）

損益平衡點位置（或損益平衡點比率）＝損益平衡點銷貨收入÷銷貨收入×100

表 9-5 損益平衡點比率的安全尺度

①60% 以下	超安泰
②60%～80%	安泰
③80%～90%	要注意
④90% 以上	危險
⑤負數（100% 以上）	瀕死

3. 經營安全比率之計算與判斷基準（如表 9-6 所示）

經營安全比率＝1－損益平衡點比率

表 9-6　依據經營安全比率的判斷基準

經營安全比率	判斷	應採取對策
40% 以上	超安泰	有需要時可作設備投資，謀求長期性營業額的增大。
21～39%	安泰	經營安全，應致力於新商品／服務／活動之開發，以促進銷售。
16～20%	健全	努力銷售，同時為減低成本應研討出具體方案，也應追求合理使用經費。
10～15%	要注意	絕對需要促銷，也需要經營的全面性合理化，考量投入有成長性的領域。
9% 以下	危險	灌注全部力量行銷於可賺錢的商品／服務／活動之領域，並考量人員的削減以及處分閒置資產，並縮小經營規模。

（資料來源：陳文光譯（1988），長澤良哉著，《經營分析、利益計畫與經營決策──損益平衡點活用法》（第一版），台北市：臺華工商圖書公司，p.37）

4. 主要的損益平衡點型態及其改進要點（如表 9-7 所示）

表 9-7　損益平衡點型態及改進對策

損益平衡點型態	改進對策
中固定費低變動費用型	積極推銷政策與省力化，使投資效率提高。
中固定費高變動費用型	對商品及業種進行改造或轉型，將重點位置放在高限界利益率之商品，並重新編製經營計畫。
高固定中變動費用型	採設備與人力活用／活化政策，施行預算統制或優點制度。
高固定費低變動費用型	積極採取擴大產銷政策。
低固定費低變動費用型	乃無瑕疵之理想企業型態，宜採全面擴大產銷政策。

（六）以利益為中心的銷售計畫

以利益為中心的銷售計畫可分為銷售預算方面、銷售費用預算方面、廣告宣傳費用預算方面等三大類別。

1. 銷售預算方面

銷售計畫的預算目標包括：產品別、行銷人員別、行銷區域別等種類。各項銷售預算均應蒐集完整資料以為編製預算目標之基礎，這些資料包括：過去到現在的產品別／區域別／人員別銷售實績、競爭同業的銷售實績、市場消費／購買／參與趨勢與預估需求量、經濟環境指標、以往銷售活動分析與市場調查之結果預測、本公司與競爭同業之行銷策略績效、生產力與產製能量等方面。而在編製之時宜考量到價格定位、產品組合策略、區域別政策、顧客政

策、配銷通路策略、行銷人員激勵策略等策略方案。

以利益為中心之銷售計畫方法主要有如下幾種。（如表 9-8 所示）

表 9-8 以利益為中心之銷售計畫的編製方法

方法別	計算公式
損益平衡點法	$$必要的銷貨收入 = \frac{目標固定費用 + 目標利益}{1 - 變動費用比率}$$
總資本週轉法	$$必要的銷貨收入 = 目標總資本 \times 總資本週轉目標$$
附加價值法	$$必要的銷貨收入 = \frac{從業員每人一年附加價值目標 \times 從業員數目標}{（公司整體）附加價值目標}$$
毛利率法	$$必要的銷貨收入 = \frac{純利益目標 + 當期營業外收支淨額 + 目標管理銷售費用}{毛利益率目標}$$
銷貨純益率法	$$必要的銷貨收入 = \frac{純利益目標}{銷貨純利益率目標}$$

2. 銷售費用預算方面

銷售費用預算應考量到：①由於銷售費用與銷售額的高度相關性故應一併考量；②以往銷售費用分析，再依產品別、顧客別、區域別、通路別予以預估等因素。

3. 廣告宣傳費用預算方面

應考量企業的廣告宣傳政策（如：銷售額的一定比率、競爭同業的廣告宣傳費、限額內之廣告宣傳費、個別產品銷售目標、產品各生命週期之廣告宣傳費等）。

（七）成長計畫

成長計畫著眼點與計畫項目有：人員計畫、總資本計畫、銷售額計畫、附加價值計畫、純利益計畫、自有資本計畫、生產製造計畫（生產預算、製造費用預算、製造成本降低計畫、製造成本計畫）、採購及庫存預算、銷管費用預算、資金預算、損益預算等方面之預算編制。

1. 長期成長計畫表

長期成長計畫表乃依據預算目標增加率作為各項經營計畫項目之預算編製基礎。（如表 9-9 所示）

表 9-9　長期成長計畫表

計畫項目 ＼ 年度	200X 年		200X＋1 年		200X＋2 年	
	目標	增加率	目標	增加率	目標	增加率
1　人員數目（人）						
2　流動資產（NT$萬）						
3　固定資產（NT$萬）						
4　總資本（NT$萬）						
5　銷貨額（NT$萬）						
6　附加價值（NT$萬）						
7　純利益（NT$萬）						
8　純利益率（%）						
9　自有資本（NT$萬）						

備註　為達成成長計畫之要點有：經營能力、開發能力、情報管理能力、市場行銷能力、人才培育能力、組織運用能力、技術能力與品質能力等。

2.損益平衡點之投資效率比較表（如表 9-10 所示）

表 9-10　損益平衡點之投資效率比較表

項　目 ＼ 摘　要	過去三年平均實績	設備完成後之計畫					
		生產率50% 時	生產率60% 時	生產率70% 時	生產率80% 時	生產率90% 時	生產率100% 時
1　純利益率目標（由總資本估計）							
2　變動費用比率（③÷⑦ × 100）							
3　變動費用額（由設備投資估計）							
4　限界利益率（100 －②）							
5　限界利益額（⑦ × ④）							
6　經費用額（⑦ － ① ＝③＋⑪）							
7　銷貨收入目標（由總資本估計）							
8　損益平衡點（⑪ ÷④）							

（續前表）

項　　目	摘　要　過去三年平均實績	設備完成後之計畫					
		生產率50%時	生產率60%時	生產率70%時	生產率80%時	生產率90%時	生產率100%時
9　損益平衡點生產額（⑦÷⑧）							
10　銷貨純益率（①÷⑦×100）							
11　固定費用額（由設備投資估計）							
備註							

3. 提高資本效率計畫（如表 9-11 所示）

表 9-11　提高資本效率計畫表

序	資本效率名稱	計算公式		計畫要點	
				中小企業	大型企業
1	總資本效率	$\dfrac{附加價值額}{總資本額} \times 100$	中短期	60% 以上	30% 以上
			長期	100% 以上	50% 以上
2	運用資產效率	（附加價值額 ÷ 流動資產額）× 100		120% 以上	100% 以上
3	固定資產效率	（附加價值額 ÷ 固定資產額）× 100		100% 以上	100% 以上
4	折舊對設備投資比率	（年折舊額 ÷ 年設備投資額）× 100		150% 以上	150% 以上
5	設備投資效率	$\dfrac{附加價值額}{有形固定資產 － 土地建物帳戶額} \times 100$		100% 以上	100% 以上

4. 長期安定化計畫設定（如表 9-12 所示）

表 9-12　長期安定化計畫表

序	項　目	計算公式	200X 年	200X + 1 年	200X + 2 年
1	自有資本力	計畫總資本 × 計畫自有資本比率			
2	借款依存度	計畫總資本 × 計畫借款依存率			
3	存借率	單名借款＋折扣／固定性存款			
4	利息負擔	計畫總資本 × 計畫總資本利息負擔率			

（續前表）

序	項　目	計算公式	200X 年	200X＋1 年	200X＋2 年
5	應收帳款滯留日數	平均每月應收帳款 ÷ 平均每月銷貨額			
6	製成品滯留日數	平均每月製成品庫存額 ÷ 平均每月銷貨額			
7	製成品材料費率	製成品完成額 ÷ 投入材料額 × 100			
8	出勤率	實際出勤日數人員 ÷ 應出勤日數人員 × 100			
9	製成品革新力	全部銷貨額計畫 × 新製成品比率			
10	支付能力	（可供支付之現金 ＋ 存款 ＋ 期票）÷ 應付債務			
11	從業人員定著率	人員計畫 × 計畫定著率			
12	人事費消蝕能力	總人事費用 ÷ 附加價值額 × 100			

5. 長期生產性提高計畫

　　長期生產性提高計畫可分為：①利益效率（包括：從業員工平均每人每年純利益額、已繳資本金對內部盈餘倍率、附加價值純利益率等）；②人力效率（包括：從業員工每人每年銷貨收入額、附加價值額、支付人工費用等，以及人工費用分配率、人工設備率等）；③資本效率（包括：總資本效率、運用資產效率、固定資產效率、折舊對設備投資比率、設備投資效率等）；④銷貨效率（包括：附加價值率、限界利益率、商品週轉率等）；⑤其他效率（如：物品效率、金錢效率、情報效率、時間效率、空間效率等）。而長期生產性計畫的提高目標，乃須設定各效率的目標與增加率，以為執行的依據。

（八）產品研發與創新計畫

　　產品研發與創新計畫應檢討項目涵蓋：新材料／零件計畫、新產品組合計畫、新需要計畫、新用途計畫、改良計畫、新成本計畫、新價格計畫、廢棄計畫、新設備計畫、新設計計畫、新包裝計畫、新復甦計畫、新品質計畫、新裝配計畫、新技術計畫、新知識計畫、新產品計畫、新合作計畫、新模仿計畫、

新加工計畫、新轉用計畫等多項。而產品研發與創新計畫項目必須設定目標，在執行之前，應針對計畫項目進行評價與檢核，以利選擇合適的計畫項目來執行。

（九）提高人力效率計畫

提高人力效率計畫的要點有：①從業員工平均每人每年銷貨額（＝一年銷貨收入額 ÷ 平均從業員工人數）；②從業員工平均每人每年附加價額（＝〔銷貨額－（材料費＋代工費＋修繕費＋折舊費＋保驗費）〕÷ 平均從業員工人數）；③從業員工平均每人每年給付人工費用 （＝（工資、薪資＋獎金津貼＋福利金＋勞保費＋健保費＋勞工退休金額）÷ 平均從業員工人數）；④附加價值中人工分配率（＝一年內總人工費用額 ÷ 一年附加價值總額 × 100）；⑤人工設備率（＝有形固定資產總額 ÷ 平均從業員工人數）等。

以人力資源計畫之人才計畫方法，係依人力效率為中心而設定企業組織總從業員工人數的定員計畫（如表 9-13 所示），其他的定員計畫方法尚有以實績為基本的定員計畫法、以職種所需能力為基本的定員計畫法及採少數人員之全員精兵主義的定員計畫法等。

表 9-13　以人力效率為中心的定員計畫表

序	項　目	200X 年	200X＋1 年	200X＋2 年	200X＋3 年
1	稅前純利益目標				
2	銷貨收入額目標				
3	附加價值額目標				
4	每人一年純利益目標				
5	每人一年銷貨收入額目標				
6	每人一年附加價值額目標				
7	純利益效率為中心的定員計畫 （＝①÷④）				
8	銷貨效率為中心的定員計畫 （＝②÷⑤）				
9	附加價值為中心的定員計畫 （＝③÷⑥）				

✎ 二、經營計畫預算目標與經營均衡診斷

經營計畫與其各個計畫項目之預算目標既經設定／編製完成，即應予以公布實施，雖然有人說要想將經營計畫予以全部暴露是不可能的，因為經營計畫中有許多是企業組織之機密，所以在公布之時盡可能以不觸及機密之計畫為原則，而宜以要點簡單公布方式為之。例如：①某些不宜公開的計畫有：開發計畫、廣告宣傳與促銷計畫、新產品行銷上市計畫、設備投資計畫、合併或併購計畫等；②某些則是可以公開發表的，如：直接影響於員工本身及人事或勞務關係之計畫；③而為改造企業不得不實施之轉型或重建計畫、為提高生產性計畫、為提高品質效率等計畫，則為尋求員工的理解與支持，故應予以公開發表。

而在進行經營計畫與預算目標的過程中，應該要針對計畫項目進行評價、檢核與診斷，其目的乃為激勵員工努力執行計畫項目，以及在推進過程中將有關的瓶頸與差異點予以發掘出來，超過目標時應及時給予員工激勵獎賞，而未達成目標部分則及早謀求改進與矯正預防措施，使目標得以順利達成。

（一）經營部門的診斷重點

1. **成長力的檢核點**：有沒有超過總成本、總人員、總資本增加率以上的附加價值、純利益、保留盈餘之增加率？

2. **收益力的檢核點**：有沒有達成總資本純益率、總資本週轉數、銷貨純利益率、銷貨毛利益率之目標？

3. **生產性的檢核點**：①原單位的原料、工時、經費等目標是否達成？②平均每位員工之生產額、純利益、附加價值是否達成？③成本構成目標或比率目標是否達成？④直接費用與間接費用之比率目標是否達成？

4. **合理性的檢核點**：有沒有達成附加價值率、原材料費占銷售額之比率、限界利益率、損益平衡點、固定費用控制在計畫之內等目標？

（二）生產部門的診斷重點

1. **研究開發與資材管理的檢核點**：①有沒有達成供貨給顧客、價格、付款條件、材質、材料週轉率之目標？②各項開發主題目標有否達成？

2. 作業與工程管理的檢核點：有沒有達成平均每位員工應當生產數量與金額、每部機械生產金額與約當數量、平均每位員工每一個小時的應當附加價值、設備稼動率、生產效率、品質效率、時間效率等目標？

3. 成品管理的檢核點：成品週轉率是否達成目標？檢查不合格品是否妥善管理與採取矯正預防措施？交貨準時率是否達成目標？

4. 設備管理的檢核點：設備效率目標是否達成？保養維護計畫之預防保養進度是否達成？設備故障停工時間是否壓縮在目標值之內？折舊費對人工費比率之目標是否達成？設備維修費用是否壓縮在目標之內？

5. 成本管理的檢核點：①有沒有達成各項成本科目之比率目標？②原材料、在製品、製成品之庫存量是否控制在計畫之內？③委外加工比率目標是否達成？

（三）行銷部門的診斷重點

1. 商品別行銷效率的檢核點：①有沒有達成各項商品別的銷貨附加價值率或限界利益率？②有沒有達成各項商品別的銷貨毛利率？③有沒有達成各項商品別的商品週轉率？④有沒有達成各項商品別之限界利益構成目標？

2. 部門別行銷效率的檢核點：有沒有達成部門別的毛利率、限界利益率、帳款回收率等目標？

3. 行銷效率的檢核點：①有沒有達成行銷服務人員平均每人應當的銷貨額、限界利益等目標？②有沒有將不良債權控制在可容許之範圍內？③折扣比率是否有控制在目標之內？④取消訂單額占總銷貨額比率是否控制在目標之內？⑤折讓比率是否控制在目標之內？

（四）財務部門的診斷重點

1. 資產管理的檢核點：①固定資產之構成目標是否達成？②固定資產有無包括負數的資產？③固定資產達成率目標有否達成？④存貨是否過多或過少？⑤平均應收票據期限有無縮短？⑥應收帳款之滯留日數有否縮短？⑦有無提高流動比率？⑧有否達成存借率目標？

2. 資本管理的檢核點：①有否達成總資本之目標？②有無達成利息支出及貼現利息占總資本比率目標？③有無提高自有資本占總資本比率？

3. 損益管理的檢核點：①有無達成損益之構成目標？②主要成本占總銷貨之比率有無達成目標？

4. 利益分配的檢核點：①有沒有照配息、獎金、保留盈餘、盈餘滾存之計畫執行？②保留盈餘總額是否已達法令規定強制分配之限額？

5. 稅捐處理的檢核點：①折舊費提列是否依一定限度充分攤提？②各項準備金有無依一定限度充分提存？③不良資產是否予以處理（如：出售、計入虧損報廢等）？

（五）人力資源部門的診斷重點

1. 工資管理的檢核點：①薪資與獎金制度是否讓員工充分了解與支持？②與同地區、業種、規模與員工人口變數（如：年齡、性別、學歷、經歷等）之企業相比較時，薪工資水準是否在水準之上？③平均每位員工的人工費用與目標比較如何？④附加價值中的人工費分配比率是否合宜？⑤平均每位員工之附加價值目標有否達成？

2. 人力資源開發的檢核點：①所需求之人力是否有充分提供？②人員出勤率是否達成目標？③人員流動率有無惡化？④與同區域、業種、規模之企業相比較，士氣有無比他家企業來得高？⑤定著率如何？

3. 福利管理的檢核點：①平均每位員工應當之福利費有否達成計畫目標？②福利設施設備之利用率為何？（有在目標水準之上？）③福利費占附加價值比率有否達成目標？④人工費對福利費比率有無達到計畫目標？⑤福利活動的員工參與水準有否達成計畫目標？

三、損益平衡點的應用

（一）損益平衡點的基本公式

1. 銷售量的損益平衡點

固定成本 ÷ （銷售價格 － 變動成本 ÷ 銷售數量）

2. 銷貨收入的損益平衡點

固定成本 ÷（1－變動成本 ÷ 銷貨收入）

（二）固定成本變動時的損益平衡點之計算公式

1. 銷售量的損益平衡點

（固定成本 ± 變動額）÷（銷售價格 － 變動成本 ÷ 銷售數量）

2. 銷貨收入的損益平衡點

（固定成本 ± 變動額）÷（1－變動成本 ÷ 銷貨收入）

（三）變動成本比率升降時的損益平衡點之計算公式

1. 銷售量的損益平衡點

固定成本 ÷〔銷售價格 －（變動成本 ÷ 銷售數量）×（1＋升高% 或－降低%）〕

2. 銷貨收入的損益平衡點

固定成本 ÷〔1－（變動成本 ÷ 銷貨收入）×（1＋升高% 或－降低%）〕

（四）售價調整時損益平衡點之計算公式

1. 銷售量的損益平衡點

固定成本 ÷〔銷售價格 ×（1＋加價% 或－降價%）－變動成本 ÷ 銷售數量〕

2. 銷貨收入的損益平衡點

固定成本 ÷〔1－（變動成本 ÷ 銷貨收入）×（1＋加價% 或 －降價%）〕

（五）為達到某個盈利目標的營業數量或營業額計算公式

1. 銷售數量的計算

（固定成本＋盈利目標金額）÷〔銷售價格－（變動成本 ÷ 銷售數量）〕

2. 銷貨收入的計算

（固定成本＋盈利目標金額）÷〔1－（變動成本 ÷ 銷貨收入）〕

CHAPTER 10

企業功能查核與管理診斷

企業功能涵蓋了生產與作業、行銷、人力資源、研究發展、財務等五大類,雖其中存有差異功能,惟其彼此之間乃是互有連結與相互配合之需要與關係。企業經營體質要想健全與向上提升,就有必要針對此五大類別功能進行全面性的診斷,找出其問題點加以分析與確立改進對策,如此才能真正地達到向上提升經營體質與目標之達成。惟企業的各類功能必需相互配合與結合成一體,發揮出相輔相成之功效,並與企業的整體策略、組織管理、經營利益計畫與預算管理相互為用,以達成永續發展之目標。

企業管理功能大致上可分為「生產與服務作業、行銷管理、人力資源管理、研究發展、財務管理等方面。在此五大類別之中的各個項目之管理功能各有不同,但是這些管理功能存在著互相影響之因子,並不盡然是各自獨立的。基本上,企業組織想要使其經營體質健康、達成短中長期經營目標,就必須將此等功能的妥善配合、相互依賴與均衡互惠為一個整體性的系統功能,則該企業要追求永續經營之目標將可實現。所以,我們有必要針對企業組織進行系統性與全面性的查核與診斷,除了前面幾個章節所說明之診斷外,尚應針對企業組織的各項管理功能予以查核與診斷,如此才易於深入問題核心、抓住關鍵問題點,並提出改進對策,供企業組織進行企業再造、流程再造、創新策略之依循。

🔅 第一節 企業生產管理功能查核與診斷重點

生產與服務作業管理是大學企管系、工管系、工業工程系等科系的必修學分。乃因生產與服務作業管理之層面與管理功能面向應包括生產系統設計、生產規劃、生產控制等內容與範圍。而生產與服務作業管理乃為處理生產與服務作業過程的一連串決策，任何生產與服務作業型態均需從資源的投入（資源應包括：原材料／零組件／成品／消費品、人力資源、設備與環境資源、時間資源、資訊資源、財務資金資源等），並經由企業內部的生產與服務過程之轉化，而後才能得到如預期的產出。

至於上述所稱的三種生產與服務作業管理範圍，則簡單介紹如下：①生產系統設計（指：產品設計、生產流程與程序設計、立地／廠址選擇、設施設備規劃與購置安裝、員工選擇、場地／廠房／設施規劃、工作方法設計、工作衡量與控制設計等）；②生產規劃（指：需求預測、產能規劃、生產計畫、製造資源計畫、作業排程進度／導覽解說流程等）；③生產控制（指：存貨管制、採購政策、物料需求計畫、品質計畫與管理、成本計畫與管理、物料與倉儲管理等）。

依據經濟部中小企業處編印之《中小企業經營管理實務——自我檢核手冊》（1987），以及筆者從事企業診斷多年經驗，並參考劉平文（1993）、陳澤義與陳啟斌（2006）、胡伯潛（2004）的論點，予以整理如下所列之各項診斷重點：

🖎 一、廠房／場地布置方面的診斷

（一）廠房／場地的設施規劃之查核

1. 選擇廠房／場地時有否考量到周邊環境？
2. 廠房／場地之用地是否足夠現在需求？又三、五年之後會如何？
3. 廠房／場地之建坪面積在現階段是否足夠？又三、五年之後會如何？
4. 設施設備是否符合現在的需求？又三、五年之後會如何？
5. 依目前接單或銷售計畫之產能水準，人員是否足夠？

6. 是否有做過銷售預測？若有，是否藉由銷售預測做生產計畫？

7. 廠房／場地內的生產或服務作業路徑是否最佳（短、安全）？

8. 是否有充分利用空間？

9. 廠房／設施之燈光、空調、停車設施等方面有何特殊要求？

10. 員工在廠房／設施內部作業時是否安全？

11. 生產與服務作業過程是否順暢？

12. 在廠房／場地內部有無浪費在搬運空氣之狀況？

13. 若要進行重新布置／規劃時，是否易於進行？可否不需太多的人力、物力與財力的投入？

（二）對產品方面之查核

1. 是否有進行生產方式的研究（如：訂單生產、計畫生產、混合生產）？

2. 是否有進行生產種類的研究（如：單一產品、多種產品）？

3. 是否有進行產品產量的研究（如：設備最大產能、倉庫容積）？

4. 是否有進行市場調查或行銷研究，以了解市場／顧客需求？

5. 是否有進行產品結構分析（如：低成本、高功能、複雜度、品質）？

6. 是否有進行產品性能分析（如：替換性、互補性、品質）？

7. 是否有進行產品對環境衝擊分析（如：可回收、不可回收）？

8. 是否有制定妥善的生產計畫？

9. 對製造工程與服務提供的作業流程有無進行適切的管理？

10. 對檢查有無進行適切的實施計畫？

11. 對工程與流程的變更有否進行適切的會議討論與共識？

12. 有無進行愚巧化／防呆措施，並進行適當的對應？

13. 對不良品有無進行適切的管理？

14. 對產品成本有無進行適切的管理？

15. 對交期、庫存、前置時間等有無進行適切的管理？

（三）對設施設備方面之查核

1. 對於生產與服務作業所需要設施設備是否已準備就緒？

2. 對於設施設備之性能是否查核？是否符合需求？

3. 對於維護環境有關之設施設備是否已妥善規劃與運作？

4. 對於維護勞工作業安全之設施設備是否已妥善規劃與運作？

5. 對於設施設備之維護保養與預防保養是否妥善規劃與運作？

6. 對於設施設備之流程設計是否考量到低成本與高績效元素？流程動線規劃是否流暢？

7. 對於員工有否對作業安全與作業效率方面的教育訓練進行規劃與實施？

（四）對物料方面之查核

1. 對於產品的組合是否已設定完整的材料表（BOM 表）？

2. 對於產製過程是否已設定完合理的材料表（BOM 表）？

3. 對於倉庫管理是否已建立好儲區規劃與存量管制？

4. 對於原物料之盤點與請購是否已有一套制度可供執行？

5. 對於原物料的領發料作業是否已有一套制度可供執行？

6. 對於供應商送貨點收與驗收作業是否已有一套制度／SIP 可供執行？

7. 對於原物料、半成品、成品庫存環境（如：溫度、溼度等）是否已有 SOP 與 SIP 可供執行？

（五）對實體環境方面之查核

1. 對於廠房／場地的基礎與結構是否有配合作業需要？

2. 對於廠房／場地的維護保養是否有落實執行？

3. 對於廠房／場地內有無規劃員工休閒遊憩空間？

4. 空氣是否流通？照明是否良好？顏色有無特殊考量？

5. 廠房／場地之布置與規劃有無配合運輸上的需要？

二、產品分析方面的診斷

1. 各項產品是否經由銷售預測來評估其銷售潛力？

2. 各項產品是否有智慧財產權方面的糾紛？若有，解決了嗎？

3. 企業本身的環境／資源分析結果，是否有生產或提供各種產品之能力？

4. 是否有估算過進行生產／提供各項產品所需的投資？

5. 產品價格制定時，是否有考量到投資報酬率？

6. 現有產品的生命週期為何？還有沒有市場機會？

7. 各項產品品質是否與價格、用途相匹配？

8. 是否針對各項產品進行過成本分析？

9. 每一項產品的毛利益率多少？

10. 每一項產品的銷售量是否做過預測？

11. 各項產品的定價是否與目標顧客之購買能力相匹配？

三、製造作業與計畫方面的診斷

1. 是否制定生產製造與服務作業程序書、作業標準與表單圖紙以供執行？

2. 是否制定生產排程進度表以供執行生產與服務作業？

3. 是否制定各過程的製程 BOM 表以供領發料？

4. 是否事先準備模具、治具與工具，以配合生產計畫之執行？

5. 正式生產製造／服務作業之前是否有工令／工單或連絡單通知？

6. 生產計畫是否有彈性，以因應緊急插單或撤單之需要？

7. 各生產與服務作業過程是否建立好有做過加工／作業方法研究？製造過程分析？設備匹配度分析？員工熟練度分析？

8. 產品的生產製造／服務作業時間是否經過妥適衡量？

9. 存貨數量是否進行過確實的盤點？

四、製造標準及相關資料方面的診斷

1. 是否建立好材料標準（包括產品製造材料及工具製造材料）？

2. 是否制定好各個工作過程的標準工時（包括機器作業時間、人工作業時間、準備時間）？

3. 是否針對各項過程均建立好 SOP 與 SIP（包括：程序、方法、使用工具、責任人等在內）？

4. 是否制定好製造資源計畫的各項標準（包括：設備與廠房編號、成本科目編制與編號、工作類別編號、生產日期與編號等）？

5. 是否制定計畫資料（包括：單位成本、機器性能表、材料單位、計畫人員手

冊等）？

❧ 五、生產預測方面的診斷

1. 生產預測的範圍與時間是否合宜？

2. 生產預測的目的與用途是否明確？

3. 生產預測的誤差與準確性是否合宜？

4. 生產預測的銷售／市場因素是否依照產品別制定？

5. 進行生產預測之時，是否考慮並設定無法預測的內部與外部因素？

6. 進行生產預測之結果，是否配合生產計畫的工作？

7. 有沒有進行過市場調查或行銷研究？

❧ 六、製程規劃方面的診斷

1. 是否經過審慎研究之後再制定生產製造／服務作業程序書與作業標準書以供依循？

2. 現有的設施設備是否足供生產製造／服務作業所需？其成本是否合理？

3. 產品的生產製造／服務提供作業的標準工時與效率目標，是否有在安排排程之時充分考量？

4. 有沒有經過生產製造／服務提供作業之各個過程予以分析？

5. 各過程的責任員工對公司的組織政策與工作目標，以及對 SOP 與 SIP 的認知與執行程度如何？

6. 各過程的生產製造／服務作業是否已走向標準化？

7. 在現有設施設備發生故障時，有沒有替代／補充方案可供執行？

❧ 七、生產排程方面的診斷

1. 是否曾經做過銷售預測？進行過市場調查或行銷研究？

2. 是否對顧客訂單與需求進行過研究？

3. 是否隨時可掌握住庫存（原材料、半成品、成品）數量資訊？

4. 是否依照生產進度排程進行生產製造／服務提供作業？

5. 是否定期向經銷商、批發商與零售商的庫存做查檢？

6. 是否依照生產進度排程安排各工作流程之開工與完工時間，同時應在設施設備與人員可負荷的狀況進行？

7. 是否考量到安全存量、經濟生產批量的因素？

8. 是否了解各個作業過程的最大產能與目標／理想產能，以免發生設備超負荷，員工缺勤或掛病號之現象？

9. 是否了解到有可能的替代且價廉的原材料？或是其他的低成本高績效之設施設備與技術？

⇘ 八、生產控制方面的診斷

（一）業務部門之查核

1. 業務部門是否能快速的掌握住生產製造／服務提供作業之產能？

2. 業務部門是否為追求績效，以致承接過多的訂單？或是與現有產品沒有關聯性的產品開發訂單？

3. 業務部門是否接受緊急插單？是否接受顧客撤單？

4. 業務部門在受理訂單之後，是否頻頻接受設計變更與訂單數量變更？

5. 業務部門是否常要求生產製造／服務提供部門進行緊急趕工加班以應付顧客之訂單變更？

6. 是否可以建議公司利用委外加工以消化顧客之緊急訂單？

7. 製造途程安排是否有某比率的時間彈性？

（二）設計部門之查核

1. 是否制定有新產品開發進度表，並依照進度執行？

2. 是否制定有產品或零件之製造途程表？

3. 是否設計出來的原材料與零組件在採購、外加工上有發生過無法如設計圖面之要求？

4. 是否同一個顧客或同業種顧客訂單之系列產品（包含自己公司的各項產品系列在內）的產品設計應該盡可能予以標準化，以利自己公司產品標準化，且

可降低加工成本？

5. 設計部門在設計過程中是否常發生設計變更？設計好的上市產品是否也常發生設計變更（自己公司要求與顧客要求）？

（三）生產部門之查核

1. 生產部門員工的生產製造／服務提供作業之技術是否精良？且高效率低不良品？品質穩定？

2. 員工工作士氣如何？員工工作情緒是否奮發與維持高效率？

3. 員工遲到、早退與缺勤比率是否正常？流動率又如何？

4. 是否有安排製造途程？製造日程安排是否順利？

5. 是否如期、如數、如質地完成生產製造／服務提供作業？

九、品質管理方面的診斷

（一）品質管理的組織與營運之查核

1. 是否已建立品質管理系統（QMS）與品質管理體系圖？

2. 品質管理部門是否有效率與效能的發揮功能？

3. 有關品質會議是否有發揮功能？

4. 品質報告書、品質稽核、重大品質異常登記與改進活動等品質管理活動，是否具有效果的發揮？

5. 有沒有適切的對應產品之責任歸屬與矯正預防體系？

（二）有關企劃、開發、設計的品質管理之查核

1. 對於研究發展與開發創新產品／服務／活動方面是否有適切的管理？

2. 有沒有適切地掌握顧客的需求與期望、要求？

3. 有沒有為了導入新產品／服務／活動而有妥善的計畫，以決定開發進度排程？並經由主管核准予以確立？

4. 行銷部門的顧客滿意度調查活動，是否與新產品／服務／活動開發之間形成有效果的活動？

5. 有沒有適切地進行產品／服務／活動之概念設計、系統設計？

6. 有沒有適切地制定式樣、產品／服務／活動式樣，且可因應需要而作適當的變更？

7. 有沒有進行有效的設計審查、查證、確認活動？

8. 對於產品／服務／活動的產品生命週期有沒有進行對應？以及考量到產品使用、服務、製造等環境？

9. 有沒有進行適當的工程管理計畫、治具工具、作業標準、技能訓練等生產準備？

（三）銷售、服務的品質管理之查核

1. 有沒有對市場特性與要求有所了解？

2. 有沒有正確地把握市場的需求與期望？

3. 有沒有將行銷與服務等情報回饋到商品／服務／活動之企劃與設計開發活動上，以供參考？

4. 有沒有制定與營業有關的品質方針與品質計畫？

5. 行銷服務人員是否具備有商品／服務／活動之知識？

6. 有沒有確立行銷管理途程／標準與行銷管理作業程序？

7. 有沒有建立適切的實施客訴抱怨處理作業程序／標準？

8. 有沒有把握到顧客之潛在需求？而顧客喜出望外的需求與期望又如何？

9. 對於實施售後服務與技術支援是否制定了 SOP 與 SIP？

第二節　企業行銷管理功能查核與診斷重點

　　企業組織為求能夠健全並有效地發揮行銷力量，就應該要做好行銷管理程序的每一個階段與步驟。當然在執行行銷活動之時，也應適時適切地針對行銷管理之程序與過程進行查核與診斷，以利於發現問題及加以改進。至於行銷管理功能查核，包括：行銷計畫及預算、市場分析及調查、目標顧客特性、產品定價、銷售促進、人員銷售、配銷通路、後勤運輸與售後服務等九大部分（劉平文；1993）

　　依據經濟部中小企業處編印之《中小企業經營管理實務——自我檢核手

冊》（1987），以及筆者從事企業診斷多年經驗，並參考劉平文（1993）、陳澤義與陳啟斌（2006）、胡伯潛（2004）等人之論點，予以整理如下所列的各項診斷重點：

一、行銷計畫及預算方面的診斷

（一）行銷計畫及預算期間之查核

1. 是否制定有年度、中程（1～3 年）、長程（3 年以上）的行銷計畫與行銷預算？

2. 所制定的行銷計畫及預算在時間上有沒有連續不斷？

3. 所制定的行銷計畫及預算有否經過權責主管審核通過與頒布實施？

（二）行銷計畫及預算的分類之查核

1. 是否依產品別、銷售區域別、顧客別、業務員別來制定各自的行銷計畫及預算？

2. 如上分類的行銷計畫及預算，是否能與公司的整體行銷計畫及預算相配合？

3. 如上分類的行銷計畫及預算，是否經過權責主管審核通過與頒布實施？

（三）行銷目標設定之查核

1. 行銷目標的設定是否經由現況分析及展望未來而設定？

2. 行銷目標的設定是否考量到生產能量及徵詢過行銷服務人員的意見？

3. 行銷目標的設定是否考量到顧客的需求與期望？

（四）行銷計畫及預算考核之查核

1. 行銷計畫及預算是否切合實際與容易遵循？標準設定是否適當？

2. 行銷計畫及預算是否具有彈性並配合外部環境變化？

3. 當行銷計畫與實際發生差異時，是否有針對設定目標加以分析（包含方法在內）？並加以檢討原因？

二、市場分析與調查方面的診斷

1. 是否有進行國內或／與國外的市場需求量、市場規模大小之調查？

2. 是否了解各類產品在業界之市場占有率領先者三家的資料？

3. 是否鑑別出來現有競爭者之行銷策略，以及潛在競爭者有哪些？

4. 是否針對目標顧客進行主要特性分析？

5. 是否有達成銷售成長率之目標？

6. 是否針對產品別、地區別進行分析其獲利程度？

7. 是否針對與市場環境有關之政治、經濟、社會與技術等因素進行分析與調查？

8. 是否經常派員或通信、電話進行資料與情報之蒐集？

9. 是否做抽樣調查？或做行銷研究？

三、目標顧客特性方面的診斷

（一）消費者特性之查核

1. 是否了解到顧客購買／消費／參與體驗之需求與期望？又是何時與在何處進行購買／消費／參與體驗之行為？

2. 是否明白主要顧客的類型？

3. 能不能適應並滿足你的顧客？

4. 所提供的商品／服務／活動對顧客有沒有吸引力？

5. 能否適時、適量與適質地提供給顧客所需的商品／服務／活動？

（二）工業用戶特性之查核

1. 是否分析顧客用戶之規模大小、特性與購買行為？

2. 是否分析顧客使用的狀態與使用程度？

3. 是否分析顧客用戶的顧客滿意度？

四、產品定價方面的診斷

（一）預估的產品成本、銷售量及利潤之查核

1. 是否了解到何種營業成本與銷售量無關？又有哪些營業成本會隨銷售量上升而下降？

2. 是否能夠計算產品以不同價格出售時的損益平衡點？

3. 必須降價出貨時，是否考量到其利潤效果？以及會不會影響到市場區隔？又如何檢視每批訂單之毛利益率水準？

（二）定價與銷售量之查核

1. 價格決策是否有助於達成特定銷售目標？

2. 價格決策是否有助於爭取新顧客或潛力顧客？

3. 是否可以對低毛利益率之商品／服務／活動有所限制？

（三）定價與利潤之查核

1. 是否已蒐集並掌握到成本、銷售與競爭行為之資訊與資料？

2. 所設定的價格是否有助於達成特定銷售目標？

3. 有沒有為每項產品（至少產品線）制定利潤的基準？

4. 是否詳細記錄有關盈餘與價格的資料，並予以分析？

5. 是否經常進行檢討價格決策？

（四）價格策略之查核

1. 是否了解哪一種產品之銷售量與價格具有敏感關係？

2. 所制定的價格能否吸引顧客？又與同業價格相比較？

3. 是否了解到什麼產品之銷售量不會與價格密切相連？

4. 是否探究競爭者對於價格變動下所採取的對策？又是否經常蒐集競爭者價格政策之資料？

5. 價格策略能否使顧客產生好印象？

五、銷售促進方面的診斷

（一）銷售促進政策之查核

1. 全體員工是否了解公司的銷售促進政策？

2. 行銷政策是否可以因環境變化而進行修正或調整？

3. 是否針對銷售促進政策做查核（包括對實施情況查核在內）？

4. 是否將銷售促進政策分割為直接促銷及間接促銷？

5. 是否針對銷售促進實績做分析？

6. 是否針對銷售促進政策之價值做考核？

7. 是否針對銷售路線做分析？

（二）銷售促進實務之查核

1. 是否有制定銷售促進計畫與設定預算？這樣的預算足夠嗎？

2. 是否有進行廣告活動之預算？如何選擇廣告媒體（是依據產品特性或顧客特性而定）？

3. 是否分析顧客購買／消費／參與體驗的原因與要求？

4. 進行廣告之後，是否有進行廣告前與廣告後的業績變動情形分析？

5. 廣告與市場、品牌、網際網路、手機等的關係是否有過研究？

六、人員銷售方面的診斷

（一）行銷服務人員應具備的資格之查核

1. 服裝儀容是否清潔、端莊？

2. 是否具有誠信精神、廉潔操守與自信心？

3. 是否對行銷服務職務有興趣、有希望、有企圖心？

4. 是否具有持續的毅力？

5. 是否具有對產品、顧客、公司經營理念與政策的知識？

6. 是否對於自己職位所應達成之目標有所認知與承諾？

7. 是否與同事互助合作、均衡互惠？同時又有相當的教養？

（二）行銷服務人員職務之查核

1. 是否進行資料調查、訪問調查、客訴抱怨調查？

2. 是否進行過市場調查分析與行銷研究？

3. 是否有進行業務目標達成行動方案，並落實執行？

4. 是否掌握到顧客的需求與期望，並回饋給企業組織？

5. 是否有催繳貨款之責任與行動？

（三）行銷服務人員管理之查核

1. 行銷服務人員的遴選、任用、訓練、考核、晉升、薪資與獎金等是否已有一套規章可供依循？

2. 是否依照顧客購買力之分析結果配置行銷服務人員？

3. 是否建立激勵獎賞制度以激發行銷服務人員的企圖心？（這些激勵措施包括出國旅遊、紅利、股票、獎金、進修等在內）

七、配銷通路方面的診斷

（一）市場因素之查核

1. 是否考量到市場形態對產品之影響？

2. 是否考量到市場的地理集中性？

3. 是否有將顧客的參與體驗／購買／消費行為列入考量？

4. 是否擴大到對潛在顧客需求與期望之考量？

5. 是否有考量到顧客的採購／消費／參與體驗的習慣？

（二）產品特性之查核

1. 對於產品的單位價值、大小、重量及產品特性（如：易腐性、易碎性等）等因素納入考量？

2. 是否對於產品的技術屬性與需要服務的程度予以考量？

3. 是否有考量過產品線範圍？

（三）企業組織因素之查核

1. 有無考量到企業組織本身的形象、品牌、市場占有率問題？

2. 有無考量到企業組織本身的經營管理能力與經驗資源？

3. 有無考量到對市場通路的控制程度？

（四）中間商選擇策略之查核

1. 中間商徵選過程與管理過程有無對其信用程度、配合程度、積極銷售之企圖
   心、妥善售後服務認知等方面作過考量？

2. 中間商的推銷網路及能力是否能夠涵蓋廣大的範圍？

3. 中間商的推銷網路有無達成其銷售配額之能力？

（五）直營商店設置因素之查核

1. 是否能夠使產品銷售能力做有效的發揮？

2. 是否建立良好的服務制度以供依循？

3. 商店／直營店所在地的環境能否與產品相配合？

八、後勤運輸方面的診斷

1. 是否對成本、區域、途徑與時間等方面做過理性的考量？

2. 是否考量到後勤運輸數量能否適合平時與尖峰的需要？

3. 後勤運輸終點是否能夠兼顧銷售者與購買者雙方的便利？

4. 後勤運輸過程中是否能夠將貨品維持得完整？

5. 後勤運輸業者對交卸貨時，是否能秉持本身即為銷售服務人員之心態而不是
   運送者心態？

九、售後服務方面的診斷

（一）顧客期待之查核

1. 經由服務之後能否維持產品之正常運轉／使用／參與體驗？

2. 售後服務用品是否可以充分與及時的供應給顧客？

3. 服務人員的技術能力、產品認知程度、服務品質能力是否精良？

4. 能否給予顧客不間斷且適當的協助、指導與服務？

5. 顧客服務作業流程與標準是否齊全且給予員工妥善教育？

（二）服務策略之查核

1. 對於顧客的承諾是否可以做到？

2. 對於顧客的需求，是否能夠依照優先順序來訂定服務計畫？

3. 對於顧客的服務，是否會因環境差異、需求不同而作彈性調整其服務策略？

4. 對於服務品質異常是否加以要因分析，找出改進與矯正預防措施？是否會通知相關部門（如：設計開發、生產製造／服務作業提供、行銷企劃等部門）注意改進？

5. 對顧客服務時，是否與其他部門（如：生產製造／服務作業、設計研發、人力資源、財務管理等部門）作適當的配合？

✿ 第三節　企業人資管理功能查核與診斷重點

人力資源乃企業組織吸引、遴選、任用、激勵與發展企業員工，使其員工能夠發揮工作效率與效能，進而促使其企業組織得以達成其經營目標之一連串過程。現代的人力資源管理，首先必須要重視人力資源的概念，也就是將「人」視為其組織的最重要資源之一。因此，企業組織必須基於以「人」為中心的經營理念與企業文化，來進行人力資源的規劃與發展。當然人力資源的規劃與發展需要進行策略性的規劃與管理，才能掌握外部環境與競爭環境之變化趨勢，透過激勵、獎賞與員工參與來發行策略性人力資源管理系統，促使企業內部員工的需求與企業組織目標均得以獲得滿足。如此才能促進員工滿意程度，進而達成顧客滿意、供應商滿意、股東滿意與社會滿意之企業永續經營目標。

進行人力資源管理功能診斷，可分為組織結構與人員配置、招募任用、人事升遷、人員訓練、領導統御、溝通協調、薪資制度、員工福利與獎懲制度等九個類項來進行。本書以經濟部中小企業處編印之《中小企業經營管理實務——自我檢核手冊》（1987），以及筆者從事企業診斷多年經驗，並參考劉

平文（1993）、陳澤義與陳啟斌（2006）、胡伯潛（2004）等人的論點，予以
整理如下所列各項診斷重點：

一、組織結構與人員配置方面的診斷

1. 是否以股東（或投資人）為行使最高決策之機構？是否有委託專人承受決策
   機構之授權來總理企業內部經營管理業務？

2. 是否設有專人來負責企業組織的生產／服務、行銷、人資、研發、財務等各
   項職務功能？

3. 在人力資源管理功能中，是否有專人負責組織內部的人員招募與任用、獎懲
   與升遷、訓練與績效考核、薪資與獎酬、福利與安全衛生等制度之制定，並
   加以協調、執行、管理、考核與教育訓練？

4. 在生產與服務作業管理功能中，是否有專人負責：①產品製造與服務提供；
   ②產品與服務品質；③製造與服務的作業程序與方法；④生產管制與服務作
   業管制；⑤物料與倉儲管理；⑥設施設備管理；⑦採購與外包管制；⑧工業
   安全與衛生等制度的訂定，並加以協調、執行、管理、考核與教育訓練？

5. 在行銷管理功能中，是否有專人負責：①商品／服務／活動行銷；②市場動
   向、顧客焦點、顧客特性、價格情報、促銷活動等資料的蒐集分析、制定行
   銷策略等；③產品使用指導與售後服務等制度的訂定，並加以協調、執行、
   管理、考核與教育訓練？

6. 在財務管理功能中，是否有專人負責：①會計制度；②財務調度、預算編制
   與控制、報表／報告編製、稅負規劃；③成本資料蒐集、成本結算、成本稽
   核與成本分析等制度的訂定，並加以協調、執行、管理、考核與教育訓練？

7. 在研究發展管理功能中，是否有專人負責：①新商品與新事業之研究開發、
   試作、量試與量產；②研發新產品工程進度之管控與考核；③設計開發之規
   劃、輸入、輸出、審查、查證與確認等制度的制定，並加以協調、執行、管
   理、考核與教育訓練？

二、招募任用方面的診斷

1. 在招募任用員工之前，企業內部是否曾做過工作評價制度？

2. 是否依據企業組織規模發展狀況進行人員編制？

3. 人員招募與任用是否有作業程序可供依循？是否有專人負責？

4. 應徵初審通過進行面試之應徵人員，是否能夠符合人員要求條件？且具有發展潛力？

5. 經選用後之新人是否有進行試用期？試用期滿後合格人數比例為何？不合格者大多是怎麼樣的情況？

6. 內部員工推薦新進人員之比例為何？

7. 組織在晉用新進人員之後，對其意見是否尊重？

8. 每次招募員工活動結束之後，是否建立相關資料檔案（如：人才資料庫、員工的期待與要求、拒絕受聘原因等）？

9. 使用單位與人資單位主管是否重視人力資源管理之工作？是否會親自參與？

三、人事升遷方面的診斷

1. 企業組織的人事升遷管道是否暢通？升遷人選的選定是否經由多層次的討論才予以決定？

2. 人事升遷案公布之後，是否獲得一般員工的正面評價？若有負面評價之原因為何？

3. 人事升遷案在定案之前，是否知會當事人並徵詢其意見？在定案公布後，是否會告知具備相同條件員工有關選擇他人之理由？

4. 對於重要職位是否有制定一套接班人培養計畫，以供執行人才培育？

5. 是否制定職務輪調計畫，以培養員工獲取更多工作知識與經驗之能力？

6. 人事升遷案是否能做到公平、公正與公開之程度？人事升遷之後之待遇與權力、責任是否相對調整？

7. 是否制定各個職位的職務說明書，以供員工遵行？

四、人員訓練方面的診斷

1. 是否有制定一套年度（或月份、季別、半年別）的訓練計畫？而且此一計畫涵蓋企業內部各個階層？員工是否享有充分參加訓練之機會？
2. 訓練計畫是否包括了職前訓練、在職（發展性與技能性）訓練等項目？同時會包括企業內部訓練（指內部講師與外部講師）與外部訓練？有無預算之編製？每年的訓練經費預算是否依營業額一定比例編制？
3. 員工對於教育訓練的參與熱忱程度如何？可否主動合作？
4. 主管對於教育訓練的實施是否正面看待與支持？
5. 訓練結束之後，是否會進行訓練績效的考核？而考核成果之優劣，會不會影響受訓人員之薪酬水平或職務升遷機會？

五、領導統御方面的診斷

　　（以下引用張哲雄（1983），《現場管理》（第一版），台北市：中國生產力中心，p.29～30）

1. 對公司的政策、方針、規定充分地了解，並傳達給部屬了嗎？
2. 工作知識與管理技能足夠了嗎？
3. 有使部屬愉快且積極工作的領導力嗎？
4. 命令的方法，明確而有親切感嗎？
5. 預測將來訂定工作計畫，並把工作充分地委任給部屬去做嗎？
6. 作業之準備，與工作之分配，適當正確而沒有浪費和勉強嗎？
7. 對工作的方法，完工水準以及品質（業務水準），有明確的標準嗎？
8. 對部屬的工作指導親切並容易使部屬接受嗎？
9. 對部屬的工作業績評價，公平且客觀嗎？
10. 有沒有讓部屬充分明瞭他的工作成果？
11. 能不能容忍並鼓勵，成績平平但勤勉認真的部屬？
12. 有沒有埋沒部屬的能力，阻礙部屬的創造力的發揮？
13. 部屬應負的責任，有沒有明確規定而嚴格要求？
14. 是不是以公平嚴正的態度，維持工作規律？

15.有沒有不查實情就在感情衝動之下，在人前斥責部屬的事？

16.認真地考慮部屬的安全，而加以周全的安排嗎？

17.對新進人員及轉職人員，是不是熱誠地歡迎、指導並安排適當的工作？

18.要求部屬接受規則和規定時，有沒有考慮個別差異的問題？

19.是否主動聽取部屬的怨言，對正當的要求做適當的處置？

20.有沒有養成當部屬遭遇困難時，立即前來商量的風氣？

21.是不是對每一個部屬均能關懷照顧，以誠心對待上司與部屬？

22.是不是能堅守諾言，對不能做到的事不隨便承諾？

23.是不是鼓勵部屬提出建議，樂意接受建議？

24.有沒有把自己的責任轉嫁給上司或部屬的事？

25.為了有效地使用時間，有沒有做每天或每週、每月的時間分配計畫？

26.對自己所負責的工作，無論大小都能細加關心嗎？

27.與其他主管或關聯部門的人員經常保持充分的接觸嗎？

28.對人的浪費、物的浪費、錢的浪費，不斷地注意消除嗎？

29.行動之前充分掌握事實，冷靜地判斷，敏速地著手實行嗎？

30.富於革新的精神，洋溢著進步向上的熱情，做為部屬的模範嗎？

六、溝通協調方面的診斷

1. 決策階層主管對於一般員工的意見可否主動聽取？是否會對有價值的員工意見給予尊重與考慮？事後可否回饋給提出意見之員工有關採行結果（含不採行理由）？

2. 中間階層主管是否能夠扮演好上下溝通的橋樑角色（一般員工對企業高層的經營方針、目標與規範的要求之感受與意見）？

3. 企業組織的一般決策時，是否在決策公開之前可以聽取員工的建議與表達其感觸意見？若認為員工意見不夠成熟或與政策不符合、太偏頗而無法採納時，是否會委婉告知提案人員有關不採納之理由？

4. 企業組織的重大決策且會影響全體員工時，是否會經由各部門主管召集員工加以詳細說明？

5. 企業組織內部各級主管之間、或員工與主管之間、員工之間若有不同意見時，是否可以藉由相互協調來加以解決歧見？

6. 企業組織內部員工意見溝通管道是否暢通？有無專責人員負責處理員工意見？同時也會適度地將員工意見處理結果回饋給提出意見之員工？

7. 企業組織是否發生過怠工、罷工或勞資糾紛事件？經由雙方溝通協調之後，是否為雙方所接受？

↳ 七、薪資制度方面的診斷

1. 企業內部有關薪資與獎金制度之決策、執行與檢核是否明確？同時薪資與獎金制度之制定與調整是否詳細調查外界情形之後再予以施行？

2. 薪資與獎金制度是否列入企業的重大決策之一？員工對目前的薪資與獎金制度之反應意見有否受到最高階主管重視？

3. 是否發生新進員工敘薪起點高過現有員工的情形？

4. 現行薪資與獎金制度是否為多數績優員工認為公平合理？而一般員工的反應又如何？

5. 現行薪資與獎金制度與其他人力資源管理措施，如：升遷、考核、福利、訓練等是否相配合？

6. 現行薪資與獎金制度是否考量到作業效率（如：生產力）、品質效率、設備維護力、安全衛生執行力？

7. 現行薪資與獎金制度是否發生同工不同酬、男女不同酬狀況？是否遵行勞動法規（如：加班費、休假工資等）？

↳ 八、員工福利方面的診斷

1. 是否依照勞動基準法與員工請假規則給予員工合理的休假（如：特別休假、事假、病假、婚假、喪假、產假）？

2. 是否依照法規設置職工福利委員會、提撥福利金與辦理福利活動？是否成立安全衛生委員會辦理安全衛生有關業務？

3. 是否依照法規制定員工退休辦法、提撥勞工退休金？

4. 是否依照法規辦理員工勞工保險與全民健保？

5. 是否依照法規辦理員工教育訓練？

九、獎懲制度方面的診斷

1. 是否建立員工獎懲制度？是否公布周知？是否明定作業程序？

2. 是否有真正實施員工獎懲制度？是否公平、公正與公開？

3. 受獎員工是否會受到重視？受懲員工是否認為公平而接受？

第四節　企業研發管理功能查核與診斷重點

　　研究發展乃是為增進知識存量所作的有系統之創造性活動（OECD，1974），此等知識含括科學、文化及社會各方面，利用此等知識可發展出新的應用途徑，即為研究與發展（R & D）。研究發展的範圍包括內部與外部活動兩項（陳光華；1989）：①內部研究發展的活動項目包括產品、機器設備與生產程序方面的研究發展；②外部研究發展的活動項目包括與國外技術合作、委託企業外組織研究發展等。而研究發展的類型則包括純研究（pure research）、應用研究（applied research）、發展與工程設計（development & design engineering）、試製（pilot production）等四大類。

　　本書以經濟部中小企業處編印之《中小企業經營管理實務—自我檢核手冊》（1987）、呂鴻德等人（1989）編輯之《研究發展手冊》為基礎，以及筆者從事企業診斷多年經驗，並參考劉平文（1993）、胡伯潛（2004）、陳澤義與陳啟斌（2006）等人的論點，予以整理如下各項診斷重點：

一、新產品／服務／活動創新機會評估的診斷重點

1. 是否與企業組織的願景、目標、策略、政策與價值觀相符合？如：此項新產品是否與現有策略及長期計畫相配合？若對現有策略有影響時，其影響有正面潛力？與公司形象一致？與公司對風險的態度一致？與公司對創新的態度一致？能配合公司時間上的需要？

2. 是否與企業組織的行銷準則相符合？如：能符合一個清晰定義的市場需求？估計整個市場規模大小？估計市場占有率？估計產品的生命週期？估計商業化成功機率有多少？估計可能的銷售量／金額有多少？與行銷計畫的關聯性與時間上需要的配合狀況？對現有產品的影響程度？其定義與顧客的接受程度？其市場競爭地位為何？與既有通路之相容性為何？估計研究發展要投入多少成本？

3. 是否與企業組織的研究發展準則相符合？如：與現有 R & D 策略一致？確實會對 R & D 策略造成很大的改變？技術成功機會多少？發展之時間與成本多少？專利權問題？R & D 資源可用性為何？產品未來的可能發展及新技術應用有哪些？

4. 是否與企業組織的財務管理準則相符合？如：R & D 成本要多少？在製造上與行銷上的投資要多少？時間上的財務利益多少？對其他需要財務資源方案之影響程度？達到損益平衡點的時間？估計可能發生最大負的現金流量有多少？期望的邊際利潤有多少？每年預估的利潤與短中長期的利益有多少？符合公司的投資原則？

5. 是否與企業組織的生產製造準則相符合？如：相關的新製程內容為何？生產上的人力與技術可用程度為何？與現有的生產能量之相容程度？原料成本？製造成本？額外的設備需求？生產製造的安全性？生產的附加價值？

6. 是否與企業組織的環境與生態上考量相符合？如：產品或其製程可能造成的衝擊程度？民意機關與利益／公益組織的反應有多大？現在與未來可能的法律問題有多少？員工雇用上的影響為何？未來量產時所需的原物料、零組件來源是否無虞？

二、產品發展方面的診斷重點

（一）產品選擇之查核

1. 所選擇之產品是否有較廣的利用範圍？是否具有市場潛力？是否具有對顧客的吸引力？是否具有銷售競爭力？是否其品質較同類產品之品質為佳？是否可以申請專利權？

2. 所選擇之產品可否以既有設施設備生產製造？是否可以在現有廠房／場所生產製造？是否可以利用現有的員工與其技術上僅須再施予訓練即可轉移應用於所選擇產品之生產製造？

3. 所選擇產品可否沿用既有行銷道路？是否具有較佳的獲利能力？是否有較長的生命週期？現有的行銷服務人員是否可移轉應用於所選擇產品之行銷活動？

（二）發展計畫之查核

1. 擬定之發展計畫是否有事前的市場調查或行銷研究？

2. 擬定之發展計畫是否有編制專案預算？有無訂定先後次序？有無制定發展工作進度？有無規劃緊急應變計畫？

3. 有無考量與舊有產品之影響關聯性？是否需要增購設施設備（含量測用）？是否需要延聘新的人力？

（三）發展組織之查核

1. 能否激勵員工投入創新與創造？是否將發展工作予以簡單而系統化，以避免繁瑣的行政程序？

2. 是否設置專案組織或專人來負責發展工作？配置人員是否合宜？可否發揮團隊精神以提高工作績效？可否發展個人的創新潛力？

（四）上市試銷之查核

1. 在試銷時，試用情形是否理想？顧客滿意度如何？

2. 在試銷前，是否分析上市成功機率？有無考量到試銷前及正式上市前應有的各項準備工作？

3. 在試銷後，有無分析試用者重購率如何？有無分析試銷活動的績效？

（五）產品分析之查核

1. 產品可能具有何種新用途或新價值？能否與其他產品相結合以建立系列產品？是否可以將既有產品予以持續研究改進？

2. 產品品質可以維持穩定性？可否與國內外知名品牌之品質相符合？其廢棄時可否回收或再利用？

3.產品價格是否合理？能否與同類產品相競爭？若產品滯銷時有無能力處理？

三、研究發展專案管理方面的診斷重點

(一)專案管理的組織與職掌之查核（包括：是否設置專案組織與人員來負責專案計畫之統籌管理工作？而專案組織與人員應負責計畫之提案、可行性研究、規劃、審核與核准、執行與控制、考核與成果之運用管理等業務是否有明確規定？）

(二)企業內各級組織對專案計畫之行政支援是否明確編定？（包括：是否適當指派專責之組織或人員執行有關之行政及支援事項？是否制定行政支援作業程序與細節？而這些行政支援作業規定事項是否合理？）

(三)專案計畫之訂定，是否明定專案計畫作業程序？其作業程序（分為計畫提案、計畫可行性研究、計畫之規劃、計畫之內容、計畫之審核、計畫的修正與核准定案、計畫主持人之選擇與指派或變更等）是否合理？

(四)是否明確制定專案計畫之執行與控制程序？而其作業程序是否合理周詳？（包括：專案組織建立之程序與規範、專案組織結構與權責關係、專案組織調整變更之程序與條件、專案計畫之人力規劃、專案人員的遴選辦法、專案計畫之時程與進度控制、專案計畫經費運用與管制、專案計畫設備與工具之運用與管制、專案文件製作方法／標準／程序、專案計畫經驗技術之累積運用、專案計畫技術之引進與擴散、專案計畫之溝通協調與配合、專案計畫之變更、專案計畫之成本管理等）。

(五)是否明確制定專案計畫之考核與績效評估程序？而其程序是否合理（包括：考核範圍與項目、考核方式、考核時程、績效評估與獎懲辦法、成效檢討與改進措施等）？

(六)是否明確制定專案計畫之結案規定？是否制定合宜的結案及作業細節？是否制定合宜之表單／報告／簿冊等格式？

(七)專案管理制度的綜合檢討（包括：是否適用各種類型的專案計畫？是否合乎企業組織的業務特性？是否有考量到所有專案計畫之統合管理？可否適用於電腦化之需求？可否與企業組織之各項制度相配合？是否存在執行上

的困難之可能性？）

↳ 四、研究發展管理綜合評估重點

(一)研究發展功能在企業組織架構之中，是否給予明確的定位與權責劃分？

(二)研究發展專案是否明確給予專案使命？高階主管是否支持？專案排程與計畫是否明確？是否給予專案組織與人員明確的研究與發展目標？是否編製適當的預算？

(三)是否制定明確的、適當的研究發展衡量指標？

(四)投入研究發展的成本是否會超過其對企業獲利的貢獻？

(五)是否對於各項研究發展專案均予以排定優先順序與實施時程？並且予以定期查核檢討？

↳ 五、研究發展部門生產力的衡量指標

（以下取自呂鴻德總編輯（1989），《研究發展管理手冊》（第一版），台北市：經濟部科技顧問室＆中國生產力中心，p.6-28～6-30）

（一）適用於組織部門的生產力指標

1. 數量性生產力指標，包括：①平均每位員工銷售額；②平均每元薪資的銷售額；③平均每人獲利額；④平均每元薪資的獲利額；⑤平均每元研究發展費用所產生的利潤；⑥建議／提案書得標百分比；⑦平均製圖單位所花費製圖時間數；⑧製圖錯誤率；⑨間接費用對直接人工的百分比（間接費用績效）；⑩核准工程繪圖文書工作所需時間；⑪更改設計圖比率；⑫主管人員占全體人員的比率；⑬幕僚人員占直線人員的比率；⑭服務與支援部門人員占總人員百分比；⑮缺席率；⑯員工流動率；⑰R＆D部門生產效率／生產力等。

2. 品質性生產力指標，包括：①贏得競標的能力；②對目標完成的承諾及達成要求的程度；③是否有足夠的設計能力以滿足顧客要求；④顧客對企業的印象；⑤員工的動機、態度與士氣；⑥員工對工作的敬業態度；⑦技術地位維持與進步的能力；⑧工作的準確度、完整度與品質；⑨應付需求旺季與偶

發事件之能力；⑩未解決問題的複雜性與數目；⑪過失、無效率、錯誤的發生；⑫支援活動是否迅速？⑬對於現場員工或上市後顧客要求設計變更之接受程度與更改速度是否及時（合乎要求）？

（二）適用於研究發展人員之個人生產力指標

1. 數量性生產力指標，包括：①每位程式設計師平均每天完成的電腦程式數；②平均每位人員每天所繪製工程圖張數；③平均每位職員所製作的微縮影片數；④平均每位人員每天處理的訂單／發票數；⑤平均每位人員每天歸檔的文件／圖表數等。

2. 品質性生產力指標，包括：①工作要求與績效的比較；②工作的最後影響力；③個人目標與組織目標之配合程度；④完成工作的技巧；⑤應用現行技術與新技術於工作之能力；⑥準時完成任務；⑦是否造成錯誤或問題；⑧上司、同儕及部屬對其個人的尊重程度；⑨主管的評估；⑩其他部門人員的評估等；⑪顧客的評價或滿意度。

🏵 第五節　企業財務管理功能查核與診斷重點

　　企業組織的財務管理工作可分為經常性與非經常性工作等二大類：①經常性工作主要包括財務分析、財務規劃與控制、營運資金管理、其他（如：保險、退休基金等運用）；②非經常性工作主要包括投資決策、融資決策、股利決策、其他（如：企業重整、併購等）。由於現代企業財務管理功能已擴張到配合企業整體策略，而進行各項財務資源的靈活運用，以達成企業的生存與成長、發展等目標，所以現代企業財務管理功能應該要具有整體性與積極性的意義，其目的乃在妥善運用各項財務資源於企業組織的各項營運活動之中。當然，最重要的目的乃在於追求企業價值的長期極大化（劉平文；1993）。

　　本書以經濟部中小企業處編印之《中小企業經營管理實務——自我檢核手冊》（1987）為基礎，以及筆者從事企業診斷多年經驗，並參考劉平文（1993）、胡伯潛（2004）、陳澤義與陳啟斌（2006）等人的論點，予以整理如下各項診斷重點：

一、資金預算及控制方面的診斷

(一)是否制定預算控制制度？預算編製是否有高階主管參與？預算編製是否由各部門高層主管依職權籌劃？

(二)曾經編製過哪些預算？而這些預算編製是否考量到以往成效？是否考量到未來可能達成之績效？而預計績效是否與實際績效做比較？有沒有分析未達成預計績效目標之原因，並採取改進對策？

(三)是否建立了成本會計制度？是採取哪一種成本會計制度？

(四)產品是否依顧客別、區域別、行銷服務人員別，進行目標、預算編製？每一項產品之損益分析如何？

(五)是否依據財務會計制度進行各項會計科目的控制與其資料的保管？

二、財務資料掌握方面的診斷

(一)老闆個人的帳目未獨立而與企業帳目混淆不清？老闆個人薪酬與獎金常低報／高報或不支領？企業出現二套或二套以上的會計帳？

(二)僅有日記帳（流水帳）未作出損益表、資產負債表、財務分析表？未明確制定企業使用之會計科目與其範圍？

(三)能否掌握每日的現金動態？能否掌握每日銷售及現金收入之當日報表？能否掌握每日進料、領料、退料與存料報表？能否掌握製成品、半成品報表？

(四)能否掌握每週／月的應收帳款帳齡分析表？並能及時反應給權責人員加速應收帳款回收？

(五)能否掌握每週／月的應付帳款？是否考量提前給付以享受折扣優惠利益？

(六)能否掌握每週／月的現金流量表（cash-flow chart），使資金調度順利靈活？

(七)每月是否能及時結算出當月的損益表？每月月底是否與銀行核對帳表？

三、現金預算編製方面的診斷

是否採取現金收支估計表（列有現金銷貨估計、應收帳款估計、其他收

入估計、應付帳款估計、薪資估計、各項費用預估等項目在內）來編定現金預算？

四、現金管理分析方面的診斷

(一)現金管理制度應持續進行，遇到現金不足時即應追查原因在哪裡（可能發生在現金的管理不善、銷售目標未達成、生產過剩、生產成本增加等因素所致）？

(二)是否建立及應用成本會計或標準成本作為管理手段，以掌握可控制成本？

(三)是否將短期資金用在長期投資上？

五、資本管理方面的診斷

(一)是否可以將董監事酬勞降低（且可以避免肥貓之批評）？

(二)是否可以降低股利分配？

(三)是否可以提存公積？

(四)保留盈餘水準是否適當？

(五)是否可以不再增資？

六、資金運用方面的診斷

(一)採購方面，是否爭取到有利的採購條件（如：低價、長票期或現金折扣率、大量折扣優惠等方面）？

(二)存貨管理方面，是否進行合適的盤存制度，充分掌握存貨的變動？能否降低庫存？

(三)銷售方面，是否進行客戶徵信管理？是否降低長票期之賒銷情形？是否可採取委託代售方式以增加現金週轉能力？

(四)設施設備方面，是否可將不良或呆滯設施設備出售或處分？是否採用租賃方式，以節省設施設備投資？是否有落實執行預防保養制度，以降低故障維修時間與費用？

(五)資金融貸方面，是否了解各銀行特性？是否與多家銀行往來？是否隨時掌

握銀行業務之新規定？是否了解銀行審核貸款之原因？是否與銀行建立良好公共關係與信任度？是否明確了解企業的還款能力？

七、財務分析方面的診斷

此部分請參閱本書第五章營運特性診斷與五力分析。

CHAPTER 11

企業經營管理危機與診斷

　　由於企業經營環境乃是動態的，企業經營活動中無不充滿著不安定、令人捉摸不定的複雜因素。所以企業的高階管理者就要深刻認知到，企業經營環境乃是危機四伏的事實。因此，企業營運活動過程中就應該要有「事前預防計畫、事中管理程序、事後善後管理」的體認。而企業診斷就是複雜經營環境的偵測與預防工具，高階管理者在了解企業診斷之意義、範圍、方法與內容之後，就應妥善規劃如何使企業能在此危機四伏的環境中，安度危機與管理危機之方法與程序，如此才能夠使企業順利生存與發展。

第一節　企業經營管理危機的徵兆與三項指標
第二節　企業經營管理危機的預兆與診斷分析

　　十一世紀全球金融海嘯、經濟景氣低迷、H1N1 新流感疫情的蔓延、台灣八八水災的一連串衝擊，絕大多數企業均面臨相當嚴峻的考驗。尤其產業競爭已進入全球化，產業變化速度非常快，在這個競爭激烈的時代，稍有不慎，危機隨時都有可能爆發。不論是在國內的或全世界的頂尖企業，突然接二連三地發生虧損、裁員、關廠，甚至倒閉黯然退出產業舞台。綜觀危機爆發乃是企業面臨「向上提升」或「向下沉淪」的轉折點，有人曾提到有 85% 的企業會在危機發生一年後就倒閉或從市場消失。為何會有如此多的企業無法安然度過危機的試煉呢？

　　在許多的因應危機而遭致失敗的案例中，可以看出其經營管理階層，往往因害怕看清本身的不足或缺失，而採取一味地虛應或掩飾，甚至否認危機的潛在因子或事實，以致於演變成逃避與沒有勇氣面對危機，因而無法產生解決危機的智慧，並且更讓危機一再擴散、擴大，終致企業遭到危機的吞噬。所以，我們以為凡是企業組織，無分大小，必須要有診斷危機的心理建設，並要培養

診斷危機與管理危機的能力與智慧。

◎ 第一節　企業經營管理危機的徵兆與三項指標

　　企業經營危機指標乃顯示出企業經營危機的情況，企業經營的最後現象即是資金中斷，在此之前必出現徵兆（黃燈信號）與引發點（紅燈信號），以提醒企業組織要能夠提高警覺（如圖 11-1 所示）。諸如上述所稱的危機就常常發生在某些因應危機失敗的案例中，而這些失敗的案例大多是企業的經營條件與能力不能配合環境變化，在出現的各種預兆（危機因子）中適時、正確、切實地抓住轉機或解決危機的機會所致。因此經營管理階層就應該要能不懼於看清企業與其各項作業管理機能之不足或缺陷，更應勇敢面對各項危機，運用智慧解決危機，以遏止危機的擴散，如此才能擺脫危機的困境。

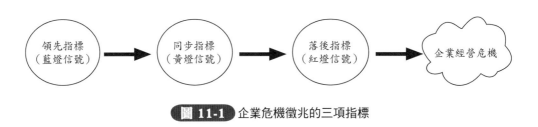

圖 **11-1** 企業危機徵兆的三項指標

↳ 一、藍燈信號的危機徵兆領先指標

　　企業經營管理危機徵兆中的領先指標，一如經濟景氣指標中由綠燈轉向藍燈之信號，乃是顯示出企業組織營運過程中，出現了某些具有變化徵兆的雷達現象。這些雷達現象雖然不致於發生營運異常，但卻是走向異常的預兆，經營管理階層若是不及時調整其組織之各項作業管理的系統機能與運作策略，就有可能是企業經營管理機能中潛藏了惡化的癌細胞，稍一不慎將會把這些癌細胞（即為危機因子）擴大與擴張至企業營運績效衰退之境界，所以我們將此呈現變化徵兆的雷達現象，稱之為危機徵兆的領先指標。

　　這些危機徵兆的領先指標包括：

（一）經營症狀

由於市場呈現競爭日益激烈的產業環境，企業組織漸漸無法適應市場的多元化、多角化與跨行激烈競爭情勢，同時由於產業結構改變，以致於企業無法及時因應景氣的變化需要。

（二）經營危機因子

1. **市場行銷方面**：在市場行銷方面出現了赤字銷售等不合理與異常接受訂單之行為，同時也發生許多顧客抱怨、顧客索賠與顧客退貨之情形。另外，銷售生產力呈現下滑／低落之現象，企業組織營業業績下滑的趨勢可以說已告形成。

2. **生產作業方面**：閒置設備增加、呆滯設備過多、生產力低落、品質不良的異常現象增多、生產與作業成本逐漸升高、機器設備故障維修費用有升高趨勢等。

3. **人力資源方面**：組織體制逐漸鬆散、上班遲到早退與缺勤現象逐漸顯現、員工只管自己而不會互相支援之文化已慢慢出現、勞資雙方存有芥蒂、員工與主管會為既得利益而阻礙企業革新與再造機會等現象。

4. **研究發展方面**：對於技術、商品與市場的開發能量，不足以因應市場競爭需要，同時對於技術、商品與市場的資訊情報蒐集已逐漸流於形式，而未能作有效整合、分析、判斷與引用的有價值活動。

5. **財務資金方面**：①由於錯估投資對象與時機，而進行無限制的投資，以致固定資產大幅增加；②總資產成長率達 30% 以上，惟其營業內收入卻未能有應有之比例成長；③營業收入嚴重下降，但其總資產不但未降低，反而增加；④總資產週轉率急劇下降到 1～5% 以下；⑤往來銀行中缺乏主力銀行等。

（三）經營體質

1. 企業經營能力無法適應市場／產業與外部環境之變化，以致於造成經營能力不足的現象。

2. 企業組織的經營與管理階層欠缺創業家精神（例如：資訊蒐集分析能力、判斷與決策能力、選擇評估能力、企圖心或冒險精神、問題解決能力、創意與

創新能力、執行與邏輯能力等）。

3. 企業無法及時進行技術、商品與市場的開發與創新，以致於無法因應競爭環境的需要，更造成競爭能力低落。

✎二、黃燈信號的危機徵兆同步指標

　　企業經營管理危機徵兆中的同步指標，就如同經濟景氣指標由藍燈轉為黃燈之信號，其目的乃在於顯示出企業營運過程中的企業組織經營績效之情形。在這個時候，企業組織的經營實績已出現了異常現象（諸如：公司借貸資金有增多趨勢、收益力低落到出現赤字情形、企業財務體質愈見脆弱等），而這些異常現象乃是警訊／徵兆。企業組織若不立即採取矯正與預防措施加以扭轉或補救的話，很可能會出現癌症移轉現象，再任其發展下去，則這些癌細胞就會更形擴大與擴散，以致走向危機爆發的引發點（紅燈信號）。所以我們將企業經營績效衰退的現象，稱之為危機徵兆的同步指標。

　　這些危機徵兆的同步指標包括：

（一）經營症狀

　　由於企業組織在其呈現危機徵兆的雷達現象時，未能鑑別出來，管理、消除其經營危機因子，以致於企業組織的收益力大幅滑落到赤字情形。此時在行銷績效或經營績效上不但出現赤字，更為了資金週轉上的需要，必須向外舉債（此時的金融銀行可能會貸不到款，以致轉向股東與民間舉債），也因而承擔更多的利息支出，對於本來已赤字的企業組織乃是雪上加霜，導致企業的財務體質脆弱的症狀。

（二）經營危機因子

1. 市場行銷方面：①行銷績效由原來的「售增益減」轉為「售減益更減」，再轉成「售減且赤字」的狀況；②市場賒帳情形增加，同時應收票據之期限有加長趨勢，呆帳情形也告出現；③應收帳款、應收票據與存貨等週轉率急劇下降；④銷售能力低落；⑤銷售人員已有浮動現象等。

2. 生產作業方面：①閒置與呆滯設備持續增加；②生產績效下跌（如：進度

達成率低落、生產效率下降、品質不良率與重工率急劇增加、機械稼動率低落、設備故障次數增加等）；③生產成本與品質成本均大幅增加。

3. 人力資源方面：①全體員工士氣低落；②勞資關係已到互不信任階段；③員工請假率升高；④員工離職率提高；⑤企業內部已是好員工急著離開，而不好的員工卻賴著不走等企業給予資遣費。

4. 研究發展方面：①嘗試轉換開發（包括購入）新產品、新事業之企劃已告失敗；②內部已無商品／技術／市場開發能力或計畫；③資訊情報充斥著悲觀氣氛，致使經營管理階層更為慌亂無章。

5. 財務資金方面：①由於賒帳幅度擴大且已有呆帳發生，致使企業組織不得不借入更多資金，同時現有主力銀行已不再信任企業的經營績效，所以只好不斷地變更金融機構（銀行多行化）；②因為資金供需的窘迫，不得不改變還款條件（如：小額應付帳款也用票據方式付款、以債權憑證取代應付票據等）；③將採購與外加工的供應商與付款條件予以變更，同時分散多家採購與外加工供應商（乃因既有供應商已不願再大量交貨了）；④現金占資產的比例有逐漸擴大幅度下降情形；⑤應付帳款與股東往來借款比率逐漸增多，且有擴大現象等。

（三）經營體質

1. 企業經營管理階層的經營與管理能力已呈現拙劣化現象，已無法在這個階段做出睿智的決策與卓越的管理。

2. 企業組織的經營與管理階層主管對經營管理合理化之概念模糊不清，也就是要如何降低成本與提高績效方面已是窮途末路一籌莫展了（因為他們每天忙著軋平現金缺口，應付顧客壓榨與索賠、疏通內部員工情緒，已經是心有餘而力不足了）。

3. 企業整體的行銷戰力已告接近崩潰，所謂的銷售力低落已是最佳代名詞，何況此時業務人員大多會秉持上層主管要求，將其工作放在催收貨款之上，以致於擴張銷售方面就愈為忽略了。

✎ 三、紅燈信號的危機徵兆落後指標

　　企業經營管理危機徵兆中的落後指標（也稱之為遲延指標），就如同經濟景氣指標由黃燈轉為紅燈之信號，其目的乃在於呈現出企業組織的營運活動已引發及產生危機。這個時候應該是企業組織即將爆發經營管理危機事件了，在此時的營銷活動幾乎已告脫序，完全呈現出財務困難的症狀，此時必須以大破大立的原則來解決危機因子，否則一但危機爆開來，大概只有下台一鞠躬了。由於此時已到危機的引發點，且這些危機因子大多是在營運活動之危機爆發前，才會被人所感受或鑑別出來，所以乃是有遲延或落後之意思／意味存在，故稱之為落後指標。

　　這些危機徵兆的落後指標包括：

（一）經營症狀

　　在前一個黃燈階段裡，企業組織的營運活動已呈現赤字情形，而且「賣多了會賠、賣少了更會賠」，以致於企業組織的財務發生困難（如：資金缺乏、挖東牆補西牆，甚至找地下錢莊等）。這個時候最擔心且最可能發生的事實，就是資金中斷，因為資金一旦中斷，就會發生被金融機構列為拒絕往來戶，以及債權人蜂擁而至追討債權或搬成品／設備抵帳等情形，這乃是企業經營最恐怖也是最不應發生的狀況。可是資金中斷了，經營管理者若再不具有克服危機、解決危機與管理危機的能力，那麼這個企業組織只有退出市場、倒閉、被拍賣了。

（二）經營危機因子

1. **市場行銷方面**：①主力顧客離開，以致帶引其他次要顧客跟進；②主力顧客倒閉所造成的連鎖倒閉危險；③企業組織開始不務正業，嘗試本業以外的對策；④企業組織開始反常的拋售商品／服務／活動；⑤市場競爭策略失靈，喪失大幅既有顧客，以致其顧客地圖愈小愈狹，易為競爭者吞噬等。

2. **生產作業方面**：①生產作業呈現半停頓現象（但競爭同業卻是滿載生產）；②生產產品不為市場接受而變成庫存，且不易消化；③生產成本由於產能大幅倒退，以致平均生產成本均高於競爭同業之價格水準；④設備稼動

率低落在 50% 以內；⑤不良品與客訴、退貨情形不斷等。

3. **人力資源方面**：①留存員工大多是等待拿資遣費或等待退休的員工，其他好的員工均已離去；②勞資糾紛一觸即發；③員工已無工作紀律或工作士氣可言；④員工已不太理會其主管的命令，大多抱持得過且過的混混態度；⑤高階主管已不管其員工，反正已對企業不抱希望了等。

4. **研究發展方面**：①開始嘗試新產品或新事業的研究發展，只可惜已時不我與了；②研發部門人才也紛紛離去；③公司並未針對研究發展編列預算（因已資金不足了），以致於研究發展活動可以說是半停頓狀態。

5. **財務資金方面**：①因資金不足致向民間或高利貸借款，以致於週轉資金產生不足現象；②因借款額度已為金融機構所限定，以致週轉金更形不足；③應收、應付帳款結構發生變化，諸如：延遲發放薪資、延遲繳付利息或債款、應付帳款以遠期票據為付款工具、對應付票據採取延票或換票、跳票等情形；④利息負擔超過營業收入 2～5%（視業種別）以上；⑤借貸金額超過三個月的營收金額（視業種別）；⑥已連續三年以上發生虧損，致使金融機構限制信用額度；⑦缺乏管理行為以壓縮機會損失；⑧借不到款項致資金更為短缺；⑨經營者發生變故（如：死亡、負責人更換、負責人財產被查封、負責人潛逃等）。

（三）經營體質

1. 經營管理階層與財務主管缺乏財務管理能力，以致無法進行財務規劃與管理，當然只有扮演救火隊（跑三點半）的角色而已。

2. 經營管理階層與財務主管對於資金週轉能力與知識、技能的不足，以致於沒有能力進行現金流量管理與分析，而出現挖東牆補西牆與救火隊員之無效率行為。

3. 企業組織既因缺乏資金，其經營管理階層與各部門主管欠缺規劃與管理能力，以致競爭力低落，再加上資金中斷，其企業永續經營能力自然減損，也就沒有辦法脫離經營危機之困境，更遑論追求達成其永續經營目標了。

第二節　企業經營管理危機的預兆與診斷分析

企業組織在創立之前與經營之時，應對於其企業所位處的地區／國家的經營環境，以及產業環境予以監視量測，了解其企業組織有關政治性、經濟性、社會性、科技技術性、競爭者投入情形、資源供需情形、利益團體介入情形，以及法令規章與宗教文化發展狀況等環境所可能潛藏的危機與風險因子。其他企業組織的內部與外部環境所潛藏的危機與風險因子，也應予以鑑別與監視，這些因子相當複雜，諸如：大客戶的變動、企業內部組織遭遇質變、營業發生劇變、核心員工離職、勞資發生糾紛、天災地變人禍、環境工安事件、員工虧空舞弊、遭到恐嚇勒索事件等。

雖然企業組織可以在內部經營管理方面，建立嚴謹的內部控制與內部稽核制度，針對各項作業管理系統（如：生產管理、市場行銷、人力資源、研究發展、財務管理、資訊科技、時間管理與道德操守等），予以審慎的監視量測各項風險危機因子，在其未蓄積成形擴大擴散之前，就予以掌握、控制與管理所有的危機因子，予以消弭於爆發之前。但是企業組織在經營管理與營運之際，仍然免不了會受到各項風險危機的衝擊，而這些風險危機的因子有來自於企業經營階層本身的決策能力與品質的危機、組織衝突與缺乏人力危機、企業競爭策略與市場行銷的危機、財務資金的規劃與管理危機、企業資訊科技運用的危機、生產管理計畫失效與失序的危機、新產品研究發展失敗的危機，及員工道德操守淪喪的危機等方面。企業組織若不能及早診斷出各項風險危機因子，及時採取因應對策，在危機徵兆顯現之際即扭轉危機為轉機，要想脫離困境，勢必困難重重。

一、市場行銷方面的危機與診斷

（一）市場與顧客的要求與期望

1. 企業組織的行銷策略與商品／服務／活動：①能否適應潛在顧客情感的變化？②能否適應商品／服務／活動價值觀的變化？③能否適應貨幣價值的變化？④能否適應資訊需求的變化？⑤能否適應時間用途的變化？

2. 企業組織在擬定行銷計畫之時，①能否明確了解顧客為何會購買／消費／參與？②顧客喜歡到哪裡購買／消費／參與？③其頻率多久？④主要的顧客有哪些類型？⑤能否提供滿足顧客的商品／服務／活動？

3. 企業組織在滿足顧客自我實現的高度滿足時，其非價格方面的競爭能力乃是適應顧客需要的重要因素，而這些非價格競爭因素係具備有哪些項目？有無能力滿足顧客需求與期望？

（二）商品生命週期逐漸縮短的趨勢

1. 成熟期的商品／服務／活動之特徵有：①銷售成長率會因市場已趨飽和，而導致嚴重鈍化現象；②因各個同業爭奪市場占有率日趨激烈，以致於商品／服務／活動之價格發生暴跌現象；③顧客礙於大量採購折扣、銷售促進方案激勵、人情因素而勉強接受訂單，自然其後的採購量勢必會被壓縮；④銷售促進、宣傳、廣告等方案的推出，以致於銷售費用成本逐漸增加；⑤由於銷售成本升高、價格下跌，以致於損益平衡點大幅度上升。任何商品的生命週期已到成熟期時，若市場銷售額下降達 10%（含）以上時，則此商品的銷售就會變成赤字銷售，甚至影響到整個企業的經營績效。

2. 衰退期的商品／服務／活動之特徵有：①銷售額下降；②顧客抱怨與退貨、索賠現象增多；③當商品／服務／活動之普及率達到成熟期頂點時，即反轉為衰退期；④市場上的替代品已告出現，而且當這些替代品大力促銷時，該項商品／服務／活動的銷售額即告衰退；⑤若顧客的購買／消費／參與行為有重大的負向改變時，其商品／服務／活動即告衰退；⑥衰退期的存貨量很多，所以要趕快消化庫存；⑦商品的年平均銷售成長率比業界全體銷售實績，或業界同類商品之銷售實績來得差時，已是典型的成熟期，惟再過幾年就會變成衰退期了。

3. 成長期之飽和狀態乃指：商品所屬市場全體的年平均成長率，若小於或等於經濟成長率時，這個市場可以說已成長到飽和狀態，即將面臨成熟期或衰退期了。

　　至於如何進行主要商品之生命週期分析診斷，則可依表 11-1 所示來加以進行。

表 11-1　主要商品的生命週期分析表

分析項目		年度	200X 年	200X+1 年	200X+2 年	200X+3 年	200X+4 年	200X+5 年	200X+6 年
銷售額（量）	企業界規模	全國							
		地區							
	主要產品銷售額	a.							
		b.							
		小計							
	本公司主要商品銷售額	a.							
		b.							
		小計							
成長分析（％）	經濟成長率								
	企業界整體銷售成長率	全國							
		地區							
	主要商品的銷售成長率	a.							
		b.							
		小計							
	本公司主要商品銷售成長率	a.							
		b.							
		小計							
市場占有率（％）	相關指標								
	本公司主要商品的地區與全國分析	地區							
		全國							
		小計							
收益力分析（％）	本公司主要商品的地區與全國分析	地區							
		全國							
		小計							
質的分析因素	外部因素								
	內部因素								

（資料來源：吳榮炎譯（1987），川名正晃著，《公司診斷 85 要訣——激變環境下的企業危機管理》，台北市：創意力文化事業公司，p.16）

（三）銷售競爭力低落的危機

　　企業組織必須清楚其企業總體的銷售競爭力是否低落？而總體銷售競爭力低落的原因來自於：

1. 對於日趨多樣化的商品／服務／活動發展趨勢，缺乏因應能力。
2. 對於日趨下降的市場占有率，缺乏創新與創造的精神，以扭轉與順利度過新時代的競爭挑戰。
3. 對於日益喜歡先比較之後再購買／消費／參與的顧客，缺乏應變（扭轉顧客購買／消費／參與行為）之能力。
4. 對於市場與顧客的定義、定位與再定義能力不足，以致於不能真正了解市場／顧客的需求與期望（尤其在成熟期時）。
5. 對於市場行銷與競爭策略，沒有能力發揮其獨特性（獨創性、意外性、感動性、共鳴性）的方針、目標與競爭方法之差異化策略能力。

⇨ 二、資訊蒐集方面的危機與診斷

　　企業組織要秉持「變化就是創造機會」，而為能夠開發新的市場機會，就應該建立蒐集資訊的綜合體制，這個體制乃在於企業組織內部建立資訊流程組織化，以及各部門資訊分享交換的運用資訊協調與聯繫系統。使企業組織所需要的資訊（如：市場動向、商品動向、顧客動向、競爭者動向、公司內資訊、同事與部屬資訊、三現主義（現品、現場、現狀）資訊等）可以快速傳達給各個部門，指示立即行動以因應時代環境的變化。

　　資訊蒐集運用的制度化乃在於建立培養市場的感覺，提高資訊判斷能力、洞悉未來情勢發展（如表 11-2 所示）。這個感覺必須要由自己親身去體驗，不論是用眼睛、雙手、雙腳或皮膚去思考與感覺，就是要能親自體驗，進而了解有關的風險與危機因子有哪些是領先、同步或落後的危機指標，如此再配合三現主義，則可以洞察未來的發展趨勢，以及掌握環境的變化方向，在未形成引爆點之前，採取有效行動，以消弭危機與風險。

表 11-2 資訊蒐集途徑檢核表

項 目	檢核內容	檢核結果	判定 好 壞
一、市場動向	1.市場現在是如何變化？		
	2.消費者需求與購買傾向的變化如何？		
	3.市場的變化重點有哪些？		
	4.潛在需要的估計有多少？		
	5.銷售通路的變化如何？		
	6.目前的市場行銷方針適宜嗎？		
	7.本公司的產品之市場占有率如何？		
二、商品動向	1.目前市場與公司商品有哪些種類？		
	2.顧客對於本公司商品的反應如何？		
	3.顧客對於他公司商品的反應如何？		
	4.本公司商品各有哪些優點與缺點？		
	5.本公司各項商品的銷售量與發展性如何？		
	6.本公司與他公司商品的新用途／效用如何？潛力如何？		
	7.本公司與他公司商品銷售好與壞之原因？		
三、零售商動向	1.各零售商的銷售績效如何？今後發展為何？		
	2.大筆的交易對象在哪裡？動向為何？		
	3.小額的交易對象在哪裡？有可能提高多少？		
	4.未來的交易對象在哪裡？目前狀況為何？		
	5.零售商的信用狀況為何？		
	6.有什麼不滿意或要求的事項？		
	7.零售商的地點變化如何？		
四、顧客動向	1.顧客對象有哪些？		
	2.銷售方式如何？		
	3.顧客的意見有哪些？		
	4.要如何改進與提高銷售量？		
	5.潛在的顧客在哪裡？		
五、競爭對手動向	1.競爭對手的商品特性為何？		
	2.競爭對手有哪些促銷的服務方式？		
	3.競爭對手的價格與交易條件為何？		
	4.競爭對手開拓市場方針的重點與內容為何？		
	5.競爭對手的銷售通路為何？		
	6.競爭對手的宣傳與廣告訴求重點為何？		
	7.競爭對手的銷售活動為何？		
	8.競爭對手的銷售組織與管理方針為何？		

（續前表）

項　目	檢核內容	檢核結果	判定 好 壞
	9. 競爭對手的市場占有率如何？		
六、其他	1. 銷售地區如何劃分的？		
	2. 銷售是否平衡？原因在哪裡？		
	3. 目前的銷售促進方式是否合適？		
	4. 目前的宣傳廣告方法為何？		
	5. 業務人員的管理是否正確？獎勵是否合宜？		
	6. 銷售計畫是否要修正？		
	7. 銷售方法是否正確？銷售技巧是否高明？		

三、籌措資金方面的危機與診斷

　　企業組織之所以會發生籌措資金方面的危機，大致上有財務管理上的疏漏與籌措資金能力薄弱兩大關鍵因素。財務管理的疏漏乃因其財務計畫的過失與對償債能力欠缺考量而任意擴大財金路線所造成的，而籌措資金能力薄弱則是因為缺乏往來主要銀行與輕率的資金調度管理所致。

（一）中長期資金計畫

　　中長期資金計畫乃為改善企業的財務體質，因此須由目前財務狀況的分析（如表 11-3 所示）展開，並查明其優劣點，方能加強財務體質。資金計畫的基本方針，乃在於維持資產與資本的平衡，所以在進行中長期資金計畫之時，即應將資產（資本的使用方法）與資本（資本的收集方法）之內容釐清，並進行強化財務體質的工作，如：縮減不必要的資產、加強自有資本、加強支付能力、縮減貸款項目等。至於要如何進行中長期資金計畫的規劃？則可依循如下方法進行：根據財務狀況（即資產負債表）來制定財務資金計畫，而且在進行中長期財務資金計畫時，應該要檢討分析各資產與各資本項目，如：①銷貨債權〔銷貨債權回收率 ＝ 銷貨收入 ÷（應收帳款+應收票據）〕；②盤點存貨〔存貨週轉率 ＝ 銷貨收入 ÷ 盤點存貨總額〕；③固定資產〔計畫固定資產總額 ＝ 現有固定資產 ＋ 日後的設備投資計畫 － 計畫閒置資產出售 －

折舊費用〕；④購貨債務〔購貨債務回收率 = 購貨額÷（應付帳款 + 應付票據）〕；⑤短期貸款（以現狀為之，可參考流動比率與自有資本比率）；⑥長期貸款（以現狀為之，可參考流動比率或長期資本比率）；⑦自有資本（分為資本、保留盈餘與稅後淨利，均以現狀為準）；⑧稅後淨利（宜制定一套利益計畫來達成）；⑨總資產與總資本（以現狀為準，並參考資產縮減計畫）。

表 11-3 財務比率分析檢核表

指標	計算公式	現在	1 年後	2 年後	3 年後	備註
1. 總資本週轉率	$\frac{銷貨收入}{總資本}$					跟同業比較
2. 銷貨債權週轉率	$\frac{銷貨收入}{銷貨債權}$					跟同業比較
3. 存貨週轉率	$\frac{銷貨收入}{存貨}$					跟同業比較
4. 自有資本比率	$\frac{自有資本}{總資本}$					50% 以上為佳
（固定資產對）5. 長期資本比率	$\frac{固定資產}{長期資本}$					70% 以內為宜
6. 貸款比率	$\frac{貸款}{銷貨收入}$					1 個月健全 1～3 個月普及 3～5 個月不佳
7. 流動比率	$\frac{流動資產}{流動負債}$					100% 以下不佳 150% 以上為佳

在進行中、長期資金計畫時，應該要編製資金運用表以為運用，同時資金運用表乃依據資產負債表編製，且由現在對資產的運用與籌措來觀察，以為預測一年之後的趨勢，並予以計畫而成。（如表 11-4 所示）

表 11-4 資金運用表

科　目	××期	××期	增減	科　目	××期	××期	增減
1. 長期資本				6. 銷貨資金			
(1)資本金				（＝4－5）			
(2)保留盈餘				7. 雜項資本			
(3)當期利益				(1)			
(4)法定公積				(2)			
(5)長期負債				(3)其他流動負債			
2. 固定資產				8. 雜項資產			
(1)土地				(1)			
(2)建築物				(2)			
(3)其他				(3)其他流動資產			
3. 長期資產				9. 雜項資金			
（＝1-2）				（＝7－8）			
4. 購入資本				10. 剩餘資金			
(1)應付票據				（＝3＋6＋9）			
(2)應付帳款				11. 借入資本			
(3)其他				(1)兌現支票			
5. 銷貨資產				(2)短期負債			
(1)應收票據				12. 支付資產			
（含已兌現				(1)暫付款			
支票）				(2)固定性存款			
(2)應收帳款				13. 籌措資金			
(3)商品				（＝11－12）			
(4)其他							

（資料來源：吳榮炎譯（1987），川名正晃著，《公司診斷85要訣——激變環境下的企業危機管理》（第一版），台北市：創意力文化事業公司，p.188～189）

（二）資金調度計畫

　　資金調度計畫乃為藉由資金調度表（表 11-5 所示）的編製與管理，達成預測與管理每個月（或季、半年、1 年）的現金收支情形，也即為資金計畫與資金運用表（如表 11-4 所示），具體呈現出資金調度管理的方向。資金調度表應準備未來半年到一年的調度表，以為管理資金的有效調度。

　　基本上，資金調度表乃在於：①預測收入的多寡；②預測支出的需求；③收支平衡計算方法；④資金籌措的方法等目的之揭露。因此，資金調度乃是每天要做的工作，至少應每週進行一次檢討，其重點為：①檢討貨款回收情形；②檢討存貨情形；③檢討固定資產；④檢討經費情形；⑤檢討資金籌措情形

等。同時本項工作基本上是財會部門的責任，惟必須將檢討結果彙報給最高階層主管，並提供意見給營業部門與製造部門，供調整具體措施之參考。至於要如何在緊急狀況下進行資金籌措？依川名正晃（1987）指出有：①出售閒置資產；②利用公部門的融資制度貸款；③自經營者個人借入資金；④由幹部連帶保證以借入資金；⑤從顧客處取得融資；⑥撤退或出售總公司的辦事處或分公司；⑦利用金融租賃公司的金融租賃方式借款；⑧申請延遲繳納稅金；⑨申請歸還稅金等途徑。

表 11-5　資金調度表（以半年期為例）

科　目＼項　目	月		月		月		月		月		月	
	計畫	實績	計畫	實績	計畫	實績	計畫	實績	計畫	實績	計畫	實績
上期轉入額												
收入　現金回收												
（支票回收）												
應收帳款結清												
小計												
支出　應付帳款結清												
支付應付帳款												
人事費用												
總經費												
償還負債												
小計												
收支平衡												
資金籌措　定期存款解約												
支票貼現												
貸款												
小計												
備　　註												

✤ 四、組織體制與人才瓶頸方面的危機與診斷

由於企業的經營與產業環境發生了如下的變化：①變化速度相當快速；②變化時的持續時間越為縮短，而且立即又轉變另一種變化；③政治與社會等

因素，愈來愈具有影響力；④上述三種變化會因各種關聯而相互牽動，使得情勢更形複合化；⑤未來的突發性變化愈多等傾向（吳榮炎譯，川名正晃著；1987，p.74）。

（一）組織上下的互信關係

組織上下的互信關係乃建立在：①上級主管在下達命令時是否有考量到部屬的能力與意願，使得部屬能夠貫徹執行；②上級主管所下達的命令最好能夠提高部屬的士氣；③上級主管要能夠信任部屬，並且要以誠懇的態度下達命令；④下達命令時，要本著 5W1H（何時、何人、何事、何處、對象、如何等）之要件來進行明確的指示；⑤要明確地告知何時為完成期限等原則與要訣之上。

同時，企業組織必須在建立組織體制之同時，就應賦予各個職務的責任與權限，各個職務負責人在執行職務時，所需的工作上權力即稱為權限。這個權限就是所謂特有權限（為一般公認的狀態，可以不必接受他人指示，依據自己判斷去決定、命令、檢查與執行任務），雖然表示在職務上所擁有的特殊權力，相對的其工作也有一份責任。一般而言，權限可分為固有權限（在職務上所認定的權限）與委任權限（由上級主管委任而擁有的特殊權限）兩種。惟委任權限之責任為向授任者回報內容、過程與結果的報告義務；同時授任者雖將委任的工作責任轉移到其部屬，但是監督責任仍歸屬於授任者，也就是授權而不授責之原則。

另外，企業組織也應建立公平實施的人事制度，其建立步驟為：

1. 明文規範企業內組織系統中各個職務的權限與責任範圍。
2. 將家族企業的一些色彩予以摒棄，例如：家族成員與一般員工適用同一套人事管理規則、同工同酬、獎懲辦法等。
3. 以員工的工作績效與團隊精神為本，將適當的工作職位與權限賦予有能力的員工。
4. 採取公正、公平、公開的考核制度，進行全體員工的工作結果評估，並給予合理的升遷機會。
5. 明確定位各職位與身分的不同，防止兩者因混淆所造成的紊亂與溝通上的困難。

（二）建立充滿鬥志的團隊體制

企業組織必須建立以顧客為導向的工作熱忱，以及充滿鬥志的團隊體制（戰鬥力）。而要讓企業組織內部所有員工能具有鬥志的組織文化，須依賴各級主管本身要有強烈的革新意識。讓企業組織員工充滿鬥志的要訣為：①向心力（全體員工須能上下一心，全力以赴達成工作目標）；②明確紀律（依企業組織的經營理念與組織文化，制定紀律規章，並要求全員遵行）；③提升士氣（目標要讓全體員工了解，使全體員工對企業目標的達成，具有絕對的信心與決心）。

企業組織並應強化員工對企業的歸屬意識，其方法有：①最高階主管的決策理念應貫徹到全公司員工，並讓他們了解工作的目的與方向，就會產生組織的一體感；②在執行工作目標時，須鼓勵全體員工在一體感驅動下，向同一目標前進，則組織的氣氛也就能夠活絡起來了；③企業組織應該建立有效體制，讓員工隨時保持緊張與危機隨時到來的心態，以消除懈怠的想法，也就是建立組織的危機意識。

提高團隊精神之方法有（吳榮炎譯（1987），川名正晃著，p.96）：

1. 從質與量兩方面來整頓溝通管道，重新認識各種會議的意義。
2. 徹底了解企業的使命與方針，並利用可能的機會，讓員工自己做報告與說明，以提高他們對公司工作的認識。
3. 使全體員工態度積極、活絡，以發揮綜合體的功能，也就是要加強全體員工的一體感。
4. 詳細說明各個員工與職務的工作任務，同時將公司的訓練目標、任務與期望讓員工了解，並促進他們與相關部門配合的機會與環境。
5. 讓員工了解，他們所負責的工作對公司整體的影響，以及在全體工作中所占之位置、重要性與意義。

（三）培植富於熱忱、忠心的人才

企業經營管理階層的任務，乃在於提高人員的能力，並組成卓越的工作團隊。經營者必須培養各階層的經營管理團隊，而對於培養與教導經營管理人才，經營者的處理方式與態度，將會決定培養與教導經營管理人才的成敗（如

表 11-6 所示）。因此，經營者必須注意以下各項要點：①與員工共同規劃未來的夢想與希望；②相信並關心員工，但若部屬有錯，也不可以輕易姑息與寬恕；③要時時引導部屬發展潛在能力；④上級主管可以挑選部屬，但部屬卻無權選擇上級主管，因此必須敦促員工對工作投入，並擁有蓬勃朝氣，以開創新的未來；⑤對部屬的賞罰要能夠公平、公正、公開，同時賞罰的時機必須及時性等要點。

表 11-6　經營者培養人才 15 要訣

1	經營者本身態度要修正。
2	經營者視職務為天賦，起而立行而無怨尤。
3	發揮員工專長並鼓勵他與激勵他（挑員工毛病乃是無意義的）。
4	面臨危困時要率先迎戰（不說不爭氣的話，不做有損顏面之行為）。
5	不斷地制定目標並堅持到底（不論困境如何一定要領導全體員工前進）。
6	關懷員工並助其成長（建立彼此信賴）。
7	以身作則的態度與魄力是帶動員工的要訣（熱情會傳染）。
8	掌握並鑑別出員工的需求與期望。
9	運用演技與演出效果。
10	把重點放到目標之上（成長可以決定勝負）。
11	澄清製造麻煩人員的疑惑。
12	以參與的原則提高工作士氣。
13	以團體管理方式，使問題變為團隊的問題，大家來一起解決。
14	將員工看作企業組織的支柱，並且尊重他。
15	提高認同感與一體感。

（資料來源：吳榮炎譯（1987），川名正晃著，《公司診斷 85 要訣——激變環境下的企業危機管理》（第一版），台北市：創意力文化事業公司，p.109）

⇨ 五、創新企業家與培養接班人方面之危機與診斷

企業經營者主要職務有：①確立經營理念；②建立經營方針；③明確經營計畫；④建立組織以實現其經營計畫；⑤整頓各項作業管理制度，以改善經營體質，促成經營的良性循環；⑥掀起挑戰行動，並達成經營計畫與經營方針；⑦塑造永續經營的契機與持續改進環境。

企業經營者必須認清如下基本問題：①要如何因應企業周邊的環境變化？

②是否具有因應國內外激烈競爭之特色與價值？③要如何克服企業內部環境與外部環境、競爭者環境等的嚴苛限制條件？④檢討並了解國內外競爭環境的變化（包括競爭對手在內）？⑤今後十年公司的革新重點有哪些？⑥訂定決策時，是否認清了自己公司可能獲得勝利的革新重點有哪些？⑦是否全體員工均已認知到應該確立企業組織內部體制？以上這七項基本問題乃是意識的「統一力」，也是向新時代挑戰的第一步。

　　企業經營者除了要認清上述問題之外，更應向全體員工明確指示其企業組織的經營方向，也就是要讓部屬對經營者信任的重要一步。經營者在宣示公司經營方向時，必須自己要能夠深入了解每天、每週、每月、每年的事實狀況，才能採取有效的方法與對策，以指引部屬全力以赴。並且要向部屬指引明確經營方向，使部屬可以集中力量邁向重點目標、方向前進之過程中，經營者應注意如下的行動綱領：①經營管理階層的所有人員，必須自覺並意識到他自己即為決策者的夥伴；②以超越各自部門本位的目的意識和問題意識之企業第一主義，從全企業的觀點調整行動；③從業績實情的把握、現狀的重點問題、公司具有的優點、競爭對手的動向、全體人員的士氣等來認清現狀；並採取適當行動；④認清本身的角色與任務；⑤以正確價值判斷為目標的管理系統化（依數據和建立對策的制度化）；⑥積極培養經營者本身的經營管理能力，以完成其基本職務與責任；⑦從就職的第一天開始就應積極培養接班／幹部人才。

　　由於人類的生命有限，而企業組織卻可以無限發展，所以企業經營者就必須要選擇適當的後繼接班人，如此才能讓企業永續發展下去。對於一個企業經營者的功過論定，乃在其擔任經營者期間是如何培養接班人？是否明確其繼承事宜？是否可以安全委任經營管理人才？是否可以委任相當權限的人才？而上述問題乃是經營者功過之一項。

　　後繼接班人必須對其企業組織的經營理念有深入了解，且可為其企業經營理念的繼往開來者。其對經營的堅定信念乃在於企業原始的創業精神（即為全體員工的共同意志與行動起點），所以經營者在選擇接班人時，應如下考量：

1. 該選定接班人是否就是志同道合者？是否願意從企業組織的原始精神出發？（革新意識）

2. 該選定接班人對於目前企業歷史上的成果累積，想要以什麼方式來承繼而得

使企業更加蓬勃發展？（革新能力）

3. 該選定接班人是否以所承繼的知識為基礎，來發掘問題與革新的時代挑戰？
（革新行動）

（本小節參考吳榮炎譯（1987），川名正晃著，《公司診斷 85 要訣——
激變環境下的企業危機管理》（第一版），台北市：創意力文化事業公司，
p.54～72）

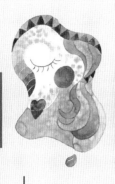

PART 4

企業經營診斷的發展

CHAPTER 12

企業風險管理與內部控制

近來各界對風險管理的關注,已轉為需要建立一個用以有效辨認、評估與管理風險的強韌架構之趨勢與要求。COSO 委員會在 2001 年研擬出一個可供企業管理階層立即使用的「企業風險管理－整體架構」,用以評估與改進企業之風險管理。而此一架構乃擴大其內部控制架構之觀點,同時比「內部控制─整體架構」更為廣泛、有力及深入。此架構並未取代內部控制整合架構,而是將之整合在內。台灣金融監督管理委員會在建立內部控制制度裡,已將此架構之精神涵蓋在內,因此本書特別介紹此架構。

第一節　企業風險與企業風險管理組成要素
第二節　企業風險管理與企業內部控制評估

企業組織在其營運的過程中,會有許許多多的風險與機會存在,諸如外部環境的威脅與機會、金融市場變動的威脅與機會、企業營運績效評估結果之威脅與機會、營運變動危機的威脅與機會等。因此,企業組織及其經營管理階層就應該要進行企業風險管理。企業風險管理的定義(COSO; 2004):「企業風險管理係一遍及企業各層面的過程,該過程受企業董事會、管理階層或其他人士而影響,用以制定策略、辨認可能影響企業之潛在事項、管理企業之風險,使其不超出該企業之風險胃納,以合理擔保其目標之達成。」

企業在營運活動中,必須面對的不確定性,有可能會演變成風險或機會,其中若是機會則其企業價值有可能因而增加,相反的若面對的是風險,則會使企業價值減少。當企業在進行營運活動之際,若其所產生的效果與效率超過其所投入的資源,則其企業價值將會被創造出來。所以企業的管理階層就有必要進行管理風險、掌握機會,而且不管你是營利事業、非營利事業(NPO)、政府組織或是非政府組織(NGO),均應進行風險管理。

第一節　企業風險與企業風險管理組成要素

基於 COSO 的定義，可以看出某些概念即為企業風險管理，如（馬秀如等譯；2004，p.15～16）：①一項過程，該過程持續不斷於企業內運轉；②受企業各階層人士所影響；③於制定策略時採用；④應用於企業各層面，涵蓋所有層級及單位，所考量之風險包括企業整體層級之組合風險；⑤用以辨認那些會影響企業的潛在事項，以及管理風險，使其風險不要超出企業之風險胃納；⑥能為企業管理階層及董事會提供合理擔保；⑦配合目標之達成，該等目標可能歸屬於一個類別或一個以上之類別，當歸入一個以上的類別時，其有部分相互重疊。同時，風險管理乃是達成目標之手段，其本身並非目標。

一、企業風險

任何一家企業組織在其營運過程中，或多或少均會發生企業風險，而這些風險普遍發生在企業組織的各項作業管理系統裡面。John Argent（1976）指出導致企業組織倒閉的九項原因為：①管理不善；②會計系統不良；③缺乏適應環境改變能力；④受到外力牽制；⑤舉債過度形成惡性循環；⑥不當且盲目的投資計畫；⑦自有資金比率過低，財務槓桿過高，易受外界環境變動影響；⑧管理人員開始作假，篡改會計資料，企圖隱瞞有關危機狀況以規避責任；⑨非財務徵兆顯現（如：員工士氣低落、交貨品質不穩定、付款期限變長等）等。

企業組織有可能產生的風險，可分為：①外部環境變動所造成的風險與機會；②營運環境變動所造成的風險與機會；③金融市場變動所造成的風險與機會；④企業營運績效評估結果所造成的風險與機會；⑤企業內部管理機能變動所造成的風險與機會等五大類。（如圖 12-1 所示）

外部環境變動的風險與機會
- 政治性 • 競爭者投入
- 經濟性 • 資源供需
- 文化性 • 法律異動
- 司法性

營運環境變動的風險與機會
- 大顧客變動
- 本身營業中斷
- 天災地變與人禍

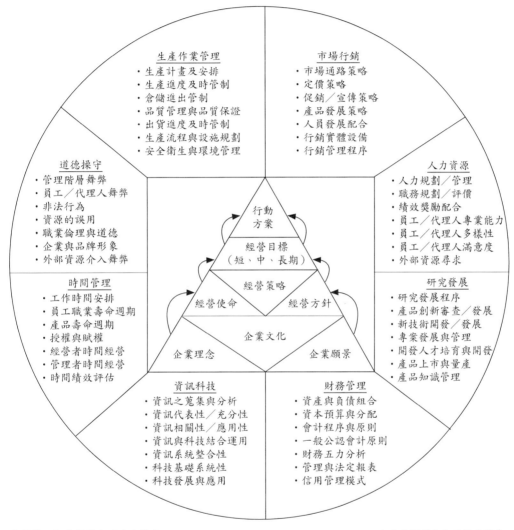

生產作業管理
- 生產計畫及安排
- 生產進度及時管制
- 倉儲進出管制
- 品質管理與品質保證
- 出貨進度及時管制
- 生產流程與設施規劃
- 安全衛生與環境管理

市場行銷
- 市場通路策略
- 定價策略
- 促銷／宣傳策略
- 產品發展策略
- 人員發展配合
- 行銷實體設備
- 行銷管理程序

道德操守
- 管理階層舞弊
- 員工／代理人舞弊
- 非法行為
- 資源的誤用
- 職業倫理與道德
- 企業與品牌形象
- 外部資源介入舞弊

人力資源
- 人力規劃／管理
- 職務規劃／評價
- 績效獎勵配合
- 員工／代理人專業能力
- 員工／代理人多樣性
- 員工／代理人滿意度
- 外部資源尋求

時間管理
- 工作時間安排
- 員工職業壽命週期
- 產品壽命週期
- 授權與賦權
- 經營者時間經營
- 管理者時間經營
- 時間績效評估

研究發展
- 研究發展程序
- 產品創新審查／發展
- 新技術開發／發展
- 專案發展與管理
- 開發人才培育與開發
- 產品上市與量產
- 產品知識管理

行動方案

經營目標
（短、中、長期）

經營策略

經營使命　　經營方針

企業文化

企業理念　　企業願景

資訊科技
- 資訊之蒐集與分析
- 資訊代表性／充分性
- 資訊相關性／應用性
- 資訊與科技結合運用
- 資訊系統整合性
- 科技基礎系統性
- 科技發展與應用

財務管理
- 資產與負債組合
- 資本預算與分配
- 會計程序與原則
- 一般公認會計原則
- 財務五力分析
- 管理與法定報表
- 信用管理模式

營運績效評估結果之風險與機會
- 金融機構的評價
- 保險機構的評價
- 投資公司的評價
- 證券公司的評價
- 其他組織的評價

金融市場變動之風險與機會
- 資本市場的變化
- 外匯市場的變化
- 保險市場的變化
- 利率水準的變化
- 政府政策的變化

圖 12-1 企業風險表

（一）外部環境變動所造成的風險與機會

企業的外部環境（包括競爭者環境在內）變動時，對於企業營運會產生相當程度的影響（可能是機會，也可能是威脅），而這些影響到外部環境變動的因素有：政治性、經濟性、社會文化性、司法性、競爭者投入、資源供需與法律變動等因素。

（二）營運變動的風險與機會

企業在營運過程中營運構面的變動，或多或少均會對企業的營運活動及績效造成一定程度的影響，此等變動諸如：①大顧客（主力顧客）變動（可能結束營業、可能移轉到競爭者購買／消費／參與）；②企業本身的營業中斷（諸如：資金短缺造成跳票停工、負責人未選定與培養接班人時突然過世、企業被他家企業併購成為消滅公司）；③天災地變人禍（如：台灣 921 大地震、88 大水災、美國 911 事件、恐怖攻擊、中國四川省汶川大地震等）。

（三）金融市場變動的風險與機會

金融市場之變動泛指資本市場、外匯市場、保險市場、利率水準、政府金融貨幣政策等方面的變化，均會對企業組織的營運活動產生一定程度的影響，諸如：①二十一世紀初中國的宏觀調控政策的實施；②台灣在陳水扁執政時期所採取兩岸經貿限制性開放政策；③美伊戰後，由美軍代管期間的伊拉克政經社會政策。

（四）企業營運績效評估結果之風險與機會

企業營運績效一旦評估出來，其企業的評價等級自然而然地會受各個利益關係人的關注。例如：①保險公司會依此企業評價結果或自行再評估之結果，作為其承接保單或保單質押借款之審核依據；②投資公司更可能拿績效評估（企業自評或投資公司代評）來作為是否投資的依據；③金融機構也會拿來作風險胃納（即信用餘額）與融貸款項之依據；④證券機構也會拿來作為核算每股價值（上市價格）之基礎；⑤其他機構（如：環保團體、公益團體）也會要求企業進行營運績效評估。

（五）企業內部管理機能變動的風險與機會

企業內部管理機能在企業營運過程中，也會因為作業管理系統的失靈、失調與衝突，導致內部營運作業產生危險因子。諸如：①市場行銷方面之策略錯誤、人員疏忽、商品品質瑕疵等均會影響到行銷績效；②人力資源策略上的職務規劃、員工職業生涯規劃、薪酬福利制度若發生了令員工不滿意的因素，則會變成人力資源方面的危險因子；③研究發展方面的商品／服務／活動及生產與服務作業技術之研發腳步跟不上時代潮流，則其被競爭者取代之危險因子就會產生了；④財務管理方面的規劃與管理、預算編製與執行管制等方面若發生了不合理、不合法的事件時，則其財務管理之危險因子就會爆發開來；⑤資訊科技的應用若發生資訊系統無法整合，或是蒐集資料未經整理與分析過程，即貿然引用所造成的資訊危機乃是需要加以預防的；⑥生產管理方面的計畫、執行、檢核、改進循環未能落實推展，以致產生無法及時交貨、庫存過多、職業傷害等事件，乃是應該注意的事項；⑦時間管理方面乃是現代企業組織經營管理階層必須全力做好的項目，要如何「今日事、今日畢」且要「做對的事」、「把事做對」就只有在有限的時間內完成工作任務，當然主管也應考量到其賦權與授權的原則，極力培養接班人；⑧道德與操守方面，則是要企業組織全員為達成企業與員工的共同願景而努力，如何做到「顧客滿意、供應商滿意、股東滿意、員工滿意、社會滿意」乃是需要高度的企業倫理來誘發。

✍ 二、企業風險管理的組成要素

企業風險管理包括互有關聯的八個組成要素（components），這些組成要素依據管理階層經營企業的方式而產生，與各項管理作業系統之過程相結合。這些組成要素為（馬秀如等譯；2004，p.21～22）：

（一）內部環境

管理階層決定如何看待風險的哲學，並設定風險胃納。企業組織內部全體員工乃依據企業的內部環境來看待其風險及控制的基礎，任何企業組織之核心，乃是人與人所在的環境，而這裡所說的人乃指每一個人的個人特質，包括操守、倫理價值觀及能力，環境則泛指人在其中運作的環境。

（二）目標設定

在管理階層能辨認影響其目標是否達成之潛在事項前，目標應該要已經選擇好並確立好。企業風險管理乃在於保證管理階層所制定目標之過程，以及所確認之目標須要能夠支持企業達成使命，同時要能夠配合該使命，並與企業之風險胃納一致。

（三）事項辨認

企業的管理階層應該要能辨認出哪些潛在事項會對企業產生影響，而這些應辨認的事項包括來自企業內部或外部可能影響目標能否達成的潛在事項，也包括代表風險、機會或兩者兼具之潛在事項。這當中若為機會之時，則可能會導回管理階層制定策略或目標之過程。

（四）風險評估

對於已辨認之風險應加以分析，以建立決定如何管理風險之基礎，風險須與可能影響之相關目標作連結。而風險乃依固有與剩餘二種基礎來評估，考量之時，會一併評估風險發生之可能性與後果。

（五）風險回應

員工辨認及評估可能的風險回應（包括：規避、承受、抑減及分擔），管理階層必須選擇一系列的行動，使企業風險能夠與風險容忍度及風險胃納相配合。

（六）控制活動

制定風險管理之政策與程序，並予以落實執行，以協助擔保管理階層所選擇的風險回應能夠有效地被執行。

（七）資訊與溝通

辨認、擷取及溝通攸關資訊，其形式及辨認、擷取、溝通資訊的時限，應讓相關人員能夠履行其責任。企業組織中的各個層級均需要資訊，以辨認與評估風險，並對風險做出回應。至於有效溝通之觀念，其範圍可包括企業由上而下，或由下而上，以及相互之間橫向的溝通。所有企業組織的員工均應明確知悉其所應扮演之角色及責任等有關資訊。

（八）監　督

　　應該就企業風險管理之整體予以監督，必要時應加以修正。因此，若情況有需要之時，即可動態做出反應與改變。監督之進行，可藉持續改進之管理作業、或企業風險管理之間斷性評估、或二者兼採。

　　由於企業風險管理乃是個動態的過程，所以企業風險管理並不是一個只會影響到下一個組成要素的連續過程，而是一個多向且反覆重複的過程，也就是說在此等 8 大要素之中，幾乎每個要素皆有可能相互影響。企業風險管理的方式，乃因為各個企業及其企業風險管理的能力與需求，受到產業、規格、管理階層的經營理念與管理哲學、企業文化等因素之不同，而導致各個企業的企業風險管理方式有所差異。因此各個企業採用的風險管理工具與技術，以及所指派之職位與責任，也會有所不同。

🖎 三、經營目標與風險管理組成要素間的關係

　　企業經營目標與企業風險管理之間存在直接的關係。因為企業經營目標乃是企業全體員工必須全力以赴以達成者，而企業風險管理的組成要素，則是為達成企業經營目標所需者，如此的關係以圖 12-2 說明如下（馬秀如等譯；2004，p.23～24）：

1. 立方體之上方（垂直欄）所標示者為四類企業的經營目標（策略性、營運、報導及遵循）。

2. 立方體之前方（水平列）所標示者為企業風險管理八個組成要素。

3. 立方體之右方（第三個向度）則描述企業之單位。

4. 每一個橫列的組成要素均跨四個目標類別，且適用於四個目標（例如：從內部與外部來源蒐集財務與非財務資訊，屬資訊與溝通組成要素之一部分，惟在設定策略、有效管理企業營運活動、有效進行報導、決定遵循法令時皆有需要）。

5. 每一個垂直欄的目標則會與八個組成要素有相關性（如：營運之效率與效果，均會與八個組成要素相關聯，且對目標達成也極為重要）。

6. 在第三向度裡，企業或其個別部門、事業部、子公司，均與企業風險管理有相關聯（如：一個人可以考量最右後方的那一個小方塊，該方塊代表企業內

部環境與某特定子公司法令遵循目標間之關聯）。

7. 圖 12-2 的立方體所標示的四個目標欄，乃代表整個企業組織之目標，而非僅企業之部門／單位／事業部／子公司之目標。當考量一個目標時，例如在考量與報導有關之目標時，則須要了解多種與企業營運活動有關之資訊，此時其著重的乃是報導目標而不是營運目標。

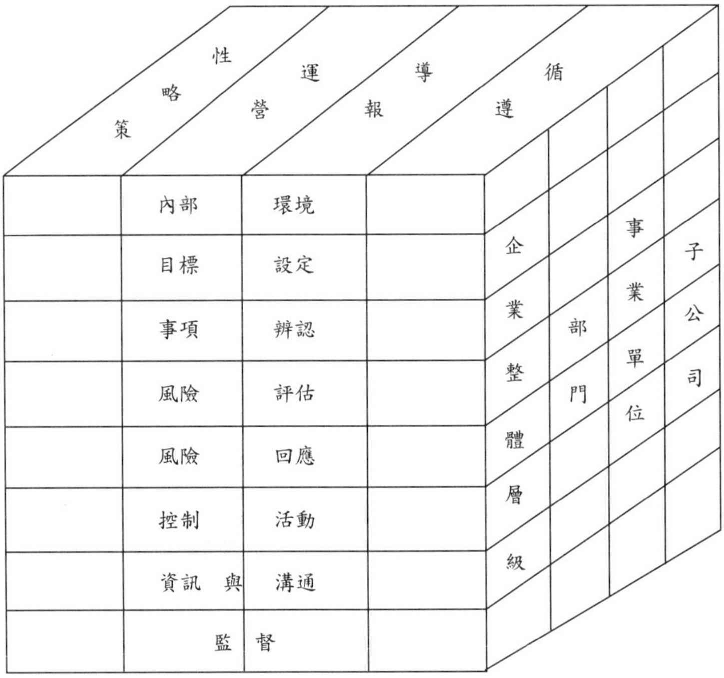

（資料來源：馬秀如等譯（2004），Treadway 委員會之贊助機構所組成之 COSO 委員會著，《企業風險管理──整合架構》（第一版），台北市：中華民國會計研究發展基金會，p.23）

圖 12-2 經營目標與企業風險管理組成要素之關係

❂ 第二節　企業風險管理與企業內部控制評估

任何企業均應對其遭遇的風險有所認知，並且要加以處理。所謂風險評估係指企業辨識其目標不能達成之內在與外在風險因素，並加以分析其可能的影響程度及其可能性之過程。在評估／風險之時，乃在構成企業風險之項目的架

構（context）下，綜合考量與企業攸關的潛在未來事項，及其所進行的活動。風險評估的結果，乃用來協助企業設計其必要的控制作業。企業風險（如圖12-1 所示）所導致企業組織之策略性目標與相關目標無法達成；因此，企業應該設立目標、檢驗目標，以建立內部協力合作氣氛與全力以赴的努力，並指引管理階層的行事方向。另外，企業組織也應建立、確認與分析其不能達成目標之風險機制，以制定控制這些風險必要的作業活動（陳文彬；2000，p.67）。

　　由於企業風險管理係管理過程的一部分，所以企業風險管理架構的組成要素，即應依據管理階層的經營企業或其他型態個體之方式而加以探討。管理階層為使企業能夠創造更大的企業價值，應在全力謀求企業的成長、報酬與相關風險間，取得最適平衡的情況下，訂定其企業經營策略與目標，並規劃有效果與效率的分配資源。至於企業風險管理的整合架構，依據其組成要素簡單說明如下：

一、內部環境

　　企業的內部環境乃塑造企業之紀律及內部控制之架構，也是企業風險管理組成要素之基礎。內部環境乃是人與人處於其互相之間經營的環境，會影響企業的內部環境之因素包括：①組織成員的操守、價值觀與能力；②管理階層的管理哲學與經營風格；③管理階層聘僱、訓練、組織員工與指派權責的方式；④董事會、監察人的關注及指導等（如表 12-1 所示）。

表 12-1　影響內部環境因素查核表

因素	內部環境的評估事項
一、操守價值觀與執行之能力	1. 管理階層是否制定有行為準則或人事管理規則？若有時，該準則是否有落實實施？若沒制定時，其企業文化是否有強調操守的重要性？ 2. 若有任何員工違反企業既定政策及作業程序標準之時，要如何補救？要如何處罰？ 3. 管理階層和員工、供應商、股東／投資人、債權人、顧客、競爭對手、會計師互動交流之時，其行為顯示出來的操守與價值觀如何？ 4. 管理階層對踰越既定的控制程序時，其態度為何？ 5. 企業組織有否制定職務說明書？如有時，職務清晰程度如何？如無時，其管理階層如何告訴其部屬要如何執行工作？要執行哪些工作？ 6. 管理階層是否制定有關於進行特定職務工作之員工應具備哪些學經歷與經驗？所使用的分析方法為何？ 7. 管理階層是否進行工作評價？如何界定薪酬獎金之計算與核發標準？如何進行人力盤點？如何進行教育訓練之安排？

（續前表）

因素	內部環境的評估事項
二、董事會及監察人	1. 董事會與管理階層之間的獨立性如何？監察人與管理階層間的獨立性如何？向董事會與監察人負責之員工的任免與薪酬如何決定？ 2. 董事會成員的知識及經驗如何？監察人的知識與經驗如何？ 3. 董事會成員與財務主管、主辦會計人員之間的連繫狀況如何？和內部與外部稽核人員之連繫狀況如何？提供指導與監督之程度如何？監察人與這些人員的連繫狀況如何？提供指導與監督之程度如何？ 4. 董事們獲取之資訊有多少？此中的敏感性資訊有多少？多久可獲取這些資訊？監察人獲取的資訊有多少？此中敏感性資訊有多少？多久可獲取這些資訊？ 5. 董事會成員獲悉的資訊，是否與其組織的目標及策略、財務狀況、經營成果、現金流量及重大合約條款有關？能不能用於監督企業組織之營運活動？ 6. 是否為家族企業？若是的話，董事長或最高階層主管是否為一位獨特強人？長期強勢作為是否塑造了組織內部員工不敢負責與凡事請示的文化？ 7. 董事會成員是否內舉不避親而任命自己人擔任重要職務？ 8. 監察人是否來自董事會家族成員？ 9. 公司重要職務是否能任命能力、品德與操守愈高的人擔任？而不是為自己人好辦事？
三、管理哲學與經營風格	1. 企業會面臨哪些風險？董事會及管理階層對於承接風險的態度如何？又要如何控制風險？ 2. 企業是否有假借多角化經營之名，而行交叉持股炒作股票之實？ 3. 若可供選擇的會計政策超過一個時，管理階層的態度為何？所選用的會計政策保守、穩健的程度如何？揭露重要資訊之意願如何？變造或偽造書面記錄之意向為何？ 4. 董事會及管理階層期待某些短期目標之達成，以獲取報酬之程度為何？員工是否受到達成某些不切實際短期目標之壓力？其報酬繫於這些目標達成之程度為何？ 5. 董事會與管理階層是否制定保障資產安全的內部控制制度？任用重要職務之新進員工有無經過品德、操守與能力之篩選、考核與管理？ 6. 董事會與管理階層是否重視內部控制自行評估作業？是否對外提出內部控制聲明書？ 7. 董事會與最高管理階層對財務報導之態度與行動為何？管理階層是否過分熱衷於利用會計政策來調節企業績效或獲利趨勢（因為這表示他們企圖獲取高報酬或擷取個人利益）？
四、組織結構	1. 組織結構是否合適？各級主管所應承擔之責任如何？他們是否均已了解其應負之責任？ 2. 各級主管的學歷、經歷與經驗如何？履行責任之能力為何？ 3. 企業組織之規模如何？作業的複雜性如何？ 4. 權責劃分原則與方法為何？是否適切的劃分？賦予部屬的權力與其應承擔之責任是否相對稱？ 5. 企業的從業員工是否足夠？年齡與性別結構比例為何？
五、人力資源的政策及實務	1. 企業的聘僱員工方法為何？如何調查員工背景？如何訓練員工？員工正式任用後的升遷與薪酬之政策為何？ 2. 員工在企業組織的留任與晉升和其行為準則之間的關係如何？如何蒐集該等資訊？ 3. 員工訓練績效如何與該員工之薪酬、晉升、調職產生關聯？訓練後經考核列為不合格之員工要如何處理？ 4. 企業組織有無為其員工進行職業生涯規劃？上述規劃是否與訓練相結合？ 5. 企業的員工流動率為何？員工離職成本為何？

（資料來源：參考陳文彬編著（2000），《企業內部控制評估》（第一版），台北市：中華民國證券暨期貨市場發展基金會，p.44～58）

✎ 二、目標設定

目標設定乃是事項辨認、風險評估與風險回應之先決條件。管理階層在董事會的監督之下，從企業的使命、願景或宗旨出發，為其組織設定策略性目標，使其策略成形，並制定其組織之營運、報導與遵循的相關目標。一般來說企業的策略性目標與使命、願景、宗旨是不會有大幅度修正或更動的；但是策略及許多相關目標，則是會隨著企業內部環境、外部環境與競爭者環境的變化而作浮動／動態式的修正或更動。

企業管理階層往往會每隔幾年就重新思考其策略、相關目標及行動方案。只是企業若太強調今天的利潤，將會誤導管理階層加重當前市場熱賣的商品，而忽略了那些未來市場的商品，反而會造成企業未來生存的風險。企業風險在前節之中已有所說明，但是以較簡單名詞則有自然風險、經濟風險、社會風險等類別，這些風險會導致企業的目標不能達成。所以管理階層在考量可用為達成策略性目標之若干替代方案時，就應該要進行辨認一系列策略選擇所可能帶來的風險，並考量其影響程度為何？也就是要設立目標、檢驗目標、建立協同一致的內部努力共識、指引管理階層行為方向、事項辨認、風險評估與風險回應等一系列管理風險的作業活動。

（一）相關目標

企業的相關目標是能否成功的關鍵因素，此等目標在於支持企業所選定的策略、追隨此等策略，而且與企業所有的作業活動有所關聯。一般而言，企業必須先確立其策略性目標與策略，才得以設定相關目標，並努力創造與保持其企業價值。至於企業的相關目標可分為營運目標、報導目標與遵循目標等三大類別（如表 12-2 所示）。

表 12-2　企業相關目標之類別

目　標	簡要說明
一、營運目標	1. 與企業營運活動的效果與效率有關，包含能提高營運效果與效率的相關子目標（例如：績效、獲利、保障資源安全等）。 2. 營運目標須能反映出企業所經營的特定業務、所處的產業與經濟環境（例如：提升品質與縮短上市時間、科技的改變等）。 3. 營運目標會因管理階層選擇的結構與過去的實際運作結果而有所差異。
二、報導目標	1. 與企業報導之可靠性有關，可靠的報導能夠把正確、完整，且就報導之目的而言乃係適當的資訊，提供給管理階層。 2. 可靠的報導可協助管理階層做成決策、監督企業的作業活動與執行結果。 3. 報導可分為對內或對外、財務或非財務等類別。
三、遵循目標	1. 與該企業應遵循之法令規章有關，這些法令包含市場、定價、稅賦、環保、勞工保護、國際貿易、消費者保護等有關。 2. 上述法令規章所設定之最低行為標準，必須與企業的營運行為相符合。

（資料來源：整理自馬秀如譯（2004），Treadway 委員會之贊助機構所組織之 COSO 委員會著，《企業風險管理——整合架構》（第一版），台北市：中華民國會計研究發展基金會，p.39～40）

在風險評估過程中，企業也應併同檢討其既定的相關目標的合理性及可行性（包括後續訂定之策略計畫、作業層級目標、行動方案及編製預算的過程），對於某些「不可能任務」是修正目標的問題，而不是考量如何針對該目標能達成的風險控制。例如：

1. 企業的策略性目標（即整體目標）與相關目標是如何訂定？所訂定的目標有哪些？其中長期、中期與短期目標是什麼？如何讓董事會與全體員工了解這些目標？他們的了解程度如何？

2. 所擬定之策略計畫是如何訂定？策略計畫與整體／策略性目標間的關係如何？行動方案與預算如何訂定？其與策略計畫、策略性／整體目標間的關係如何？在目前環境下，此等目標是否制定得合理？其可行性為何？

3. 作業階層的目標如何制定？其與策略性目標／整體目標、策略計畫之間的關係如何？明確程度如何？與營運過程之間的收關程度如何？各個作業階層間的目標是否一致？

（二）風險胃納

管理階層在董事會監督之下，訂定風險胃納，以作為選擇策略的指標。企業可以在其成長、冒風險與獲得報酬間，取得平衡表示其風險胃納的方法，也

可以用調整風險後的股東附加價值（risk-adjusted shareholder value-added）作為衡量工具（馬秀如等譯；2004，p.43）。管理階層將資源分配給各事業部／部門時，應考量企業的風險胃納及各事業部／部門的策略計畫，以對投入之資源獲得預期之報酬。

（三）風險容忍度

風險容忍度乃針對目標無法達成時，其所願意接受之變動程度，風險容忍度是可加以衡量的，同時在衡量時所使用的衡量單位應與相關目標衡量單位相一致。管理階層在設定風險容忍度時，應考量到相關目標的相對重要性，並與風險胃納相一致。

三、事項辨認／風險辨識

所謂的事項，係指來自企業內部或外部環境所發生的一件事或一個現象，而且將會影響到策略之執行與目標之達成，其所生的後果有正面的，也有可能是負面的或二者皆有。本書將事項辨認與風險辨識視同同義詞，在往後說明中大多以風險辨識為主。

企業成功與失敗的內在與外在因素有許多種原因，惟這些內在與外在的風險是客觀存在的，可能很明顯，也可能潛藏不明，管理階層要如何辨識此等會導致經營失敗或發生損失的風險因素？有如下步驟可供採行（陳文彬；2000，p.75）：①全盤了解企業組織的所有人、事、時、地、物與財；②進一步辨識此等人、事、時、地、物與財有可能發生些什麼風險；③檢討企業組織對此等人、事、時、地、物與財的風險，可能會造成什麼樣的結果（即可能造成什麼樣的損失）？

一般來講企業組織在辨識風險所需考量的因素應多方面綜合考量，包括過去無法達成目標之經驗、各種內在與外在因素之變動、本身控制環境之品質、某作業對企業的重要性，以及作業的複雜程度等。另外，為了避免某些攸關的風險被忽略，所以辨識風險宜與評估風險之可能性分開進行。

管理階層應該要同時考量到固有風險與剩餘風險。所謂固有風險乃指在管理階層來採取任何改變風險發生之可能性或後果的行動前，企業所面臨的風

險;而剩餘風險則指在管理階層做出風險回應之後,仍存在的風險。所以,在進行風險評估之時應先針對固有風險,當風險回應一旦決定,管理階層即可考量剩餘風險。(馬秀如等譯;2004,p.56)

四、風險的評估

潛在事項的不確定性,係在發生可能性及後果等兩方面而加以評估者。發生可能性表示在某個特定事項發生之可能程度,而後果則表示該特定事項之影響。企業到底要投入多少資源與注意力來評估其可能面臨的一連串風險?其實這是一件不易回答的問題,這要看管理階層的決策,例如:若發生可能性高且潛在衝擊力道大,則會很注意;反之發生可能性低且潛在後果又小,則不必花太多力量去注意。

風險評估乃是一種有系統的過程,用以評估及整合對可能的不利情況或事件進行專業判斷。風險評估過程應有助於企業及其管理階層,整合有關的內部控制之專業判斷。管理階層在進行風險評估時,應會設法取得各方面來源的有關資訊,並融入風險評估的過程中。這些資料來源有董事會、其他管理人員、內部稽核單位、外部稽核單位,並考量相關的法令規章及分析財務與營運資料、檢閱以前的稽核單位之建議事項、產業或經濟趨勢等。不過,基於企業本身的經驗而產生的內部資料,較不會產生個人的主觀偏差,可能會比外部資料好。然而,在進行風險評估時不可以只重視內部資料,也應注意外部資料,可將外部資料當作檢查點(checkpoint),或強化分析之用。

因此,我們以為風險評估的過程包括:①評估與估計風險的重大程度(強度);②評估發生的可能性(頻率或機率);③考量應該要如何管理風險(也就是如何採取行動)。

五、風險回應

經由風險評估之後,對於某些影響不很重大及發生可能性低的風險(低強度、低頻率),管理階層通常不須認真考量採取改進對策。但是對於影響重大及發生可能性高的風險(高強度、高頻率),即應考量如何管理風險與採取

改進措施了。這個說明乃在於呈現管理階層要如何進行風險回應，回應的方法包括風險的規避、抑減、分擔及承受等（如表 12-3 所示）。管理階層在考量風險回應時，除了上述的考量其風險強度與頻率之外，尚應考量到其成本與效益，再選擇一個使剩餘風險不致於超出所能忍受風險程度之範圍的回應方式（即全部的剩餘風險不可超過風險胃納）。

表 12-3　管理階層所採取的風險回應方式

方　式	簡要說明
規避	1. 若在營運活動中一旦發現到有風險因素時即行退出。 2. 常用風險規避包括：停止某條產品生產線之生產、不再擴張某區域的新市場或退出某一個部門／事業部。
抑減	1. 若在營運活動中發現有風險因素時，即採取行動，以減少風險發生之可能性、後果或兩者均有。 2. 常用的風險抑減方法有：每日／週／月的營運決策會議以裁決採取抑減風險之決策。
分擔	1. 若在營運活動中發現有風險因素時，即藉由移轉部分風險或採取其他方法，來減少風險發生的可能性或後果。 2. 常用的風險分擔方法有：購入保險、進行避險操作或委外。
承受	1. 若在營運活動過程中發現有風險因素時，均不採取改變風險發生之可能性及其後果之行動。 2. 在採取有關的行動措施之花費成本遠比其影響後果之損失來得大時，即以承受之方法來回應風險了。

六、控制活動

　　管理階層辨識了有關達成其策略性目標、相關目標，以及各作業階層目標之未能達成的內在或／與外在風險，並分析其發生的可能性（或頻率）、評估其影響的程度，以協助企業針對已辨識的風險，設計及執行必要的控制作業或稱為控制活動（COSO 報告稱之為 control activities；控制性作業活動）。

　　所謂的控制活動，乃指協助管理階層確保其風險回應能夠被履行的政策與程序。雖然有些控制活動僅與某個目標類別有關，但是有些控制活動，視其狀況，經常可滿足一類以上的目標類別，而使得不同目標類別重疊（即有些營運目標也可幫助報導目標或遵循目標之達成）。具體而言，在現有控制環境之下，控制活動係針對目標及已辨識之風險所設計與執行，並用以幫助企業管理

階層確保有關的各項營運活動，得以達成其相關目標之控制政策與控制作業程序。

（一）控制政策

控制政策乃在規定應該做些什麼，可以指計畫的目標、或正在進行的計畫、或是一項行動方案。控制政策包括口頭或書面的，在於規定「應該做些什麼」，乃是一種較高層次的宣示，但尚未涉及具體如何達成的控制程序。例如：①本公司專注於專業領域，不從事金融商品操作；②本券商要求負責經紀業務的分行經理，複核顧客的交易情形；③持續創新研發新商品，以維持競爭優勢等。基本上，政策乃透過口頭而溝通，當政策存在有一段時間，且為組織內外利益關係人所了解時，即使未做成書面記錄，口頭溝通也是有效的。

政策不論有無做成書面記錄，其執行必須徹底，且政策是針對某種情況而制定者，發行者必須相當明瞭政策形成的背景與所指明的因素，執行之時更要注意當時的環境，並且妥善的處理。

（二）控制作業程序

控制作業程序乃指在執行政策時的行動，也就是在控制政策形成之後，透過企業內部專責部門與人員在執行時，所應採取的各項必要的對應活動。當然控制政策之執行，可由人們直接進行，或藉由科技而達成。依圖 12-2 所示，控制活動有關企業目標之性質，可將活動分為策略性、營運、報導與遵循等四個類別。

如上所述，依據配合控制政策之事項，有關控制作業程序可分為：①職能分工；②授權程序；③適當文書憑證與記錄；④資產與記錄之保護；⑤獨立的內部複核；⑥與計畫、預算或前期績效之比較分析；⑦各種交易循環等控制作業（為節省篇幅不作深入詳細說明，請有興趣者參考有關內部控制之書報雜誌）。

✥ 七、資訊與溝通

資訊與溝通系統乃環繞及隱含於內部控制制度之中，影響內部控制的有效

性。其中所謂的資訊係指資訊辨認、衡量、處理及報導之標的，包括營運、報導與遵循目標等有關的財務性資訊與／或非財務性資訊；溝通則把上述資訊經由內部溝通與外部溝通等兩種方式，告知相關人員，讓他們能夠確實了解到有關的風險，以便能擔負起執行風險管理之職責。

企業組織為了使組織內部每位員工均能負起應負的責任，就要以適當的方式與時限，來辨認、擷取、溝通攸關與適切的資訊。此處所謂適切的資訊，乃是為規劃企業之策略性目標與相關目標、制定決策或對外報導所必要。資訊系統除了處理企業內部所產生的資訊之外，也應同時處理外部的事項、活動與環境等有關資訊。而溝通則涵蓋企業內部之向下、向上與橫向溝通，須按某種有效的形式，在期限之內，適時地將資訊傳遞給需要藉由此等資訊，而執行其控制責任與其他責任之人員，讓他們能夠明白其在內部控制活動中所扮演的角色，以及其可能影響他人工作的情形。另外，溝通應涵蓋與外部利益關係人的溝通在內。

（一）溝通

溝通型式可採取命令、規則、報告、公函、政策、備忘錄、公布欄上的通知、口頭說明、錄影帶播放、會議等方式來進行溝通。至於如何評估某企業內部控制中連結資訊與組織運作是否良好，則應深思如表 12-4 所示之內容。

表 12-4　溝通方法良窳查檢表

1. 所取的資訊要提供給誰？哪個時點提供為宜？提供的內容要多少？
2. 要給管理階層的績效資訊，要如何提供給各級主管？
3. 如何將員工所應負責的任務告訴他們？而這些任務歸屬員工應負責的控制活動有哪些？員工是否已了解？了解程度如何？
4. 如何將員工的不當行為或跡象告訴管理階層？
5. 管理階層是否能夠接納員工的建議？接納的能力／程度為何？
6. 企業組織內部各事業部／部門／單位間如何進行溝通？
7. 企業組織內部溝通之資訊完整性如何？資訊要多久才會進行傳遞？傳遞的速度如何？
8. 如何與顧客、供應商及其他外部利益關係人進行溝通？得到的資訊如何傳遞給相關人員？管理階層如何反應？採取行動之性質為何？
9. 外界如何知道本企業的道德標準？知悉的程度如何？

（資料來源：整理自陳文彬編著（2000），《企業內部控制評估》（第一版），台北市：中華民國證券暨期貨市場發展基金會，p.150）

（二）資訊

　　企業蒐集的資訊應該要與其需求相一致，資訊之取得也有其成本效益之考量。同時，資訊品質將會影響企業管理與控制營運活動時，訂定適當決策之能力。所以評估企業內部控制有效性與資訊取得、資訊系統部分，乃應思考如表12-5所示之有關事項。

表 12-5　內部控制之有效性資訊查檢表

1. 如何取得內部與外部資訊？
2. 如何制定資訊系統？如何修正？
3. 管理階層支持設置資訊系統的程度為何？投入的資源有多少？
4. 有無能力或願意善用各種正式與非正式資訊系統？
5. 管理階層與各級主管是否體認到，資訊系統可用來取得競爭優勢及其控制目標的達成？

（資料來源：整理自陳文彬編著（2000），《企業內部控制評估》（第一版），台北市：中華民國證券暨期貨市場發展基金會，p.155～156）

八、監督

　　監督乃指評估內部控制品質的過程，包括內部／控制環境是否良好、事項辨認、風險評估、風險回應、控制活動等是否及時、確實、適當、良好？企業的風險管理乃是需要受到監督的，而監督係指不時（over time）評估企業風險、管理各項組成要素是否存在、是否有效運作，通常可分為持續性監督與間斷性評估，或是二者綜合而達成之監督活動。

　　企業營運活動過程中，會因時間的經過，而導致內部控制制度可能發生改變。而所以發生改變的原因是，企業當初設計內部控制制度或企業風險管理時所位處之環境，已因時間的經過而發生改變。這些原因包括新進員工的不熟悉，員工品質不佳或訓練不足、監督的有效性改變、時間或資源受到限制、受到額外壓力等。由於這些原因或新的環境因素所引導的經營風險，致使原來的內部控制制度或企業風險管理制度，可能沒有辦法對這些風險提出警告，此時的管理階層即應思考，是否修正內部控制制度或企業風險管理制度。所以，監督乃是企業必須要隨時加以執行的過程。

（一）監督／評估之方法

1.持續性監督活動

　　持續性監督乃是內化在例行、重複的營運活動過程中發生，包括例行性的管理與監督活動，以及其他員工為執行其應負之責任所採取的行動。一般而言，持續性監督活動乃由直線主管或由後勤單位主管來進行。他們在進行持續性監督活動時，會針對二個項目間之關係、不一致或其他相關訊息，仔細考量收到的訊息之涵義，以發掘出問題，決定是否採取改進與矯正預防措施。持續性監督活動之例子相當多，諸如：①營運報告用來管理持續不斷的經營；②風險值模型（value-at-risk model）中所列報告資訊的變動，可用來評估市場潛在變動對企業財務狀況之影響；③來自外部利益關係人的溝通，或可證實企業內部所產生的資訊；④主管機關對企業管理階層提及該企業對法令規章之遵循，或反應其企業風險管理功能之事項與溝通；⑤內部、外部稽核人員及顧問，例行對內部控制制度或企業風險管理的建議；⑥藉由教育訓練課程、目標規劃會議與其他會議，把內部控制是否有效之資訊回饋給管理階層；⑦定期要求員工陳述他們是否了解企業之行為準則，並加以遵循，對於負責業務與財務之員工則要求他們陳述某些特定規範等均是。

2.間斷性監督活動

　　企業有時也可以從全新的觀點，直接來檢視內部控制或企業風險管理制度的整體，或某一特定部分是否有效，這種直接著重於內部控制／企業風險管理的有效性，有時會很有用，此即為間斷性監督活動，也可稱之為個別評估。個別評估也提供一個機會，以考量持續性監督程序是否持續有效，例如：①主管要如何監督行銷服務人員之營業／服務活動？②有無外界資訊可供判斷內部資訊？③要如何有效評核會計記錄與實際資產是否正確？如何進行評核？

（二）監督／評估之過程

　　評估企業風險管理之過程時，如下事項乃是不可忽略的：

1.評估範圍與頻率

　　評估企業風險管理的範圍與頻率，乃依據風險的大小及控制的重大性與風險回應的重要性而定。除此之外，法令規章之要求，以及管理該風險的相關控

制等也有關係。一般而言,風險及其回應的重要性排在前面之項目,宜採取較常評估,對企業整體風險管理之評估,比對某一特定部分之評估的頻率較低。企業評估整體控制的理由有很多,諸如:①企業重大策略改變;②管理階層大幅度更動;③重大的併購或處分;④重大的營運方法改變;⑤財務資訊處理方式改變;⑥主管機關或受理上市上櫃申請機構的要求;⑦其他利益關係人的要求等(陳文彬;2000,p.177)。

2. 由誰來評估

一般評估之形式大多是自我評估,由企業內部稽核單位或最高階管理者決定,對其所轄各部門作業的控制是否有效進行檢查與評估。在正常狀況下,內部稽核人員的部分例行任務,就是進行評估,有時會因高階管理階層、董事會,以及子公司或部門主管的特別要求而進行。基本上,管理階層在評估企業風險管理是否有效時,除了內部稽核人員之外,也可委託外部稽核人員來進行,甚至可合併採取內部與外部稽核人員之力量來進行。

3. 作成書面記錄

進行企業風險管理時,作成書面記錄可使評估更具效果及效率。評估者通常會直接在既有的企業風險管理文件上作記號,再作成書面記錄,以說明其在評估過程中所執行的測試與分析。而且這些書面記錄應予以保留與備置,以利在其對外作企業風險管理有效程度之聲明遭到質疑時,可據以為其辯護。

CHAPTER 13

企業內部控制與內部稽核

內部控制是一種複雜的、動態的、持續不斷演進的概念，在時下激烈變化的經營環境裡，內部控制扮演著：降低錯誤與舞弊的可能性、減少違法事件發生、降低經營失敗機率、提高企業競爭力等重要的角色。內部稽核則是組織內部的一種獨立功能，其對組織的營運活動進行檢查與評估，並對企業提供服務。內部控制與內部稽核乃是公開發行公司必須建立的制度，它們已蛻變為積極為企業利益關係人把關與興利的角色，並以獲致五方滿意為終極目標。

第一節 企業內部控制作業系統與內控自評
第二節 企業內部稽核作業系統與營運稽核

內部控制乃是一種複雜的、動態的、持續不斷演進的觀念，因此內部控制一詞也一直未能有一個令人接受的定義。我國《公開發行公司建立內部控制制度處理準則》（民國 98 年 3 月 16 日修正）第三條，將之定義為：「發行公司之內部控制制度係由經理人所設計，董事會通過，並由董事會、經理人及其他員工執行之管理過程，其目的在於促進公司之健全經營，以合理確保下列目標之達成：①營運之效果及效率；②財務報導之可靠性；③相關法令之遵循。」所以簡單地說，控制乃係管理階層為增進既定目的及目標之達成，所採取的任何行動。

依據《公開發行公司建立內部控制制度處理準則》（98 年 3 月 16 日修正）第十條規定：「公開發行公司應實施內部稽核，其目的在於協助董事會及經理人檢查及覆核內部控制制度之缺失，及衡量營運之效果及效率，並隨時提供改進建議，以確保內部控制制度得以持續有效實施，及作為檢討修正內部控制制度之依據。」美國內部稽核協會（IIA）對內部稽核的定義為：「內部稽

核是組織內部一種獨立的功能，檢查及評核組織的活動，對組織提供服務。」因此內部稽核的定義之意義可歸納為：①稽核工作之執行，係由一個組織、營利事業或非營業事業內部的職員，在組織內部進行；②獨立的功能，清楚表明稽核人員之工作執行及判斷，不受到任何限制；③由董事會授權在組織內部成立內部稽核功能之個體；④內部稽核之性質在於尋找事實，然後將稽核結果加以評估之過程；⑤內部稽核之範圍涵蓋了一個組織的各項活動；⑥對組織提供服務，在於使整個組織受益，且服務一詞乃在強調──內部稽核為組織內部之幕僚而非直線功能。

第一節　企業內部控制作業系統與內控自評

內部控制乃企業風險管理不可或缺的一部分，基本上，企業風險管理架構就應該包括內部控制，形成一個比它更不需假設之強有力觀念及管理上的工具（馬秀如等譯；2004，p.6）。據 Treadway 委員贊助機構所組成之委員會（COSO），於 1992 年發布內部控制──整體架構，訂定內部控制的架構，並提出一個能為商業及其他組織用來評估其內部控制的工具，使內部控制為有效，需五個互相關聯的組成要素。該內部控制──整體架構辨認並描述這些組成要素，並將內部控制定義為：①用以合理擔保；②達成下列各項目標之過程，此過程因董事會、管理階層及其他人士而生效；③營運之有效果及有效率；④財務報導之可靠；⑤法令之遵循（馬秀如等譯；2004，p.127）。

以自行評估（control self-assessment）的方式來檢討企業內部控制的有效性，在 COSO 報告提出以前就有了。此種稽核方式的組成要素，是一個用以評估內部控制是否有效的控制架構，採用此共同的標準，管理階層與員工就能夠自我評估其內部控制之適當性，及執行的有效性。同時證期局也規定上市與上櫃公司應每年自行評估其內部控制制度，並據以作成「內部控制聲明書」刊登於年報與公開說明書，促使公司的董事會與管理階層，重視建立及維持內部控制制度之有效性，以健全企業經營與保障投資人。

➴ 一、企業內部控制作業系統

　　在《公開發行公司建立內部控制制度處理準則》（98 年 3 月 16 日修正）（以下簡稱《處理準則》）第五條明定：「公開發行公司之內部控制制度，應訂定明確之內部組織架構，並載明經理人之設置、職稱、委任與解任及職權範圍等事項」，該處理準則第 6 條，對公開發行公司之內部控制制度應包括的組成要素明定有：控制環境、風險評估及回應、控制作業、資訊及溝通、監督等要素；同時該準則第 7 條，更針對公開發行公司之內部控制制度應涵蓋八大循環之營運活動，予以訂定各個循環的控制作業。

（一）內部控制的組成要素（取自《處理準則》第 6 條）

1. 控制環境：係指塑造組織文化、影響組織成員控制意識之綜合因素。

　　影響控制環境之因素，包括組織成員之操守、價值觀及能力；董事會及監察人之監督管理及指導；董事會及經理人之管理哲學、經營風格；組織結構、權責分派及人力資源之政策與實行等。控制環境係其他組成要素之基礎。

2. 風險評估及回應：風險評估係指公司辨認其目標不能達成之內、外在因素，並評估其影響程度及可能性之過程。公司在評估相關風險後，應決定風險要如何回應，在選擇回應方式時，應綜合考量風險評估結果、風險偏好及風險承擔能力，以協助公司及時設計、修正及執行必要之控制作業。

3. 控制作業：係指設立完善之控制架構及訂定各層級之控制程序，以幫助董事會及經理人確保其風險回應得以被執行，包括核准、授權、驗證、調節、覆核、定期盤點、記綠核對、職能分工、保障資產實體安全、與計畫、預算或前期績效之比較及對子公司之監督與管理等政策及程序。

4. 資訊及溝通：所稱資訊，係指資訊系統所辨認、衡量、處理及報導之標的，包括與營運、財務報導或遵循法令等目標有關之財務或非財務資訊。所稱溝通，係指把資訊告知相關人員，包括公司內、外部溝通。內部控制制度須具備產生規劃、執行、監督等所需資訊及提供資訊需求者適時取得資訊之機制。

5. 監督：係指自行檢查內部控制制度品質之過程，包括評估控制環境是否良好，風險評估及回應是否及時、確實，控制作業是否適當、確實，資訊及溝

通系統是否良好等。監督可分持續性監督及個別評估,前者謂營運過程中之例行監督,後者係由內部稽核人員、監察人或董事會等其他人員進行評估。

公開發行公司於設計及執行,或自行檢查,或會計師受託專案審查公司內部控制制度時,應綜合考量前項所列各組成要素,其判斷項目除行政院金融監督管理委員會(以下簡稱本會)所定者外,依實際需要得自行增列必要之項目。

(二)內部控制作業(取自《處理準則》第 7～9 條條文)

1. 第 7 條公開發行公司之內部控制制度應涵蓋所有營運活動,並應依企業所屬產業特性以交易循環類型區分,訂定對下列循環之控制作業:

   (1)銷售及收款循環:包括訂單處理、授信管理、運送貨品或提供勞務、開立銷貨發票、開出帳單、記錄收入及應收帳款、銷貨折讓及銷貨退回、執行與記錄現金收入等政策及程序。

   (2)採購及付款循環:包括請購、進貨或採購原料、物料、資產和勞務、處理採購單、經收貨品、檢驗品質、填寫驗收報告書或處理退貨、記錄供應商負債、核准付款、進貨折讓、執行與記錄現金付款等政策及程序。

   (3)生產循環:包括擬訂生產計畫、開立用料清單、儲存材料、領料、投入生產、計算存貨生產成本、計算銷貨成本等政策及程序。

   (4)薪工循環:包括僱用、請假、加班、辭退、訓練、退休、決定薪資率、計時、計算薪津總額、計算薪資稅及各項代扣款、設置薪資記錄、支付薪資、考勤及考核等政策及程序。

   (5)融資循環:包括借款、保證、承兌、租賃、發行公司債及其他有價證券等資金融通事項之授權、執行與記錄等政策及程序。

   (6)固定資產循環:包括固定資產之取得、處分、維護、保管與記錄等政策及程序。

   (7)投資循環:包括有價證券、不動產、衍生性商品及其他投資之決策、買賣、保管與記錄等政策及程序。

   (8)研發循環:包括對基礎研究、產品設計、技術研發、產品試作與測試、研發記錄及文件保管等政策及程序。

公開發行公司得視企業所屬產業特性，依實際營運活動自行調整必要之控制作業。

2. 第8條公開發行公司之內部控制制度，除包括前條對各種交易循環類型之控制作業外，尚應包括對下列作業之控制：

(1)印鑑使用之管理。

(2)票據領用之管理。

(3)預算之管理。

(4)財產之管理。

(5)背書保證之管理。

(6)負債承諾及或有事項之管理。

(7)職務授權及代理人制度之執行。

(8)資金貸予他人之管理。

(9)財務及非財務資訊之管理。

(10)關係人交易之管理。

(11)財務報表編製流程之管理。

(12)對子公司之監督與管理。

(13)董事會議事運作之管理。

股票已上市或在證券商營業處所買賣之公司，其內部控制制度，尚應包括防範內線交易之管理。

3. 第9條公開發行公司使用電腦化資訊系統處理者，其內部控制制度除資訊部門與使用者部門應明確劃分權責外，至少應包括下列控制作業：

(1)資訊處理部門之功能及職責劃分。

(2)系統開發及程式修改之控制。

(3)編製系統文書之控制。

(4)程式及資料之存取控制。

(5)資料輸出入之控制。

(6)資料處理之控制。

(7)檔案及設備之安全控制。

(8)硬體及系統軟體之購買、使用及維護之控制。

(9)系統復原計畫制度及測試程序之控制。

(10)資通安全檢查之控制。

(11)向本會指定網站進行公開資訊申報相關作業之控制。

（三）內部控制程序、種類與方法

對於個別交易，例如銷貨、應收帳款、採購、存貨等，為了確保其符合內部控制之目的，通常可以運用下列程序。而這些控制程序在 COSO REPORT 稱之為控制活動（control activities）：授權程序（authorization procedures）、職能分工（segregations of duties）、文件憑證和記錄（documents and records）、接近控制（access controls）、獨立內部複核（independent internal verification）等（如表 13-1 所示）。

表 13-1　內部控制程序

活動別	簡要程序說明
一、授權程序	1. 授權程序之主要目的在於，確定交易之執行是經過管理人員於其權限範圍內之授權。 2. 授權可分為一般授權（泛指交易被授權之一般情況）與特別授權（必須在個別之基礎上認可之授權，可能發生在非例行交易事件上，也可能適用於一般授權規定限制之例行交易）。 3. 管理階層對於交易授權與員工對交易之核准乃是不相同的。
二、職能分工	1. 職能分工乃將工作之整個流程，不集中由某人或某部門來執行，以便其中之一的工作，可由另一個人加以檢查，其目的在於預防及時發現在執行各自分派責任時，可能產生之錯誤或舞弊行為。 2. 職能分工的基本應用在於：執行一項交易、記錄該項交易和保管由交易所產生之資產的責任，必須分派給不同之部門與個人。 3. 職能分工也適用於進行一項交易中所包括的各項步驟。
三、文件憑證和記錄	1. 文件憑證乃提供交易發生與有關交易的價格、性質與條件之證據。 2. 企業組織應建立一套文件管理與記錄管制之程序以供執行。 3. 這個程序可以引用 ISO 9001，或其他管理系統之文件與記錄管制要求來制定。
四、接近控制	1. 接近控制乃在於保護資產安全，接近的意思是透過資產的實體接近或透過編製或處理核准使用、或處分資產之文件而間接接近資產。 2. 直接接近可由實體控制來保護，實體控制也包括執行交易的過程中使用的設備設施，當處理某項資料處理設備時，應限制唯有經授權者才能接近該設備、記錄、檔案與程式。

（續前表）

活動別	簡要程序說明
五、獨立內部複核	1. 由另一個員工來獨立查驗或複核某位員工的工作品質、文件憑證、記錄金額和報告的正確性等。 2. 獨立內部複核包括：①檢查交易憑證與記錄及計算其正確性；②比較現存與交易記錄餘額；③調節統制帳戶與明細分類帳。 3. 此項工作乃在每日所有交易上進行，且可應用於報告上。

　　內部控制之種類可分為預防性、偵查性、矯正性、指示性與補償性控制等五種型態（如表 13-2 所示）。至於內部控制的方法，則會因企業組織實施內部控制之目的，與五種型態內部控制種類，而引導出一套具體的控制方法。依林柄滄（1995）的研究，可分為組織控制、營運控制、人員控制、定期複核、設施設備等五大類別。（如表 13-3 所示）

表 13-2　內部控制的五種型態

型態別	簡要說明
一、預防性控制	1. 預防性控制，乃在阻止錯誤的發生，所以是事前的控制。 2. 可以形成一道屏障來防止一項特別交易的不當進行。 3. 預防性控制在某些情況下其效率不高，故應輔以偵查性控制做追蹤測試。
二、偵查性控制	1. 偵查性控制，乃用於偵測已發生的錯誤。 2. 如果沒有一個完整有效的預防性控制制度，執行偵查性控制，乃是設計完好控制制度不可或缺的重要項目。 3. 當控制措施不易被施行時，控制程序往往會為其他方法所踰越，此時若無偵查性控制，將可能無法警覺到問題已經存在，而舞弊爆發之後則已損失了大量的現金。
三、矯正性控制	1. 乃是用來更正偵查性控制所發生的問題。 2. 矯正性控制有時可適用於矯正交易之控制，很多公司會要求更正後的交易應依原來方法處理，因為此乃是有效的控制記錄之過程。
四、指示性控制	1. 乃是用來產生正面性的結果（因為預防性、偵查性、矯正性控制旨在防止、偵測及更正負面的結果），通常由管理階層指示一些行動，以便達成某種成果。 2. 指示性控制與預防性控制具有密切關聯性，因為當正面事情發生時，不好的事情不就被防止產生了？
五、補償性控制	1. 乃是補償其他控制之不足，其乃被設計成為一種防止失敗的方法，來減少風險的產生（而此風險乃假設在某種特定制度缺失下會產生什麼問題）。 2. 需要透過成本／效益分析才能適當地設計出補償性限制，且其設計乃在其潛在損失與維持這些控制的支出相平衡。

（資料來源：林柄滄著（1995），《內部稽核──理論與實務》，作者發行，p.121～122）

表 13-3　內部控制的方法

方　法	簡要說明
一、組織控制	組織控制乃為企業之各種活動訂立大綱，涵蓋有一般性與特殊性控制在內，可分為四種型態：①對不同部門／單位設定了執行功能、授權範圍，與組織內特定責任等報告之具體規範；②管理階層把組織分成許多部門，且界定與其他單位間經營與資訊的互動關係之組織結構；③各部門應對所作之決策負責的決策授權；④建立書面化的職務／工作說明書。
二、營運控制	營運控制乃在說明組織執行活動之方式，其方法有 6 種：①規劃，規劃的範圍有短期、中期或長期等種類，並對其經營計畫作成文件；②預算，通常以整個組織來編定，再依不同部門／單位劃分不同預算；③會計與資訊系統，此類系統須能夠有系統地追蹤與記錄組織中各種活動彙總報告，此報告提供管理者與有關人士，在其權責範圍內所需的重要資訊；④文件化，內部控制必須將各種活動作成書面文件；⑤授權，表示組織執行事務之前必須經過適當地授權或核准，即使已授權，決策時仍應查核有無濫用情形；⑥決策與程序，可做為組織作業的指示，一般而言，沒有適當的決策與程序，或未執行該等決策與程序，即表示缺乏適當的內部控制。
三、人員控制	人員控制乃在確保員工適當地執行工作，可分為三種：①甄選合適人才（含學歷、工作經驗、專業證照、遵守組織行為規範等）；②培訓以為養成員工，將能強化工作技能，並在組織中表現其成就；③督導即包括對特定工作的指示、工作過程之觀察、產品的檢驗。
四、定期複核	可分三種：①對個別員工之稽核；②對營運活動及專案計畫之複核；③外部稽核。
五、設施設備	合適的設施設備可促進有效率且有效果的經營，並保護企業組織之資產，其重點為設施設備之設計、維修及清潔是否適當？

（資料來源：林柄滄著（1995），《內部稽核──理論與實務》（第一版），台北市：作者發行，p.123～126）

⇨ 二、自行檢查與內部控制制度聲明書

　　公開發行公司為落實自我監督的機制、及時因應環境的變化，以調整內部控制制度之設計及執行，並提升內部稽核單位的檢查品質與效率，所以公開發行公司須建立內部控制自行檢查之機制。

（一）內部控制制度自行檢查之機制

1. 公開發行公司自行檢查內部控制制度之目的（取自處理準則第 21 條條文）

　　第 21 條公開發行公司自行檢查內部控制制度之目的，在落實公司自我監

督的機制、及時因應環境的改變，以調整內部控制制度之設計及執行，並提升內部稽核部門的檢查品質及效率；其檢查之範圍，應涵蓋公司各類內部控制制度之設計及執行。

公開發行公司執行前項檢查，應於內部控制制度訂定自行檢查作業之程序及方法。

公開發行公司應依風險評估結果，決定前項自行檢查作業程序及方法，並至少包含下列項目：

(1)確定應進行測試之控制作業。

(2)確認應納入自行檢查之營運單位。

(3)評估各項控制作業設計之有效性。

(4)評估各項控制作業執行之有效性。

2. 公開發行公司自行檢查之作業程序（取自《處理準則》第 22 條條文）

第 22 條公開發行公司自行檢查內部控制制度，應先督促其內部各單位及子公司每年至少辦理自行檢查一次，再由內部稽核單位覆核各單位及子公司之自行檢查報告，併同稽核單位所發現之內部控制缺失及異常事項改善情形，以作為董事會及總經理評估整體內部控制制度有效性及出具內部控制制度聲明書之主要依據。

前項自行檢查應作成工作底稿，併同自行檢查報告及相關資料至少保存 5 年。

3. 內部控制自行檢查機制

《處理準則》第 23 條，要求公開發行公司之董事長及總經理需出具內部控制聲明書，其目的在於：①透過聲明書，提醒董事會及管理階層重視經營責任，此責任包括對內部控制的義務及善良管理人之責任；②提醒董事會及管理階層應對員工負善良管理人之責任，避免員工舞弊的情事發生；③約束董事會與管理階層不得舞弊，因為當他們聲明內部控制有效時，即應包括其本身未踰越內部控制在內。

因此，內部控制聲明書應依規定刊載於年報及公開說明書，並落入證券市場公開體系，透過市場監督公司之機制（如圖 13-1 所示），如果董事長與總

經理未盡注意，對外聲明其內部控制有效，而有虛偽或隱匿情事發生，則須負民法與刑法上處罰與判刑之責任。

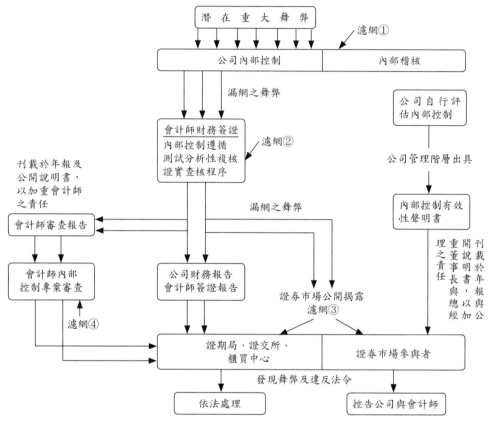

（資料來源：陳文彬（2000），《企業內部控制評估》（第一版），台北市：中華民國證券暨期貨市場發展基金會，p.279）

圖 13-1 內部控制自我檢查之機制

（二）內部控制自行檢查作業之運作

自行檢查的目的，乃在於協助公開發行公司董事會及管理階層了解其內部控制制度之有效性，包括評估內部控制制度設計之有效性，以決定其內部控制之設計是否妥適？要不要修改設計？評估內部控制執行的有效性，以及了解執行內部控制的方式，可否確實落實所應達成之目標？要不要改變其執行方式以為達成履行其責任？

1. 自行檢查之範圍及頻率

內部控制自行檢查範圍，原則上應包括全部內部控制制度之設計與執行（《處理準則》第 21 條）。公開發行公司應依風險評估結果，決定自行檢查作業程序及方法，並至少應包括：①確定應進行測試之控制作業；②確認應納入自行檢查之營運單位；③評估各項控制作業設計之有效性；④評估各項控制作業執行之有效性等項目。

自行檢查的頻率可按檢查項目之重要性訂定之，惟為配合出具內部控制聲明書，企業整體層級的自我檢查每年應至少辦理一次（《處理準則》第 22 條）。自我檢查應作成工作底稿，併同自行檢查報告及相關資料至少保存 5 年。

2. 誰來作自行檢查

《處理準則》第 22 條：「公開發行公司自行檢查內部控制制度，應先督促其內部各單位及子公司每年至少辦理自行檢查一次，再由內部稽核單位覆核各單位及子公司之自行檢查報告，併同稽核單位所發現之內部控制缺失及異常改善情形，以作為董事會及總經理評估整體內部控制制度有效性及出具內部控制制度聲明書之主要依據」。因此，企業自行檢查／評估內部控制制度，究竟應採「業務部門自行檢查，再經內部稽核單位考核」，或是仿效國外設立遵循主管以督導業務部門自行檢查？或是完全交由稽核單位執行？基本上乃由企業組織自行決定，惟在理論上乃是由業務部門自行檢查，再經由稽核部門考核為佳。

3. 自行檢查之程序與方法

公開發行公司之內部控制制度應包括控制環境、風險評估及回應、控制作業、資訊及溝通、監督等五大組成要素（如圖 13-2 所示），例如：行銷部門在銷售及收款循環中，所負責之業務為市場調查、銷售預測、銷售計畫、顧客信用管理、合約審查、交期跟催、顧客溝通、收款作業、客訴抱怨處理及顧客服務等，每一項控制作業均與內部控制之其他組成要素有關。只要任何部門或內部控制發生問題，或許控制作業本身沒問題，但是在控制環境中的新手管理者之人格特質、管理素養、工作經驗或員工品德操守有問題，則其內部控制就會發生問題。

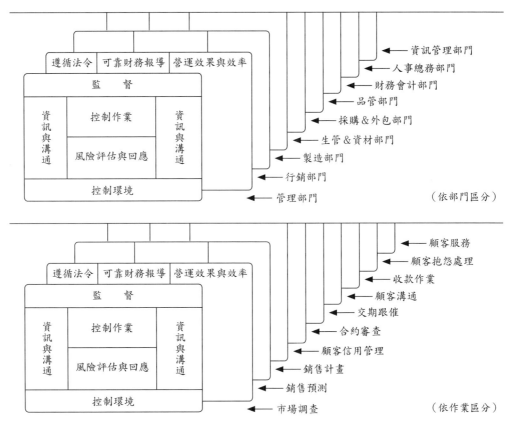

（資料來源：修改自陳文彬（2000），《企業內部控制評估》（第一版），台北市：中華民國證券暨期貨市場發展基金會，p.286）

圖 13-2 自行檢查五大組成要素

　　自行檢查時應檢查內部控制實際上如何運作，因為內部控制制度會因時間經過而作某些修改（甚至於不再執行），所以在自行檢查過程中，應透過與實際執行控制者或對控制有影響力者討論、檢查執行控制之記錄，或合併上述各程序，以了解內部控制制度實際上是如何運作的。基本上，檢查／評估者須分析內部控制之設計及測試所得之結果，也就是結合五大組成要素，使用已制定之標準，例如：①在現在的控制環境下，是否能夠協助組織達成目標？②所運用的資訊與溝通系統，能否適時辨認組織目標不能達成之內在與外在風險因素，及其影響程度、可能性，以協助組織設計必要的控制作業？③現有的政策與控制作業程序，能否有效控制或降低風險？④資訊與溝通系統能否促進內部與外部利益關係人，了解並協助組織使命與目標？⑤有無適當監督機制可供查

驗現有控制環境、風險評估與回應、控制作業、資訊與溝通系統之良窳？以確保內部控制之有效運作？

　　若將自行檢查工作完全交由稽核單位來執行時，稽核單位主管可採用內部分工，即有部分人員稽核／評估特定項目之傳統檢查，有部分人員（未參與特定查核者）自行檢查計畫對企業整體內部控制進行評估，最後再由內部稽核單位將整個報告呈報給總經理及董事會。

4.缺失之報導

　　評估者發現有內部控制缺失時，只要是會影響到組織目標達成者，通常要與該職能或作業活動有關之管理者報告，也應向所屬部門自行檢查小組負責人報告。若發現之事項已超出本部門，應提報自行檢查小組／委員會討論。所以缺失之報導應向層級夠高者提報，以確保會採取改進與矯正預防措施，以及要追蹤改進成果，如此才是自行檢查內部控制制度之真正目的。

（三）內部控制聲明書

　　《處理準則》第 24 條「首次辦理公開發行及公開發行公司，應每年自行檢查內部控制制度設計及執行的有效性，並依規定格式（如表 13-4、表 13-5、表 13-6 所示）作成內部控制制度聲明書，於每會計年度終了後四個月內，向本會（指行政院金管會）指定網站辦理公告申報。前項內部控制制度聲明書應先經董事會通過，修正時亦同。」

表 13-4　無重大缺失之內部控制制度聲明書

（本聲明書於遵循法令部分採全部法令均聲明時適用）

○○股份有限公司（中心）

內部控制制度聲明書　日期：＿＿＿＿年＿＿＿＿月＿＿＿日

　　本公司（中心）民國○○年○○月○○日至○○年○○月○○日之內部控制制度，依據自行檢查的結果，謹聲明如下：

一、本公司（中心）確知建立、實施和維護內部控制制度係本公司（中心）董事會及經理人之責任，本公司（中心）業已建立此一制度。其目的係在對營運之效果及效率（含獲利、績效及保障資產安全等）、財務報導之可靠性及相關法令之遵循等目標的達成，提供合理的確保。

二、內部控制制度有其先天限制，不論設計如何完善，有效之內部控制制度亦僅能對上述三項目標之達成提供合理的確保；而且，由於環境、情況之改變，內部控制制度之有效性可能隨之改變。惟本公司（中心）之內部控制制度設有自我監督之機制，缺失一經辨認，本公司（中心）即採取更正之行動。

三、本公司（中心）係依據財政部證券暨期貨管理委員會訂頒「證券暨期貨市場各服務事業建立內部控制制度處理準則」（以下簡稱「處理準則」）規定之內部控制制度有效性之判斷項目，判斷內部控制制度之設計及執行是否有效。該「處理準則」所採用之內部控制制度判斷項目，係為依管理控制之過程，將內部控制制度劃分為五個組成要素：1.控制環境，2.風險評估，3.控制作業，4.資訊及溝通，及 5.監督。每個組成要素又包括若干項目。前述項目請參見「處理準則」之規定。

四、本公司（中心）業已採用上述內部控制制度判斷項目，檢查內部控制制度之設計及執行的有效性。

五、本公司（中心）基於前項檢查結果，認為本公司（中心）上開期間的內部控制制度（含對子公司監理），包括知悉營運之效果及效率目標達成之程度、財務報導之可靠性及相關法令之遵循有關的內部控制制度等之設計及執行係屬有效，其能合理確保上述目標之達成。

六、本聲明書將成為本公司（中心）年報之主要內容，並對外公開。上述公開之內容如有虛偽、隱匿等不法情事，將涉及證券交易法第二十條、第三十二條、第一百七十一條及第一百七十四條等之法律責任。

七、本聲明書業經本公司（中心）民國○○年○○月○○日董事會通過，出席董事○人中，有○人持反對意見，餘均同意本聲明書之內容，併此聲明。

○○股份有限公司（中心）

董事長：○○○　簽章

總經理：○○○　簽章

表 13-5 揭露遵循主要法令之內部控制制度聲明書

（本聲明書於遵循法令部分採主要法令列舉聲明時適用）

○○ 股分有限公司（中心）

內部控制制度聲明書　　日期：＿＿＿＿年＿＿＿＿月＿＿＿日

　　本公司（中心）民國 ○○ 年 ○○ 月 ○○ 日至 ○○ 年 ○○ 月 ○○ 日之內部控制制度，依據自行檢查的結果，謹聲明如下：

一、本公司（中心）確知建立、實施和維護內部控制制度係本公司（中心）董事會及經理人之責任，本公司（中心）業已建立此一制度。其目的係在對營運之效果及效率（含獲利、績效及保障資產安全等）、財務報導之可靠性及相關法令之遵循等目標的達成，提供合理的確保。

二、內部控制制度有其先天限制，不論設計如何完善，有效之內部控制制度亦僅能對上述三項目標之達成提供合理的確保；而且，由於環境、情況之改變，內部控制制度之有效性可能隨之改變。惟本公司（中心）之內部控制制度設有自我監督之機制，缺失一經辨認，本公司（中心）即採取更正之行動。

三、本公司（中心）係依據財政部證券暨期貨管理委員會訂頒「證券暨期貨市場各服務事業建立內部控制制度處理準則」（以下簡稱「處理準則」）規定之內部控制制度有效性之判斷項目，判斷內部控制制度之設計及執行是否有效。該「處理準則」所採用之內部控制制度判斷項目，係為依管理控制之過程，將內部控制制度劃分為五個組成要素：1.控制環境，2.風險評估，3.控制作業，4.資訊及溝通，及 5. 監督。每個組成要素又包括若干項目。前述項目請參見「處理準則」之規定。

四、本公司（中心）業已採用上述內部控制制度判斷項目，檢查內部控制制度之設計及執行的有效性。

五、本公司（中心）基於前項檢查結果，認為本公司（中心）上開期間的內部控制制度（含對子公司監理），包括知悉營運之效果及效率目標達成之程度、財務報導之可靠性及主要法令（如後附表）之遵循有關的內部控制制度等之設計及執行係屬有效，其能合理確保上述目標之達成。

六、本公司（中心）應遵行之法令不以後頁附表所聲明者為限。

七、本聲明書將成為本公司（中心）年報之主要內容，並對外公開。上述公開之內容如有虛偽、隱匿等不法情事，將涉及證券交易法第二十條、第三十二條、第一百七十一條及第一百七十四條等之法律責任。

八、本聲明書業經本公司（中心）民國 ○○ 年 ○○ 月 ○○ 日董事會通過，出席董事 ○ 人中，有 ○ 人持反對意見，餘均同意本聲明書之內容，併此聲明。

○○ 股份有限公司（中心）

董事長：○○○　簽章

總經理：○○○　簽章

表 13-6 有重大缺失之內部控制制度聲明書

（表示設計或執行有重大缺失）

○○ 股份有限公司（中心）

內部控制制度聲明書　　　　日期：＿＿＿＿年＿＿＿＿月＿＿＿＿日

　　本公司（中心）民國 ○○ 年 ○○ 月 ○○ 日至 ○○ 年 ○○ 月 ○○ 日之內部控制制度，依據自行檢查的結果，謹聲明如下：

一、本公司（中心）確知建立、實施和維護內部控制制度係本公司（中心）董事會及經理人之責任，本公司（中心）業已建立此一制度。其目的係在對營運之效果及效率（含獲利、績效及保障資產安全等）、財務報導之可靠性及相關法令之遵循等目標的達成，提供合理的確保。

二、內部控制制度有其先天限制，不論設計如何完善，有效之內部控制制度亦僅能對上述三項目標之達成提供合理的確保；而且，由於環境、情況之改變，內部控制制度之有效性可能隨之改變。惟本公司（中心）之內部控制制度設有自我監督之機制，缺失一經辨認，本公司（中心）即採取更正之行動。

三、本公司（中心）係依據財政部證券暨期貨管理委員會訂頒「證券暨期貨市場各服務事業建立內部控制制度處理準則」（以下簡稱「處理準則」）規定之內部控制制度有效性之判斷項目，判斷內部控制制度之設計及執行是否有效。該「處理準則」所採用之內部控制制度判斷項目，係為依管理控制之過程，將內部控制制度劃分為五個組成要素：1.控制環境，2.風險評估，3.控制作業，4.資訊及溝通，及 5. 監督。每個組成要素又包括若干項目。前述項目請參見「處理準則」之規定。

四、本公司（中心）業已採用上述內部控制制度判斷項目，檢查內部控制制度之設計及執行的有效性。

五、本公司（中心）之檢查發現下列重大缺失：（列舉各項重大缺失及其對達成上述目標之影響）

六、本公司（中心）基於前項檢查結果，認為本公司（中心）上開期間的內部控制制度（含對子公司之監理），包括知悉營運之效果及效率目標達成之程度、財務報導之可靠性及相關法令之遵循有關的內部控制制度等之設計及執行，除前項所述者外，其餘係屬有效。

七、本聲明書將成為本公司（中心）年報之主要內容，並對外公開。上述公開之內容如有虛偽、隱匿等不法情事，將涉及證券交易法第二十條、第三十二條、第一百七十一條及第一百七十四條等之法律責任。

八、本聲明書業經本公司（中心）民國 ○○ 年 ○○ 月 ○○ 日董事會通過，出席董事 ○ 人中，有 ○ 人持反對意見，餘均同意本聲明書之內容，併此聲明。

○○ 股份有限公司（中心）

董事長：○○○　簽章

總經理：○○○　簽章

第二節　企業內部稽核作業系統與營運稽核

　　企業內部稽核作業系統可分為內部控制制度之內部稽核，以及國際標準組織（ISO）發布之各項作業管理系統之內部稽核（有 ISO9001、ISO14001，

ISO/TS 16949、ISO 13485，ISO 22000 等管理系統）。例如：ISO 9001
〈2008〉品質管理系統—要求之 8.2.2 即將內部稽核的實施與目的、方案作了
詳細的規範。而企業內部控制系統之內部稽核在《處理準則》（98 年 3 月 16
日修正）中第 10 條載明了「公開發行公司應實施內部稽核，其目的在於協助
董事會及經理人檢查及覆核內部控制制度之缺失，及衡量營運之效果及效率，
並適時提供改進建議，以確保內部控制制度得以持續有效實施及作為檢討修正
內部控制制度之依據。」

一、企業內部控制制度之內部稽核作業系統

　　依據美國內部稽核協會定義內部稽核為「內部稽核是組織內部一種獨立的
功能、檢查及評估組織之活動，對組織提供服務。」在傳統上，內部稽核偏重
於財務活動正確性及忠實性的檢查，包括舞弊及不法行為的揭發。隨著時代的
多元化發展，內部稽核功能已由昔日的消極性防弊，演變為積極性的興利，所
以稽核範圍也不再局限於財務活動的稽核，如今的稽核範圍已擴大到營運活動
的稽核。所以有人已將 ISO 的各項管理系統之內部稽核與內部控制制度之內
部稽核進行整合，故而有所謂整合性的內部稽核活動被發展出來。

（一）內部稽核單位（取自《處理準則》第 11 條）

　　第 11 條公開發行公司應設置隸屬於董事會之內部稽核單位，並依公司規
模、業務情況、管理需要及其他有關法令之規定，配置適任及適當人數之專任
內部稽核人員。

　　公開發行公司內部稽核主管之任免，應經董事會通過，並應於董事會通過
之次月十日前以網際網路資訊系統申報本會備查。

　　第一項所稱適任之專任內部稽核人員應具備條件，由本會另定之。

（二）內部稽核作業（取自《處理準則》第 12～13 條）

1. 內部稽核實施項目

　　第 12 條公開發行公司之內部稽核實施細則至少應包括下列項目：

(1)對內部控制制度進行檢查，以衡量現行政策、程序之有效性及遵循程度
　與其對各項營運活動之影響。

(2)釐定稽核項目、時間、程序及方法。

2. 內部稽核計畫

第 13 條公開發行公司內部稽核單位應依風險評估結果擬訂年度稽核計畫，包括每月應稽核之項目，年度稽核計畫並應確實執行，據以檢查公司之內部控制制度，並檢附工作底稿及相關資料等作成稽核報告。

公開發行公司至少應將取得或處分資產、從事衍生性商品交易、資金貸與他人、為他人背書或提供保證之管理及關係人交易之管理等重大財務業務行為之控制作業、對子公司之監督與管理、董事會議事運作之管理、資通安全檢查及第 7 條規定之銷售及收款循環、採購及付款循環等重要交易循環，列為每年年度稽核計畫之稽核項目。

公開發行公司年度稽核計畫應經董事會通過；修正時，亦同。

公開發行公司已設立獨立董事者，依前項規定將年度稽核計畫提報董事會討論時，應充分考量各獨立董事之意見，並將其意見列入董事會記錄。

第一項之稽核報告、工作底稿及相關資料應至少保存五年。

（三）內部稽核過程

內部稽核，乃是一個嚴謹的思考、分析與評估的過程。稽核工作之執行包括稽核工作之規劃、資訊的檢查與評估、稽核結果之溝通，以及事後追蹤等（如表 13-7 所示）。

表 13-7 稽核作業之執行程序

工作項目	簡要說明
一、稽核工作之規劃	包括擬訂稽核目的與工作範圍、背景資料之蒐集、決定稽核所需資源、通知受稽核單位與人員、訂定稽核程式等。
二、資訊的檢查與評估	內部稽核人員對於蒐集之資訊，應進行了解與分析、解釋資訊，必要時應進行實地查證，並作成書面之工作底稿，以支持其稽核結果。
三、稽核結果之溝通	內部稽核人員完成稽核工作，對其工作的結果均應提出稽核報告，呈董事長核定後，並將稽核結果及建議事項，送請經理人、受稽核部門進行改進，並於次月底前交付給各監察人查閱。
四、事後追蹤	內部稽核人員在其稽核報告中所提出之稽核發現，應進行持續追蹤，以確定受稽核部門是否已適時採取改進與矯正預防措施。

1. 內部稽核部門／單位與人員之職責

　　公開發行公司應設置隸屬董事會直接指揮之專責內部稽核部門／單位，並接受監察人之督導。內部稽核部門／單位應設置主管一人，由董事會任免之，並須於董事會通過之後，向行政院金融監督管理委員會（簡稱金管會）證券期貨局（簡稱證期局）申報備查，異動時也同。並設置稽核人員若干人、遴選具有工程、財會、管理等背景人員專任，以推動內部稽核業務。

　(1)內部稽核之職責（《審計準則公報》第 25 號第四條）

　　①檢查保護資產安全之措施是否適當。

　　②檢查會計及業務資訊是否可靠及完整。

　　③檢查各項資源之運用是否有效率。

　　④檢查各項營運活動是否按照既定計畫執行，並達成預期目標。

　　⑤調查內部控制是否持續有效運作，並提出改善之建議。

　(2)內部稽核人員／部門／單位之職能

　　①應充分了解現行有關法令，並熟悉公司內部之各相關作業程序、作業標準與管理手冊。

　　②應力求客觀、超然與嚴謹，忠實反應實際狀況，惟稽核部門／單位並無解除各部門／單位執行責任之權。

　　③對查核之資料應嚴格保密，不得有洩露或違背公司利益之行為。

　　④因業務需要，得向受稽部門／單位提出詢問及索閱相關資料，特殊情況下，並得要求提出證明。

　　⑤不得干涉受稽部門／單位之行政作業或變更處理程序，並儘量避免妨礙其正常作業。

　　⑥對稽核結果，績效特優或窳劣並有事實證明者，應主動報請獎懲。

　　⑦內部稽核人員對於檢查所發現之內部控制制度缺失及異常事項，應據實揭露於稽核報告，並且應對稽核報告內容負責。

　(3)稽核人員稽查業務重點

　　①調查、評估會計、財務與其他業務活動之控制，是否適當、完備且有效。

　　②調查、評估公司政策、計畫、程序、制度與規章，是否被有效、合理地

遵行。

③調查、評估公司資產保存之安全，避免資源浪費、失竊與使用無效率。

④調查、評估會計及營業資訊之可靠性與完整性。

⑤調查、評估各部門／單位與專案計畫之營運績效。

2. 內部稽核工作之過程

內部稽核工作之過程，大致上可分為七個步驟：①選擇受稽核者；②稽核準備工作；③對內部控制之了解、測試與評估；④擴大測試；⑤發現與建議；⑥稽核結果之溝通；⑦事後追蹤。（如圖 13-3 所示）

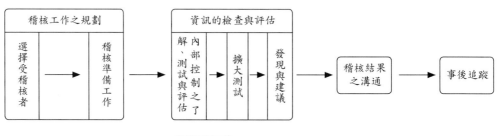

圖 13-3 內部稽核工作流程

(1)選擇受稽核者

稽核部門／單位每年均應編製稽核工作計畫／排程，其主要內容應為：①哪些活動要予以稽核；②什麼時候進行稽核；③稽核所需時間等稽核規劃工作。由於稽核之人力與經費等資源有限，所以稽核規劃的首要工作即是選擇受稽核者（可為一個組織個體、子公司、營運機能或專案計畫，或表示一個分離的過程、作業或狀況等），因此受稽核者乃是一個組織內部被稽核的一部分。

許多企業組織會採用輪流稽核（rotation audit）之方式來進行稽核的中期與長期計畫，一般而言大多為 3～5 年（依 ISO 委員會規定則以 3 年為一個輪迴）。除風險較高之領域列為每年必須稽核對象之外，其餘的則可每隔 1 年或 2 年稽核一次。若以部門／單位而言，各部門／單位可以實施輪流稽核，而各部門／單位之內部作業，同樣可以實施輪流稽核。

受稽核者之選擇可以是組織內部或外部稽核人員，或是組織內部某些人所決定／發動；另外，應考量風險情況之高低，以及董事會、監察人或稽核部門

／單位、經理人、高階管理者之指示，而將之列為受稽核者，當然也可應管理階層之主動請求，而予以列為受稽核者。

(2)稽核準備工作

當選定受稽核者之後，稽核人員即應針對個別稽核案件進行規劃。所進行之個別稽核工作之規劃（如表 13-8 所示）工作排程，或年度稽核工作計畫宜有充分彈性，以利應付突發事件之要求。

表 13-8　個別稽核工作之規劃步驟

步驟名稱	主要作業內容
1. 確定稽核目的與工作範圍	1. 內部稽核之目的在於協助組織成員（包括管理階層及董事會成員）有效地達成任務；而個別稽核目的則有：①了解並檢討現行各種營運活動及其相關內部控制系統之設計；②測試各種營運活動之執行與設計之控制系統是否一致；③評估控制系統之設計與執行是否健全。 2. 稽核工作範圍包括：①檢討財務及營運資訊的可靠性與忠實性；②檢討現有制度，以確保組織政策、程序與法令之遵循；③檢討保障資產之方法；④評估資源使用是否經濟有效；⑤檢討營運或專案計畫之執行是否與既定目標一致，及照原定計畫進行。
2. 取得被稽核者之背景資料	一般所謂的受稽核者之背景資料包括有：①任務、宗旨、目標與計畫；②組織之資訊（如：員工分布、員工人數、主要幹部、工作分類、政策與程序手冊、最近主要制度變動內容等）；③預算資訊、營運結果、被稽核作業之財務資料；④以前的稽核工作底稿；⑤外部稽核報告或進行中的狀況；⑥往來資料以決定潛在的重大稽核問題；⑦與被稽核作業有關之技術文件。
3. 決定執行稽核工作所需之資源	一般的決定執行稽核工作所需資源之原則為：①對於所需的內部稽核人員人數及經驗水準，應決定於對稽核案件之性質、複雜度、時間限制與可用資源等因素之評估；②分派稽核工作時，對於內部稽核人員之遴選，應考量其專業知識與技能；③工作分派時，應考量到應予內部稽核人員之訓練需要；④若須進一步需求專業知識與技能時，可考量外部的稽核資源。
4. 與受稽核者有關人士討論此次稽核作業	一般所進行的初步溝通之主題包括有：①計畫的稽核目的與工作範圍；②稽核工作時機；③指派之內部稽核人員；④整個稽核過程之溝通程序（包含方法、時間、連絡人）；⑤受稽部門／單位之商業與經營情況；⑥管理階層關注或請求事項；⑦內部稽核人員特別感興趣或關心之事項；⑧描述內部稽核部門／單位之報告及追蹤流程等方面。

（續前表）

步驟名稱	主要作業內容
5. 必要時實地訪查	1. 實地訪查之目的有：①對受稽核的作業獲得了解；②辨識應特別注意的區域；③取得執行稽核時所需之資訊；④決定更深入稽核是否需要等。 2. 實地訪查之程序為：①與受稽核者討論；②與受到稽核活動影響者面談；③現場巡視；④核閱管理階層的報告及研究；⑤分析性複核程序；⑥繪製流程圖；⑦機能式的「走穿」（walk-through）測試；⑧將主要控制活動予以書面化。 3. 實地訪查結果應做成可辨識如下各項的彙總記錄：①重要的稽核問題及更深入調查之理由；②訪查所得之攸關資訊；③稽核目的、稽核程序、電腦輔助查核技巧之特殊方法；④潛在的關鍵控制點、控制缺點及不必要的過度控制；⑤對時間及資源需求的初步估計；⑥修正報告階段及完成稽核時間；⑦若不再繼續執行稽核，則將為何下次不再稽核之理由陳述清楚。
6. 擬訂稽核程式	擬訂稽核程式之條件有：①將內部人員執行蒐集、分析、解釋資訊之程序予以書面化；②陳述稽核之目的；③為達成稽核目的所需之抽查範圍及程度；④指明應予以檢查之技術層面、風險、流程及交易事項；⑤陳述所需抽查之性質與程度；⑥在開始稽核前編製，並於稽核過程中進行必要之修正。
7. 決定如何、何時及向誰報告稽核結果	1. 內部稽核人員應先考量由誰負責撰寫稽核報告。 2. 稽核報告完成前須經由如何複核、編輯與修正。 3. 稽核報告要送給誰？ 4. 稽核報告的使用格式、圖表之需要，報告之大小長度？ 5. 稽核報告預計送出日期？
8. 取得稽核工作計畫之核准	內部稽核主管在稽核工作開始前，應負責複核並核准稽核工作計畫。當稽核計畫核准之後，因不可預期事件發生時，則有必要加以修正，惟仍應經由稽核主管核准。

（資料來源：林柄滄（1995），《內部稽核──理論與實務》（第一版），台北市：作者發行，p.65～70）

(3)內部控制之了解、測試與評估

內部控制之了解、測試與評估乃是內部稽核作業中的重要外勤工作，其執行步驟有（林柄滄；1995，p.70）：①對受稽核者之內部控制做適度詳細之了解；②針對所選擇之交易與營運活動之重要控制點，做「走穿」式之測試；③對控制系統執行有限度的測試；④評估內部控制系統；⑤重新評估與控制系統相關之風險等步驟。此中所謂的走穿式測試，乃是為了加強稽核人員對各種控制程序之了解，選擇各種類型之交易的少量樣本，從頭到尾詳細檢查其處理過程之控制程序及相關文件。

(4)擴大測試

　　擴大測試代表對受稽核者進行更深入的查核，其目的在於辨識可能的控制強點與弱點之資訊，並對相關之風險予以量化。擴大測試可以決定控制強點與弱點之影響程度，並可藉研究受稽核者如何與組織內各個部門，及組織環境因素產生互動關係，使稽核者對控制系統進行最後評估，並作成必要建議之結論。基本上，擴大測試功能在於配合如下稽核之目的：①了解營運活動及為促進營運效率與效果所設計之控制措施；②測試營運活動以決定其是否符合控制系統之要求；③評估控制系統之設計及未遵行之後果（林柄滄；1995，p.73）。

(5)發現與建議

　　當進行完受稽核者的研究與評估、擴大測試工作後，稽核人員即應立即準備將其在查核／稽核過程中所發現予以彙整，並決定改進內部控制所需之改變。稽核人員在許多可行方案中，選擇並推薦其認為最適當之方案。稽核人員提出建議之方式有：①不改變現行的控制系統；②加強控制以改善現行控制，或加入新控制方式來增加控制之成本效益；③可能建議購買保險來應付某些特定風險；④也可能建議改變對某些投資要求之報酬率，以為呈現出各種投資案之風險差異性。

(6)稽核結果之溝通

　　在本步驟裡，稽核人員必須將稽核結果予以書面化／文件化以作成稽核報告，並且應與受稽核者、管理階層作溝通。稽核報告的內容有：稽核目的、稽核範圍、發現與建議，同時好的稽核報告必須要力求客觀、簡明、具有建設性，並要注意時效。稽核報告須經稽核主管簽名之後送公司董事長／總經理、受稽核部門／單位、管理階層、監察人、稽核委員會以及外部稽核人員參閱與了解。

　　稽核報告也可以口頭方式在稽核結束會議中提出，而受稽核者通常可在會議中，回應稽核報告內之發現與建議。在稽核過程及結束會議中，稽核人員與受稽核者會產生互動交流，可互相針對正式報告提出前的初步發現與建議交換意見，以消除可能的誤解，並在正式報告提出前加以解決；惟遇衝突無法解決時，稽核人員通常會把受稽核者之意見或聲明書一併列入稽核報告中，送呈最

高層管理者裁決。

(7)事後追蹤

內部稽核人員應對稽核發現的改進與矯正預防措施加以追蹤，本項內部稽核事後追蹤之目的，乃在於確認其於稽核過程中所發現的問題，業已由管理階層予以適當、及時地解決。這也就是稽核工作績效考核，其方式可由稽核主管與稽核員開會檢討本次稽核成效，及複核稽核工作檢討有關報告，以及在複核之後將稽核人員之績效考核表，予以歸檔在人事資料檔案之中。此階段的工作方式有：①由最高管理階層與受稽核者研究如何與何時進行改進，與執行稽核人員的建議；②受稽核者自行決定採取改進與矯正預防措施；③稽核人員於稽核結束之一定時間後（一般會由受稽核者提出開始與結束期間），再到受稽核者現場查證，與確認受稽核者是否已採取改進與矯正預防措施，或董事會與管理階層願意承擔不採取改進與矯正預防措施之責任。

一般採取事後追蹤程序時，應考量如下因素：①稽核報告中發現的重大性；②改進與矯正預防措施所需的人力、物力、成本的程度；③萬一改進行動失敗時的後遺症或風險；④改進與矯正預防措施之複雜程度；⑤所涉及的時間等。

二、ISO 國際標準組織之內部稽核作業系統

ISO 9001（2008）條文 8.2.2 將內部稽核規範如下：「組織應在所規劃之期間執行內部稽核，以決定品質管理系統是否：①符合所規劃之安排，本標準之要求及組織所建立之品質管理系統要求，及②有效地實施與維持。稽核方案應予以規劃，其中要考慮受稽核之過程及區域的狀況與重要性，以及先前稽核結果。稽核準則、範圍、頻率及方法應予以界定，稽核員之遴選與稽核之執行，應確保稽核過程的客觀性與公正性，稽核員不應該稽核其本身的工作。

應建立文件化程序，以界定責任與要求，作為規劃與執行稽核、建立記錄與報告結果之用。

稽核與其結果之記錄應予以維持。

對受稽核區域負責之管理階層，應確保適時（沒有不當之延誤）採取任何必要的改正與矯正措施，以消除所發現之不符合及其原因。

跟催活動應包括所採取措施之查證及報告查證結果。」

從 ISO 9001（2008）8.2.2 條之中，可以發現內部控制制度之內部稽核過程，與 ISO 內部稽核過程有相當多的通用性，所以現在已有發展成整合性稽核的趨勢。因本書篇幅有限，故 ISO 各項管理系統（含品質管理系統 QMS、環境管理系統 EMS、資訊管理系統 IMS、工安衛生管理系統 OHSAS 等在內）有關內部稽核作業系統未予納入，請有興趣者參閱坊間有關書籍。

⇨ 三、營運稽核

營運稽核主要的目的，在於協助高階層管理者有效地履行組織所賦予的責任，其提供這些管理階層有關組織活動的客觀分析、評估、評論及建議。營運稽核活動據林柄滄（1995）研究，共分為 9 項步驟（如表 13-9 所示）。

表 13-9　營運稽核之規劃步驟

步驟別	主要工作內容
一、與受稽核部門主管諮商溝通（起始會議）	1. 將辦理此次營運活動稽核之目的與效果、效率傳達給他們，以取得其認同與支持。 2. 蒐集受稽核部門有關各級人員的職責明細與說明資料。 3. 與其溝通，並請其提出對問題點的看法與建議。 4. 與他們溝通、討論有關其使用的及認為較重要的控制報告。 5. 取得或編製有關的簡單工作流程。
二、檢討受稽核部門的組織結構	1. 取得或編製受稽核部門的功能性組織系統圖。 2. 分析該受稽核部門的非督導性與督導性人員之數量、分類與比例。 3. 決定如下事項： 　(1)各功能的職責有無明確界定（如：職務說明表）？ 　(2)各人員是否對其權力與責任有所充分了解？ 　(3)受稽核部門內的垂直與水平溝通管道是否暢通？ 　(4)受稽核部門與其他部門（含對上級主管）的溝通管道是否暢通？ 　(5)受稽核部門與其他部門之職責、功能有否重疊？ 　(6)有無存在一些原始需要功能已不存在之功能？ 　(7)有無存在一些功能活動不重要，反而由其他部門執行更有效？ 　(8)受稽核部門的功能劃分是否合乎邏輯，可適用有效的成本控制？ 　(9)受稽核部門內部各項功能是否可互相協調與合作？
三、檢討受稽核部門的工作程序流程	1. 針對每項工作的主要任務取得或編製基本的工作流程圖。 2. 就下列事項以決定文件流程是否有效： 　(1)每份重要文件流程的各項作業時間，是否合理或有過多現象？ 　(2)每份文件作業流程，從開始到結束需要多少流程時間？ 　(3)有無需要重新安排文件作業流程之順序？可否合併或簡化？

（續前表）

步驟別	主要工作內容
四、檢討受稽核部門的控制報告	1. 蒐集所有重要報告的影本。 2. 針對蒐集之報告以決定哪些報告是屬於有關控制的報告。 3. 確認有無累積的資料，或選送的報告是不必要的？ 4. 檢討累積控制報告資料的產生方法，有無低成本、快速度的替代方法？ 5. 決定所使用的資訊來源，其報告是否相當正確？其是否報導真相？ 6. 確認報告編製的成本是否合理？ 7. 決定每份報告在發布之前是否經過主管簽核？ 8. 確定報告提供之時間是否及時迅速？ 9. 決定控制報告中之績效不佳處，是否採取適當的改進行動？ 10. 檢討控制報告的分發情形是否適宜，是否需要增加或減少？ 11. 決定改進行動之後續追蹤行動之展開時間。
五、研討受稽核部門的預算控制	1. 受稽核部門所發生之費用，是否受到預算的控制？ 2. 受稽核部門主管是否定期收到有關實際與預算的費用報告？ 3. 實際與預算費用報告若有重大差異時，是否有採取適當的改進行動？
六、檢討受稽核部門的工作負荷	1. 受稽核部門主管有無進行工作負荷分析，以建立所有員工的工作績效指標標準及衡量方法？ 2. 受稽核部門主管是否平時即關注到所屬員工的工作績效？
七、整理所發現的問題	1. 以實際事例佐證在查核過程中的發現，並應包含在工作底稿之內。 2. 決定（與受稽核部門主管溝通）哪些所發現之不符合項目要列在書面報告之中。 3. 編寫稽核報告彙總與稽核報告草稿。
八、結束會議	1. 在稽核結束會議裡，和受稽核部門各級主管共同討論所發現的事項，必要時得再召開進一步的協調會議。 2. 在會議中以委婉、事實例證說明，以取得受稽核部門各級主管的了解與支持。 3. 在會議中確認所發現不符合事項之改進對策與期限。
九、改進效果與效率之追蹤	1. 稽核人員需在上述確認的改進對策與期限到期時，主動聯繫責任人員進行改進成效追蹤。 2. 改進成效顯著則於稽核報告中註明改進情形，並呈報稽核主管、經總經理、董事長核認者予以結案，否則須再通知改進與再度追蹤。

（資料來源：參考林柄滄（1995），《內部稽核——理論與實務》（第一版），台北市：作者發行，p.97～98，並加以增刪而成）

CHAPTER 14

平衡計分卡之運用與診斷

　　平衡計分卡係將關鍵性績效評估指標，與企業的整體策略相結合，並兼顧企業長期、中期與短期經營目標，針對財務性與非財務性、主觀面與客觀面、外部構面與內部構面、領先指標與落後指標等方面的具體績效指標，以取得平衡的策略性管理工具。在 BSC 設計原則下，企業必須將其組織願景、經營策略、競爭優勢，藉由策略性議題、目標與衡量指標之方式，適度轉換為企業的日常管理與營運活動，有效協助落實願景與經營策略，導引全體員工全力以赴達成策略性目標。

第一節　策略觀點的平衡計分卡與管理流程
第二節　以平衡計分卡來診斷企業經營績效

　　平衡計分卡（balanced scorecard; BSC）於 1990 年代之初由 Robert S. Kaplan 與 David P. Norton 提出，並將之做為策略管理工具，也就是針對策略之落實問題，提供一種更切實有效的方法。所以 BSC 已被稱為策略管理，而非僅是績效衡量或策略控制之工具，乃因為 BSC 具有更完整的管理功能，諸如：①在策略規劃上，BSC 能夠明確指引企業組織必須考量對顧客、內部程序、員工學習成長等影響財務績效之因素；②企業組織經由 BSC 將高階策略轉化為組織內部各階層各員工的日常工作，以落實策略執行與控制；③BSC 所發展之績效指標可做為組織內部的溝通工具，使全體員工能夠明確了解組織的整體策略；④搭配激勵獎賞措施，鼓舞全體員工之努力與創意創新潛能；⑤BSC 的績效指標目標與實際值比較，以找出差異原因與改進矯正預防對策，乃扮演了企業診斷與管理諮詢的角色。

第一節　策略觀點的平衡計分卡與管理流程

　　Kaplan & Norton 提出建構策略聚焦型組織五大原則（如圖 14-1 所示）：①將策略轉化為執行面的語言；②將整個組織之資源對準策略；③促進策略成為每個員工的日常工作；④讓策略成為持續循環的機制；⑤由高階主管帶頭引導組織全體員工進行組織變革（林榮瑞，2001 年為《策略核心組織》一書專文推薦文 p.13～15）。基本上，BSC 的概念發展乃源自於責任會計（responsibility accounting）理念，責任會計乃係要求企業組織中各部門之營運績效應予個別評估，因此，績效衡量之指標評選自是各部門有所不同。因為各部門績效指標制定時，往往會發生部門績效與整體績效相抵觸，或是短期績效與長期績效相抵觸現象，所以需要互相協調與平衡，是以產生了平衡計分卡。

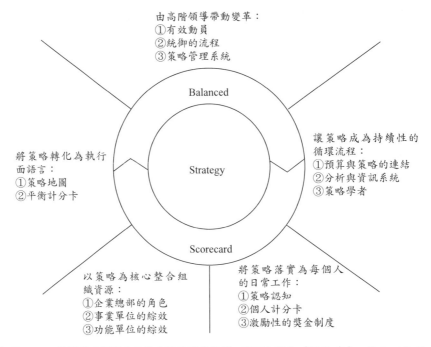

〈資料來源：ARC 遠擎管理顧問公司策略績效事業部譯，劉珊如審訂（2001 年），Robert S. Kapaln & David P. Norton 著（2001 年），《策略核心組織——以平衡計分卡有效執行企業策略》（第一版），台北市：城邦文化事業公司，p. 63〉

圖 14-1　建構策略核心組織五大基本法則

　　基本上，BSC 中的平衡意義在於如下四個構面上的平衡（Kaplan & Norton; 1996）：①力求財務與非財務量度之間的平衡，即財務指標與非財務指標間的平衡，強調主觀面衡量與客觀面衡量之間的平衡；②力求短期目標與長期目標間的平衡，即為追求短期績效指標與長期績效指標（學習與創新）間的平衡；③力求外部衡量與內部衡量之間的平衡；④力求領先指標（顧客滿意、流量、學習與創新）與落後指標（財務績效）間的平衡。（陳澤義與陳啟斌；2006，p.302）。

一、創造以策略為核心的組織

　　以往，由於企業著眼於財務績效指標，而導致無法朝正確的策略方向發展。因為財務的衡量乃是一種落後指標（lag indicators），其顯示因過去的策略與行動所獲致的成果，而並非為創造未來績效的指引。因此以往的企業過於重視短期績效的表現，而忽略了長期目標的投注與價值創造。平衡計分卡則除了原有的財務衡量（落後指標）之外，企業應再找出能夠創造未來財務績效的關鍵性績效驅動因素（performance drivers）（例如：顧客滿意、創新的高效率流程、員工的專業能力與士氣等），也就是領先指標（lead indicators）。

　　平衡計分卡為了找出能夠衡量企業在未來績效表現的驅動因素與領先指標，就應跨越績效衡量的層次，而跨入策略的衡量。也就是企業組織為發展 BSC，就應該將其擬發展的財務性與非財務性指標之目標值設定、目標計算公式，均拉高到企業的願景、宗旨與策略之層次，並與其策略的發展與執行合為一體／同步進行，這就是 BSC 系統的重要內涵。而這樣的企業組織也就是以策略為核心的組織（strategy-focused organization; SFO）。

（一）策略核心組織五大基本原則

　　企業組織乃是需要以整合（allignment）與聚焦（focus）來創造出實現的策略執行成果。企業組織透過組織內部各部門，與各單位的整合與協調一致的運作步調，以策略為核心聚焦，將有限的資源集中在執行策略之行動上，將可創造出非線性成果（指運用有限資源產生極大加乘效果）。據 Raplan & Norton 的研究，所有成功實施 BSC 的企業，均呈現出其組織內聚焦效果，將

管理團隊、事業單位、人力資源、資訊科技與財務資源,圍繞在策略的核心,
而加以整合運作者(如圖 14-2 所示)。

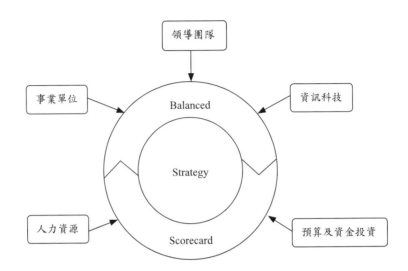

(資料來源:ARC 遠擎管理顧問公司策略績效事業部譯,劉珊如審訂(2001),Robert S. Kaplan & David P. Norton 著(2001),《策略核心組織──以平衡計分卡有效執行企業策略》(第一版),台北市:城邦文化事業公司,p.62)

圖 14-2 將資源整合並集中於策略上

策略核心組織五大原則簡要說明如下:

1. 將策略轉化為執行面的語言

BSC 乃是要讓企業組織內的各個部門／單位與人員,均能充分參與策略的執行工作,以將組織內部原有的有形與無形的效能釋放出來,而其前提乃在於組織必須要能清楚的描述、說明、溝通其策略的完整內涵,如此才能讓整個組織動起來與執行其策略。BSC 正是提供了一個能夠描述與溝通策略的基本架構,使企業得以進行有系統且一致性的語言來呈現、衡量與執行其策略。同時 BSC 可導引企業很清楚的呈現,其如何利用各種無形資產來轉化並創造有形(財務)的成果。而其間的因果關係(cause and effect)之連結,即可在策略地圖上一目瞭然,同時策略地圖與 BSC 在這個數位經濟時代裡,正提供了新的解決方案,使企業能夠以具體的方式,來描繪要如何應用無形資產來創造股東報酬,如此描述策略的共同語言,能夠將策略展開,並轉化為組織內部各部門／單位與全體員工能夠清楚了解之訊息,更能進行日常執行方面的實際運

作，以達成組織最高及最佳的效果與效率。

2. 以策略為核心整理組織資源

基本上，企業內各事業部／部門／單位均各自肩負了其業務層次的策略、目標與運作方式，其運作之目標即為組織創造「整體大於部分之總和」的綜效（synergy）。企業必須相當明確地界定與確保各個事業部／部門／單位之策略關聯性與整合，尤其在策略核心組織的高階管理者，必須以策略主題與策略行動方案之系統性架構，使跨部門的所有部門／單位在策略的引導下，對於執行活動有一致性的認知與執行順序之遵循。如此各個事業部／部門／單位均能依據 BSC 所傳達之共同願景、策略主題與目標，相互支援連結，將工作重心放到策略主題的實現上，相互均衡互惠、溝通協調與互助合作，如此將可產生「整體大於部分之總和」的策略綜效。

3. 將策略落實為每位員工的日常工作

策略執行必須是企業組織全員共同的參與和貢獻，在 BSC 的實施流程中，企業最高階管理者之「公司整體」計分卡，必須有系統性的向下展開為各事業部的「事業部」計分卡，再向下展開為「部門」計分卡、「單位」計分卡、「個人」計分卡。如此的由上而下全盤性展開的溝通，與傳統的命令由上而下與目標由上而下之設定將會是有所差異，因為 BSC 是由上而下完整的策略內涵溝通。其差異乃在於 BSC 要讓全公司各階層員工均能了解其策略之背景與內容，如此將可在其權責範圍內，發展出更為廣泛的支援各項策略之實現行動與目標，即使在其權責範圍之外，也可能會有令人意想不到的對策略執行上之貢獻。當然企業高階主管更應設計激勵性的獎賞制度來誘發與強化 BSC 效果，使各階層員工在具有激勵性的誘因下，接受與努力執行其策略實現之高難度挑戰。

4. 讓策略成為持續的循環流程

BSC 的實施上，Kaplan & Norton 設計一套雙循環流程（double-loop process），將日常活動管理（財務預算與每月的管理會議）與策略管理，整合為一個完全銜接的連續性流程，其流程之執行上有三項主題：①將策略與預算流程相互銜接；②定期進行策略管理會議；③建立策略的學習與調整流程。企業組織的高階管理者，可以善用組織內部持續不斷的策略學習修正流程，以及

產生的寶貴經驗與知識，來進行策略品質之提升，如此持續之日常循環機制乃是日常運作機制，不應是一年一次的年度運作機制。

5. 由高階主管引導與帶動變革

前面四項基本原則偏重於將 BSC 當作一種工具、基本架構與協助策略執行的流程，然而企業組織要真正建立策略核心組織，除了上述原則之外，尚應促使管理團隊積極投入、深入了解 BSC 的重要性，並下定決心必須以身作則，身體力行帶領團隊落實執行。同時 BSC 乃是一個變革計畫，而非只是衡量計畫。其首要步驟就是要能夠動員組織全員參與，和激發員工落實執行之士氣；第二道步驟就是適切的領導統御，即在高階主管運用動態的模式，引導全組織轉型為新的績效創造方式，將變革過程中所產生的新文化、新價值觀、新流程與新的運作結構，進一步歸納進入制度的常軌（institutionalize）。

（二）願景的策略性角色

Phillips Kotler（2000）指出，一份好的願景宣言應包括三個特性：①應著重在某些有限目標上，而非所有的事情均要嘗試；②應強調企業想要尊為標準的主要策略與價值觀；③應界定企業的主要競爭範圍，而為企業能運籌帷幄者。所以企業組織的願景與目標可由企業組織的歷史資料，以及高階層主管訪談中獲得。願景的構成要素與如何達成共同願景，則是要導入 BSC 之前應先予認知者。

1. 企業願景的構成要素

企業願景（vision）不只是一個單純的目標，更是企業組織長期追求的理念，所以企業願景就如同是企業的一種可實現的夢想。願景有兩個特性（陳澤義、陳啟斌；2006 年，p.346）：「其一乃是願景如同是一個夢想，是一個可以實現的夢；其二則是若將之講出來，大家均會對它為之興奮，如同大家心中所想的與追求的目標。」在某些時候，願景扮演著一個方向，可以隨著時間與溝通而顯得更清晰，但是仍將願景視為一種神祕、無法控制的力量。

願景乃是企業主的期待、願望與目標，願景也是一種展望（即員工對企業組織未來前景的清晰圖畫，以引導全員向前），願景更是一種目標（即為企業組織的短、中、長期經營目標）。所以企業願景包括了領導哲學與具體印象兩

部分（如圖 14-3 所示）：①領導哲學包括企業創辦人與高階主管的個人生活哲學，與其希望給予企業的形象，而設計出來的許多哲學信條，以提升社會大眾對企業的印象。領導哲學包括兩部分，即核心的價值與信仰，以及企業的意向或宗旨；②具體印象可包括企業的使命與生動的描述二者。

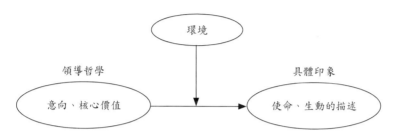

（資料來源：陳澤義、陳啟斌（2006），《企業診斷與績效評估——平衡計分卡之運用》（第一版），台北市：華泰文化事業公司，p.348）

圖 14-3 企業願景

2. 如何達成共同願景

企業願景分為三種型態：①創始願景：即為企業創業時的經營理念；②當下願景：即為當前的企業使命；③宏觀願景：即為企業永久與持續的精神與價值觀。惟企業願景必須具備言簡意賅與適合題旨、切合實際而非虛無縹緲、具吸引力與挑戰性等三大原則。企業願景必須獲得企業組織多數成員的認同與支持，並且全體員工將之視為員工個人與企業組織共同的願景，如此的共同願景才是企業必須追求實現的方向。至於要如何達成全員（至少為大多數員工）共識的共同願景？則應透過如下途徑：①運用組織內部溝通管道，由企業領導人鼓勵全體員工建立個人願景，而這種鼓舞個人願景的氛圍，正是領導者經由員工的溝通分享途徑，塑造整體圖像之前奏；②藉由員工成員分享其企業願景時，每位員工對企業的圖像就是其對組織應盡的責任，如此各自認定的共同願景或許會有所不同，但是每位員工的面對「大家的、共同的」企業願景與使命，乃是可以肯定確實已形成了；③企業組織的高階主管之願景與使命，在此時尚未形成正式的全員共識的共同願景，而是非官方版本，員工雖未認同，卻為在企業生存下來，而不得不奉命行事與完成任務；④經由上述的途徑，願景經由分享而逐漸成形，也逐漸地與高階主管之願景結合為一體，此時的共同願景概念已經形成，其為全組織日常工作的重心，在組織內部不斷推行，此時的

共同願景已涵蓋了企業的經營理念、經營目標與核心價值；⑤企業組織持續推動全員對經營理念、經營目標、核心價值、個人願景的分享與融合、互動與交流、學習與聆聽，如此不斷運作下，企業的共同願景就產生了。

（三）創造策略核心組織

BSC 提供一個基本架構，使企業組織能從四個構面（財務構面、顧客構面、內部流程構面、學習與成長構面）來衡量它創造價值的成效。企業組織藉由 BSC 得以測知其內部的各個事業部／部門／單位，為其現在與未來的顧客創造價值之能力，同時可以使整個組織聚焦在策略上的力量，企業組織也將因此得以建立新的顧客關係型態、從根本改造業務運作流程、發展新事業技能、運用新資訊科技系統。如此，企業組織的新作業文化、新組織文化將逐漸成形，除了破壞了傳統的職能分工藩籬之外，同時將可建立新的高績效組織團隊之合作協調文化。因而企業組織將會由於新的企業文化、新的營運模式、新的管理系統，而創造出策略核心組織。依 Kaplan & Norton 的研究指出，策略性核心組織的特點有：「明確的制定策略、持續一致的溝通策略，使策略與變革的核心驅動力相連結，並以策略整合企業各個單位與員工的日常工作與貢獻，從而建立積極績效導向的企業文化。」

基本上，策略核心組織乃是將以往以財務導向、品質導向、顧客導向之焦點，轉換到以策略為導向的焦點，且以更周延、全盤性的策略，做為財務、品質、顧客、專業、流程、系統等管理的核心。

二、平衡計分卡的管理流程

平衡計分卡共分為四個主要的管理流程，BSC 乃藉由澄清並詮釋企業願景與經營策略、溝通並連結經營策略目標與績效衡量指標、規劃及設定經營目標與績效衡量指標，並校準策略行動方案、加強策略的回饋與學習等流程步驟，將企業的經營策略有效地轉換為實際的行動。（如圖 14-4 所示）

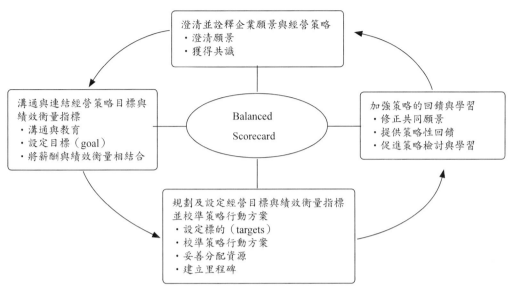

（資料來源：陳澤義、陳啟斌著（2006），《企業診斷與績效評估——平衡計分卡之運用》（第一版），
台北市：華泰文化事業公司，p.373）

圖 14-4 將平衡計分卡願景付諸行動的管理程序

（一）平衡計分卡的行動管理程序

1. 澄清並詮釋企業願景與經營策略

　　本步驟包含澄清願景與獲得共識兩個子步驟，其主要的階段任務乃是企業組織的高階管理者，應將其企業願景與經營策略加以澄清，以確定哪些是企業所要追求的目標與衡量指標。也就是高階管理者必須將企業的策略轉換成特定的策略目標，在制定財務目標時，應考量到其重點乃在於提高營業收益、擴大市場占有率、增進品牌知名度與獲利能力；而在顧客構面時則應清楚定義市場，並與員工建立共識，以辨認企業內部的管理流程與目標，進而延伸到員工的學習與成長目標，藉此明確地澄清策略目標。

2. 溝通及連結經營策略目標與績效衡量指標

　　這個步驟可分為三個子步驟（溝通與教育、設定目標、將員工薪酬與績效衡量相結合），步驟目的是將企業的願景與經營策略傳遞給全企業員工，讓全體員工均能了解到其應達成的工作目標，並且進一步將企業整體策略目標與績效衡量相連結。如此乃能夠促使全體員工了解企業的願景與目標，進而設定其個人願景與工作目標，當然其個人願景與工作目標，必須要能夠配合企業的願

景與目標。

3. 規劃與設定經營目標與績效衡量指標，並校準策略行動方案

此步驟可分為四個子步驟（設定標的、校準策略行動方案、妥善分配資源、建立里程碑），步驟乃是將績效指標進行整體規劃，並進而依據前步驟所設定之經營策略目標，加以設定各項達成目標的標的與行動方案。BSC 用以協助企業組織建立績效衡量指標之後，可再針對各項具有重要意義之績效指標，進行品質與作業流程等方面之修改或改良，如此調整其策略行動方案，使其較為符合前面步驟所設定之經營目標與績效衡量指標。企業組織至此即可設定短、中、長期的財務構面指標，而據此財務性指標達成所需的顧客構面、內部流程構面與學習成長構面之目標也因此得以確立。緊接著，企業組織為達成上述四大構面之目標經營與績效衡量指標，即應進行企業資源的最適分配，以達成 BSC 的財務性及非財務性指標與各項短期目標（即為建立里程碑）。

4. 加強策略的回饋與學習

此步驟可分為三個子步驟（修正共同願景、提供策略性回饋、促進策略檢討與學習），步驟乃是要讓企業的高階管理者了解其所設定之經營策略目標與績效衡量指標，到底能不能達成其四大構面的要求？若是有問題或是可能無法達成，就應該修正有關的策略目標、標的與行動方案，使之在次一個管理流程裡，可以重新回到澄清並詮釋企業願景與經營策略之階段，以利順利地進行另一波的循環流程。

（二）實施平衡計分卡的成功軌跡

1. 發展成為策略核心組織與實施 BSC 的關鍵成功要素

實施平衡計分卡新策略的執行與 BSC 的實施，乃在於將 BSC 放在策略流程的核心，而且要成功的落實創造策略核心組織的五項基本法則，才能轉型為高績效、高競爭力的組織。在建立了策略性核心組織之後，即可進行 BSC 的導入實施，據蘇裕惠（2000）的研究，實施 BSC 須掌握住三大要素：①須針對不同的事業部，特別量身打造出合適的績效衡量指標；②必須儘早偵測並通報異常的績效表現；③必須妥善運用員工與員工之間的互相學習效果，並運用資訊科技使其發揮相乘的效果。

（續前表）

步驟	描述	程序	其他說明
5	確認關鍵成功因素。	進行評估並確認企業的關鍵成功因素。	企業高階管理者、經理人應共同參與有關的研討會議。
6	發展關鍵性評估指標，確認因果關係並建立平衡。	進行下一層的設計與策略相連結的關鍵性評估指標。	企業高階管理者、經理人應共同參與有關的研討會議。
7	建立上層的平衡計分卡。	將 BSC 最上一層的平衡計分卡予以建立。	企業高階管理者、專業經理人、有經驗的 BSC 專業人員一起討論與決定。
8	落實 BSC 並由企業各個子單位來衡量。	將 BSC 專案分配到企業內各個子單位；並且盡量讓每個員工均能參與 BSC 專案計畫。	製作 BSC 有經驗專家，應該要努力在調整關鍵成功因素與指標之時，給予妥適的協助。
9	陳述目標。	各單位的專案經理負責其單位計畫書之內容與任務。	高層管理者應核審其最後之目標。
10	發展一個行動計畫。	每個單位均應準備發展出一個行動計畫。	由各個單位之專案小組準備。
11	完成平衡計分卡。	完成 BSC 並應持續監控有關行動計畫之作業效率與效果。	每個單位專案小組、經理人、企業高階主管均應持續監控其實施之效率與效果。

（資料來源：整理自①Olve, N. G., Roy. J. & Wetter, M. (1999), *A practical guide to using the balanced scorecard*, NY: John Wiley & Sons, INC. ②陳澤義、陳啟斌（2006），《企業診斷與績效評估——平衡計分卡之運用》（第一版），台北市：華泰文化事業公司，p.378～382）

❀ 第二節　以平衡計分卡來診斷企業經營績效

　　BSC 乃是一個策略性的管理工具，在運作上，BSC 向上連結策略形成的基礎，也就是策略規劃系統，向下連接人力資源系統的績效管理工具，也就是績效管理系統。所以 BSC 的系統架構應以 BSC 為中心，另外涵蓋策略規劃系統與績效管理系統。至於 BSC 系統的核心作業，乃是策略形成之部分，也就是所謂的戰略規劃系統。而戰略規劃系統之發展項目則有：①經營分析（可經由 SWOT 分析、BCG 分析、產品生命週期分析、策略群組分析、價值鏈分析、盲點分析、競爭者分析、顧客區隔分析、顧客價值分析、環境議題分析、環境情境分析、經驗曲線分析、專利分析、技術生命週期分析、財務報表分析、策略性獎金計畫、持續成長率分析等工具中選擇適宜者加以運用，以找出

企業組織四大構面的關鍵成功因素／目標，與關鍵性衡量指標，此中的目標乃是與企業的使命、價值及策略相連結）；②目標管理（建立企業組織的各個事業部與各個部門／單位之目標，以及企業組織的財務五力分析等兩者）；③財務控制（如：財務預算、財務決算、財務報表與預算差異分析）等選項。

ꙮ 一、平衡計分卡之規劃與設計架構

依據本章圖 14-4 將平衡計分卡願景付諸行動的管理程序，以及依據實現平衡計分卡設計十一步驟，將可以發展出企業組織以四大構面為中心的發展策略。而後依據各個構面的策略與企業組織之使命、價值、願景，進行診斷出其企業組織在目前所存在的風險（此風險則可依據四大構面分為警示區與注意區），而後再針對各個風險提出平衡計分卡規劃與設計架構圖（如圖 14-6 所示），並依據此架構圖逐步進行 BSC 系統之策略規劃系統與績效管理系統。

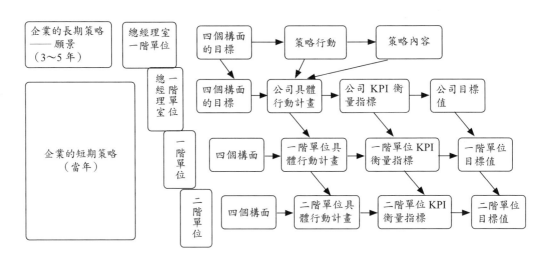

圖 14-6 某家公司 BSC 規劃與設計架構

ꙮ 二、關鍵績效指標的設定

關鍵績效指標（key performance indicator; KPI）的設定，乃是依據策略規

劃與分析之結果，分為 BSC 四大構面而予以設定者，此 KPI 必須由上級主管向下級各個部門／單位分解，下級部門／單位也可建議平行支援的目標與自定目標，只是這些目標均應與行動計畫與年度預算相連結。KPI 的設定可分由四大構面來蒐集與審查企業組織的各項背景資訊（如圖 14-7 所示）。

　　企業組織必須先在企業使命、願景、價值與策略上予以釐清，以作為發展四大構面各項指標之基礎。據陳澤義、陳啟斌（2006）研究指出：「發現四大構面各項指標的要訣是：先發展策略目標，再發展各構面的衡量指標（如表 14-2 所示），最後再建立彼此間的因果性連結。」所以企業組織應該是由上而下的方式，來建構 BSC（如圖 14-8 所示）。

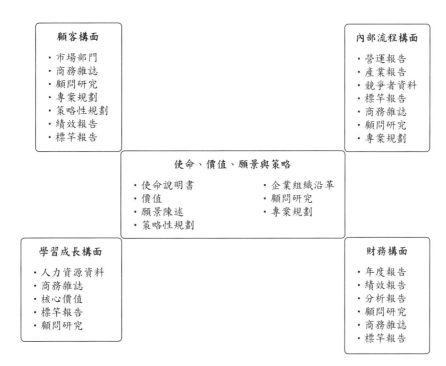

（資料來源：陳澤義、陳啟斌（2006），《企業診斷與績效評估——平衡計分卡之運用》（第一版），台北市：華泰文化事業公司，p.412）

圖 14-7 使用 BSC 之蒐集背景資料

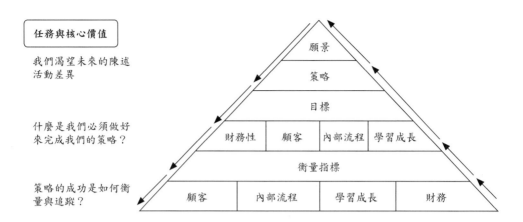

任務與核心價值

我們渴望未來的陳述
活動差異

什麼是我們必須做好
來完成我們的策略？

策略的成功是如何衡
量與追蹤？

願景
策略
目標
財務性　顧客　內部流程　學習成長
衡量指標
顧客　內部流程　學習成長　財務

（資料來源：陳澤義、陳啟斌（2006），《企業診斷與績效評估——平衡計分卡之運用》第一版，台北市：華泰文化事業公司，p.413）

圖 14-8 平衡計分卡架構

表 14-2 BSC 常使用的關鍵性衡量指標（範例）

構面	KPI 名稱
員工學習與成長構面	①員工參與社團人數；②平均員工訓練經費；③員工擁有專業證照數／比例；④員工流動率；⑤員工滿意度；⑥員工分紅入股計畫；⑦平均每位員工附加價值；⑧員工提案數目；⑨員工缺勤／遲到率；⑩員工平均服務年資；⑪員工學歷分析；⑫員工輪調方案；⑬員工工作豐富化比例；⑭激勵獎賞方案；⑮工作環境品質指數……等。
內部流程構面	①損益平衡點所需時間／數量／營業額；②平均前置時間；③及時上線比率；④存貨週轉率；⑤研發經費；⑥勞動利用率；⑦回應顧客平均時間；⑧不良品率；⑨重工率／時間；⑩設備稼動率；⑪生產效率／達成率；⑫無效工時；⑬新產品／服務／活動上市成功率／進入市場時間；⑭顧客回購／重遊率；⑮廢料降低量；⑯持續改進方案；⑰各部門／單位的協調程度……等。
顧客構面	①顧客滿意度；②顧客忠誠度；③市場占有率；④顧客抱怨件數；⑤顧客流失；⑥顧客保存；⑦新顧客獲得；⑧競爭價格／市場價格／顧客總價格；⑨平均顧客每次交易額／每年交易額；⑩顧客抱怨回應平均時間；⑪品牌認知度／指名度；⑫廣告次數；⑬每位顧客平均服務成本；⑭顧客價值；⑮獲勝率（銷售價格÷銷貨接觸）；⑯花費在目標顧客的比例……等。
財務構面	①總資產；②平均每位員工總資產；③總資產獲利比率；④淨資產報酬率；⑤毛利率／淨利率；⑥新產品／服務／活動的收益；⑦平均每位員工的收益；⑧資本報酬率；⑨投資報酬率；⑩經濟附加價值；⑪市場附加價值；⑫平均每股盈餘；⑬平均每位員工附加價值；⑭存貨週轉率；⑮應收帳款週轉率；⑯平均應收帳款帳齡天數；⑰信用評價；⑱股東忠誠度；⑲現金流量；⑳平均應付帳款帳齡天數；㉑呆帳金額／比率……等。

三、BSC 四大構面與策略行動、策略內容及負責部門之確立

在圖 14-8 中的平衡計分卡架構裡，已將企業組織渴望未來的陳述活動差異予以診斷出來，並可進一步繪製出 BSC 四大構面與策略行動連結圖（如圖 14-9 所示），對 BSC 四大構面的策略行動、策略內容與負責部門予以確立（如表 14-3 所示）。

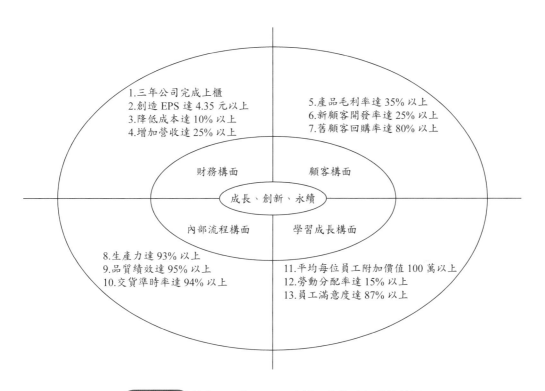

1.三年公司完成上櫃
2.創造 EPS 達 4.35 元以上
3.降低成本達 10% 以上
4.增加營收達 25% 以上

5.產品毛利率達 35% 以上
6.新顧客開發率達 25% 以上
7.舊顧客回購率達 80% 以上

財務構面　　　顧客構面
成長、創新、永續
內部流程構面　　學習成長構面

8.生產力達 93% 以上
9.品質績效達 95% 以上
10.交貨準時率達 94% 以上

11.平均每位員工附加價值 100 萬以上
12.勞動分配率達 15% 以上
13.員工滿意度達 87% 以上

圖 14-9 某家公司的 BSC 四大構面與策略行動連結圖

表 14-3 BSC 四大構面的策略行動、策略內容與負責部門

構面	13 大策略行動	策略內容	負責部門
財務構面	1.三年公司完成上櫃	1.1 建立歐洲銷售通路據點 5 處	營業部
		1.2 提高獲利力	營業部
		1.3 提高營收收入	營業部
	2.EPS 達 4.35 元以上	2.1 建立銷售預算制度	財務部
		2.2 建立營運預算制度	財務部
		2.3 建立內部控制制度	財務部
	3.降低成本達 10% 以上	3.1 降低生產成本	總經理室
		3.2 降低製造費用	總經理室
		3.3 降低管銷成本	總經理室
	4.增加營業收入達 25% 以上	4.1 增設奈米產品線	營業部、生產部、研發部
		4.2 原生產線產能擴充	營業部、生產部
		4.3 增加售後服務合約	營業部、生產部
顧客構面	5.產品毛利率達 35% 以上	5.1 應收帳款帳齡降到 60 天以內	營業部
		5.2 壞帳率壓到 2% 以內	營業部
	6.新顧客開發率達 25% 以上	6.1 交期失誤率降到 10% 以內	營業部
		6.2 損益平衡期在 6 個月以內	營業部
		6.3 交期準確率提高到 94% 以上	營業部
	7.舊顧客回購率達 80% 以上	7.1 顧客忠誠度提高到 88% 以上	營業部
		7.2 顧客滿意度提高到 93% 以上	營業部
		7.3 平均顧客訂單成本率降到 5% 以內	營業部
		7.4 交貨準時率提高到 90% 以上	營業部
內部流程構面	8.生產力提高到 93% 以上	8.1 設備稼動率提高到 90% 以上	生產部
		8.2 生產效率提高到 93% 以上	生產部
		8.3 品質績效提高到 95% 以上	生產部、品質部
	9.品質績效提高到 95% 以上	9.1 不良品率控制在 1% 以下	品質部
		9.2 重工率控制在 2% 以下	品質部
	10.交貨準時率達 94% 以上	10.1 生產力提高到 93% 以上	生產部
		10.2 品質績效提高到 95% 以上	品質部
學習成長構面	11.平均每位員工附加價值 100 萬以上	11.1 教育訓練每年每人投資 5,000 元以上	總經理室、管理部
		11.2 員工滿意度達 87% 以上	管理部
		11.3 提案制度建立及導入	總經理室
		11.4 勞動分配率控制在 15% 以內	總經理室、管理部
	12.勞動分配率 15% 以上	12.1 教育訓練每年每人投資 5,000 元	總經理室、管理部
	13.員工滿意度 87% 以上	13.1 員工流動率控制在 10% 以下	管理部
		13.2 提案制度建立及導入	總經理室
		13.3 教育訓練每人每年投資 5,000 元以上	總經理室、管理部

四、戰略地圖

　　戰略地圖（strategy map）乃 Kaplan & Norton（2004）所提出，此設計乃在關鍵績效指標完成之後，擬與四大構面建立因果關係之連結而成。各項關鍵績效指標包含領先的指標與落後的指標，雖然這些指標之間並不一定存在若干因果關係，但是卻可以將之建立應有的因果關係之系統。

　　基本上，企業四大構面均會呈現出領先指標與落後指標（如表 14-4 所示），而這些關鍵績效指標即可建構成為該企業的戰略地圖（如圖 14-10 所示）。此乃因為落後指標可視為企業面臨的管理難題，代表其在某個構面的子系統應變數（dependent variable），乃是管理者極力想解決的管理難題。而經由管理者與相關人員研討之後，所提出為解決管理難題的可能途徑／方法，乃代表其為影響管理難題的直接因子（如：提高顧客再度購買比率，可經由顧客滿意度、顧客忠實度、品牌知名度／指名度、及時交貨、零失誤、便利性等途徑達成），此等直接因子即為前因變數（antecedent variable）。

表 14-4　某家公司的關鍵績效指標

構面	領先指標	落後指標
財務構面	①投資報酬率達 23% 以上 ②應收帳款週轉率達 30% 以上 ③總資產獲利率達 18% 以上	①三年公司完成上櫃 ②EPS 達 4.35 元以上 ③降低成本 10% 以上 ④增加營收 25% 以上
顧客構面	①顧客滿意度達 93% 以上 ②顧客忠誠度達 88% 以上 ③應收帳款帳齡天數 60 天以內 ④平均每家顧客訂單成長率達 5% 以上 ⑤交期失誤率 10% 以下 ⑥壞帳率 2% 以下	①產品毛利率 35% 以上 ②新顧客開發率 25% 以上 ③舊顧客回購率 80% 以上
內部流程構面	①損益平衡期間小於 6 個月 ②重工率低於 2% ③設備稼動率達 90% 以上 ④生產效率達 93% 以上 ⑤不良品率降到 1% 以下	①生產力達 93% 以上 ②品質績效提高到 95% 以上 ③交貨準時率達到 94% 以上
學習成長構面	①教育訓練投資平均每人每年 5,000 元以上 ②員工流動率降至 10% 以下 ③提案制度建立與導入	①平均每位員工附加價值 100 萬以上 ②勞動分配率 15% 以上 ③員工滿意度 87% 以上

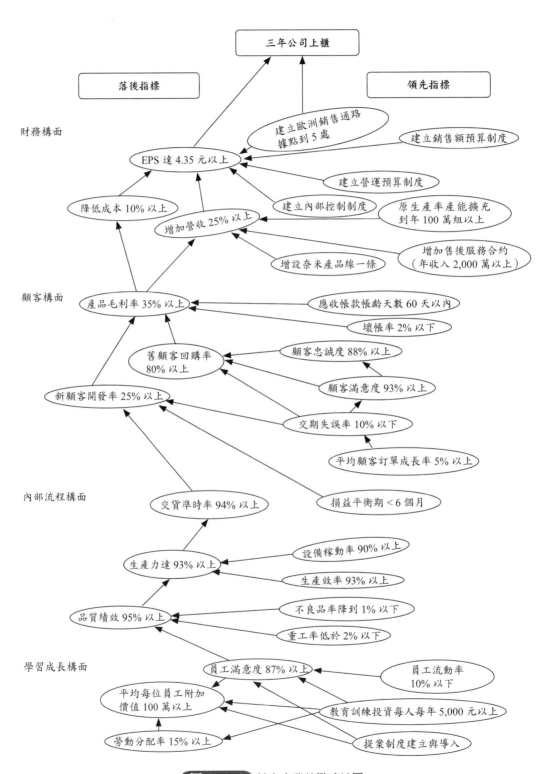

圖 14-10 某家企業的戰略地圖

　　當然在找出可能的途徑／方法之後，管理者即應擬妥具體的管理活動，以直接影響管理問題的內涵，並進一步間接影響管理難題的改進與解決，所以此管理行動方案乃是管理問題的前因變數。基於此，在四大構面中的領先指標，可能會是管理行動方案的候選指標，例如：提高產品／服務的品質水準之管理行動方案，可以直接提高顧客滿意度與對產品／服務的信賴度，也就是會直接影響到顧客滿意度的管理問題，進而間接影響到顧客二度回購率的管理難題，所以提高產品／服務品質乃為顧客滿意度的結果變數（consequent variable），而顧客滿意度乃為顧客二度回購率的結果變數，此三者之間的反覆系統乃為因果循環的聯立方程式系統之簡易形式。

　　當然四大構面中，也是具有互為因果的關係，就如同學習成長構面會影響內部流程構面，而內部流程構面也會影響顧客構面，顧客構面更會影響到財務構面一樣。所以，一般以財務構面為四大構面之最終因果構面，而員工學習成長構面則為起始的最早之因果構面。準此，四大構面的關鍵性績效指標之間所構成的因果關係連結，就是戰略地圖之建立（Kaplan & Norton; 2004）。

　　戰略地圖是策略／戰略與地圖的結合，乃在於指引出企業組織的現在位置在哪裡？如何過渡到未來令股東滿意／員工滿意／社會滿意／顧客滿意／供應商滿意的位置？如何進行有關的行動方向？所以在戰略地圖上的路徑，乃在於對未來不確定的一連串假設之下，用來說明企業組織想建立的因果關係之連結。其目的乃在於將企業組織的策略與方向清晰明確地點出，並可供加以檢驗的，此部分乃為 BSC 最重要的心臟部位之循環系統，更是導入 BSC 系統不可缺乏的重要工作（陳澤義、陳啟斌；2006，p.423～424）。

五、平衡計分卡之目標管理系統

　　平衡計分卡之目標管理系統乃在於進行目標值設定，設定關鍵性績效指標的擁有者與相關者，以及進行目標之執行與控制等作業程序。

（一）總目標之設定

　　企業組織的總目標依據 BSC 之四大構面來加以分類，例如：上述個案財務構面即有三年完成上櫃目標，而在此目標之下又有 EPS 達 4.35 元以上、降

表 14-5　某家企業的平衡計分卡

構面	策略行動	策略內容	總經理室	管理部	財務部	營業部	研發部	生產(一)部	生產(二)部	品質部	物管部	公司的具體行動計畫	衡量指標（公司）	公司目標值
財務構面	1. 公司三年完成上櫃	1.1 歐洲銷售通路建立	○	○	○	●	○				○	1.1.1 建立歐洲銷售通路	銷售據點	5 處
			○	○	○	●	○				○	1.1.2 提高獲利力	營業毛利率	35% 以上
			○	○	○	●	○				○	1.1.3 提高營業收入	營業收入	5,000 萬元以上
		1.2 增加營業收入（25%以上）	○	○	○	●	○	●	●	○	○	1.2.1 增設各項產品線	產品線	1 條
			○	○	○	○	○	●	●	○	○	1.2.2 原生產線產能擴充	產能／年	100 萬組以上
			○	○	○	○	○				○	1.2.3 增加售後服務合約	合約收入／年	2,000 萬元以上
		1.3 降低成本（10%以上）	●	○	○	○	○				○	1.3.1 降低生產成本	成本降低比率	15% 以上
			○	○	○	○	○				○	1.3.2 降低製造費用	成本降低比率	12% 以上
			○	○	○	○	○				○	1.3.3 降低管銷成本	成本降低比率	12% 以上
		1.4 年度 EPS 達 4.35 元以上	○	○	●	○	○	●	●	○	○	1.4.1 建立銷售預算制度	達成率／年	90% 以上
			○	○	○	○	○				○	1.4.2 建立營運預算制度	達成率／年	90% 以上
			○	○	○	○	○				○	1.4.3 建立內部控制制度	達成率／年	85% 以上
顧客構面	2. 產品毛利率提升	2.1 提升產品毛利率（35%以上）	○	○	○	●	○				○	2.1.1 應收帳款帳齡	天數	60 天以內
			○	○	○	○	○				○	2.1.2 壞帳率	%	2% 以內
		2.2 新顧客開發率（25%以上）	○	○	○	●	○				○	2.2.1 交期失誤率	%	10% 以下
			○	○	○	○	○				○	2.2.2 損益平衡期	月	6 個月以下
			○	○	○	○	○			●	○	2.2.3 交貨準確率	%	94% 以上
		2.3 舊顧客回購率（80%以上）	○	○	○	●	○				○	2.3.1 顧客忠誠度	%	88% 以上
			○	○	○	○	○				○	2.3.2 顧客滿意度	%	93% 以上
			○	○	○	○	○				○	2.3.3 交貨準時率	%	90% 以上
			○	○	○	○	○				○	2.3.4 平均顧客訂單成本率	%	5% 以下

※限於篇幅，僅列出財務構面與顧客構面，其餘兩大構面予以省略。

※●代表主要負責單位（擁有者），○代表協辦單位（相關者）。

低成本 10% 以上與增加營收 25% 以上等目標。所以設定目標之前要先設定與
目標之間相互關聯之績效指標，故目標與指標之間即有如下的關係式：

目標＝指標＋數值＋單位＋區間

如：三年內上櫃＝（EPS）（4.35）（NT$）（以上）

＋（降低成本）（10）（%）（以上）

＋（增加營收）（25）（%）（以上）

（二）設定指標的擁有者與相關者

總目標設定之後，即應進一步設定指標的擁有者（即負責的主辦部門／單
位／人員），與相關者（即負責的協辦部門／單位／人員），以利 BSC 的各
項指標之維護與管理（如表 14-5 所示）。

（三）目標的執行與控制

上述的總目標或各個事業部／部門目標，必須分解到各個單位或／與個人
層面，才能確定目標是否達成。此時即應從事目標執行與控制之作業，其作業
有七個步驟（如圖 14-11 所示），簡要說明如後：

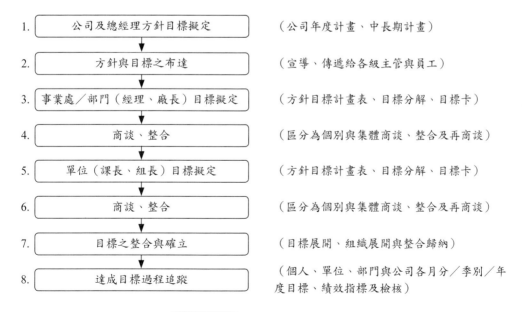

1.	公司及總經理方針目標擬定	（公司年度計畫、中長期計畫）
2.	方針與目標之布達	（宣導、傳遞給各級主管與員工）
3.	事業處／部門（經理、廠長）目標擬定	（方針目標計畫表、目標分解、目標卡）
4.	商談、整合	（區分為個別與集體商談、整合及再商談）
5.	單位（課長、組長）目標擬定	（方針目標計畫表、目標分解、目標卡）
6.	商談、整合	（區分為個別與集體商談、整合及再商談）
7.	目標之整合與確立	（目標展開、組織展開與整合歸納）
8.	達成目標過程追蹤	（個人、單位、部門與公司各月分／季別／年度目標、績效指標及檢核）

圖 14-11 目標的管理實施步驟

1. 公司及總經理方針目標之擬定
   (1)制定短期（1 年以內）、中期（1～3 年或 5 年）、長期（3～5 年或 5 年以上）的公司之整體方針目標。
   (2)方針目標必須予以書面化，並區分為定性目標與定量目標。
   (3)公司整體總目標由幕僚部門起草之後，送由管理審查或經營決策會議商談與確認。
   (4)目標必須要有充分的把握及全體共享、共識的體認。
   (5)制定範例，如：營業額（成長 %、獲利 %）、市場占有率、降低（成本 %、不良率 %）、新產品開發、人力資源發展、e 化（ERP、SCM、CRM、PDM 等）、股票（上市、上櫃）、海外投資、間接部門（效率提升、成本降低）、推動管理活動等。

2. 方針目標布達
   (1)公司的方針目標確定之後，必須向各事業部／部門／單位與全體員工宣示布達，且宜由董事長或總經理、經理人親自布達。
   (2)布達之過程為：①過去的檢討；②今年的目標；③緣由及重點方向等。
   (3)布達時宜區分為管理階層與員工分開布達方式。

3. 事業處／部門目標的擬定
   (1)各事業處／部門主管接受公司年度方針目標布達之後，即依此作為其事業處／部門的方針目標，並予以確立其事業處／部門的目標方向，也同時確立為各個單位主管（課長、組長）應據以拆解與展開目標之依循。
   (2)此步驟應統一事業處／部門之策略行動進度與方向。
   (3)事業處／部門主管要能為所屬下達具體行動計畫，或協助他們規劃其達成事業處／部門目標之具體行動計畫。

4. 單位目標之擬定
   (1)這步驟各單位主管（課長、組長）必須確立其具體行動計畫與衡量指標（含目標值）。
   (2)最好不要貪心擅自拉高目標值，以致於失敗時變得毫無信心，同時要建立週別與月別之具體行動計畫，而細部計畫乃是可另附加專案計畫。
   (3)訂立範圍，例如：建立 ISO 9001（2008）品質管理制度、建立 ISO 14001

（2004）環境管理制度、推行 QCC 活動、實施早會制度、實行提案制度等。

5. 商談與整合

(1)任何方針目標（定性與定量目標）均應在組織內部進行促銷宣傳、溝通協調、說服與談判，以取得各級所屬主管與員工的支持與共識。

(2)商談與整合須妥善排定時間與地點，以及確立進行個別或集體商談方式。

(3)整合歸納與再商談乃是必要的。

6. 目標之整合與確立

(1)將目標在組織裡面徹底展開，並做好各層級的目標歸納與整合，當然上一階層之目標，原則上不應小於各層級目標之整合（至少應等於），否則到下個步驟時，將會發現目標未能達成之現象。

(2)各項目標之優先順序與比重之確立。

(3)各階層主管與員工必須有如下體認：「做不到的不列入，列入的就必須達成」。

(4)在本步驟裡，往往需要運用表格的溝通，因此目標卡乃是各層級人員的工作方針。

(5)各種 e 化工具與電腦作業系統均應妥善予以整合。

7. 達成目標過程追蹤

(1)此步驟乃在每個月的例行性會議中，檢討各項目標的達成狀況（即目標預算管理）。

(2)遇外在環境變動時，須隨之進行調整有關目標執行，惟應依照目標管理營運體系。

(3)各階層主管與稽核責任者，應持續追蹤目標執行狀況，目標達成率至少要能夠掌握在 ± 5% 的範圍之內。

(4)在追蹤目標執行狀況中，應分為定性與定量的目標，並依據此等區分之目標予以追蹤與評價。

(5)在追蹤與評價過程中，遇目標達成率落後時，應即與有關權責主管及人員進行未達成目標原因分析，並找出改進對策進行立即補救，當然研擬

出矯正預防措施乃是應該努力導入與實施之重要任務。

(6)可將目標達成狀況予以公布或在各階層的電腦系統裡顯示，以及時反應目標達成狀況，藉以督促（若目標未達成時）與激勵（超越目標進度時）有關主管及員工。

(7)目標預算管理要與各階層人員之考績、升遷、薪資調整、獎金核定相連貫結合，同時應與公司方針、願景與經營目標相連貫結合。

CHAPTER 15

企業經營責任與企業倫理

現在乃是一種全球性的公民動員之新現象，而且此一新現象呈現在自由、平等、公平、正義、安全、幸福、良善與永續發展的公民需要之基礎上。這股公民需要的浪潮正風起雲湧發展中，諸如：環境保護、生態保育、社會參與、教育文化與培養未來人才等，均被拿來當作企業公民的評量指標與關鍵議題。而且這股公民需要正形成公民企業、CSR 企業、社會企業的最起碼要求，更是企業的經營責任。企業的永續經營就要放眼在其社會倫理責任與行為，必須合乎這股公民需要。

第一節　企業經營責任與企業倫理行為規範
第二節　社會滿意的企業社會責任倫理行為

在20 世紀 90 年代起，企業的經營責任與社會責任議題，經過多年的討論，已在社會大眾與有企業倫理意識的企業中取得共識。企業的經營責任與社會責任，不應僅限制在傳統的法律與經濟責任，而是應該涵蓋多樣性的企業倫理與經營責任。所謂的企業經營責任也因此多元化的發展，將隨著社會的期待、需求與規範而演化，以及隨著價值觀的改變而改變。企業的經營責任包括：①員工滿意、顧客滿意、股東滿意、供應商滿意與社會滿意的最低限度要求；②超越前面的最低限度要求；③企業公民（corporate citizenship）；④長青企業（green corporation）；⑤良心企業（corporation with a conscience）；⑥社會企業（social corporation）；⑦倫理企業（ethics corporation）等承載著正面情緒意義之名詞，也顯示出現代社會對企業組織之要求與期望，更顯示出企業經營與社會責任的最新發展趨勢。

🜲 第一節　企業經營責任與企業倫理行為規範

　　企業經營管理活動之目的，在於獲取經營與管理的利潤，而經營管理的利潤，更是企業組織追求滿足其內部與外部利益關係人需求與期望、要求的根本。但是企業在追求與獲取其經營與管理利潤之際，卻有必要隨時審視與鑑別出，其所有利益關係人（含內部與外部）的滿意度與關注焦點。如此才能建構其企業組織的企業倫理機制與行為規範，以供其各階層主管與員工共同遵行。

　　所以，企業倫理的建構與形塑，乃是企業組織經營與管理活動過程，相當重要的一項價值觀展現與最低限度要求。企業倫理概念應涵蓋的議題，包括：①企業應加強員工的倫理教育；②企業應加強運用專業倫理與員工溝通；③企業應該不讓其員工以公司為恥；④企業應該重視利益關係人的權益；⑤企業應該培植其組織內部的工作倫理；⑥企業應該對社區發展給予關注與協助；⑦企業應該重視與尊重智慧財產權；⑧企業應該善盡其社會責任，做好與扮演公民企業、社會企業與良心企業的角色；⑨企業應該落實符合企業倫理的治理規範。這些議題乃是追求員工滿意、顧客滿意、供應商滿意、股東滿意與社會滿意之實踐，自然此九項議題與五項滿意即為企業經營活動的最低限度要求。

　　當然，上述九項議題或五項滿意之概念，最重要的原則乃在於，必須建立在企業組織的經營管理活動之真正落實行為，尤其更應由最高階管理者率先躬親執行，如此才能引導其組織與全體員工之重律、自重、誠心實踐的決心與行動，進而將其組織帶引至學習型文化，以及企業倫理的真正落實，如此企業的倫理文化將可一併建構完成。

🜔 一、員工滿意的企業倫理行為

　　員工之所以會到企業上班，除了以工作獲取其生存與生活所需的資源之外，尚應尋求一個合宜合適的職業，為其獲致實現生活與生命價值之根本（諸如：賺取經濟所得以維持其最低生活所需、自我實現、自我滿足、與社會交流互動關係得以順暢的運作下去）。所以員工的工作目的與目標，乃在於經由工作的職場情境，獲取個人與家庭所需的經濟收入，並且為社會擇取做為其個人

在社會階層、社群地位、工作價值、工作態度、個人與家庭生活水平方面的一項重要評量標準。

　　所以現代的企業組織與高階層管理者，必須關注到其員工滿意度與員工的關注焦點，如此才能建構出對員工的倫理行為規範，也才能依據當時的社會情境，建構出良好的勞資關係。尤其現代與未來的社會主體價值，乃必須具備「平等、自由、合理、合情、合法與合作」的特質，這些特質更是現在與未來勞資關係新理念所必須正視與追求的方向。

（一）健全與改進人力資源管理機能

　　企業組織與高階層管理者的主要任務，乃在於「公正、公平、公開」的對待員工，以及創造其員工能夠確認其工作目標與期望的待遇。如此的任務將會影響到員工權益的改變，其主要的動力乃源自於企業組織人力資源管理機能的健全與改進策略，如此的策略乃在於找出企業內部人力資源的相關議題（諸如：多樣性、訓練、知識學習、學習型組織、內部溝通、全面品質管理、顧客服務與供應商管理形塑為夥伴關係、員工職業生涯規劃等課題）。

　　經由上述的過程，將員工工作滿意與關注焦點一一找出來，並做為人力資源管理規劃策略重點，徹底因應社會變遷、環境變化、勞資議題發展之需求，擬定以員工滿意、股東滿意、顧客滿意、供應商滿意與社會滿意為出發點的人力資源管理策略與機能，如此將會形成以五項滿意為出發點的新管理模式，進而使員工能在工作／職務所應具備之智慧、知識、技能與經驗上有所體認。

　　上述所謂的人力資源管理的新管理模式，乃會是：①具有企業文化的管理模式；②著重廣泛的內部（垂直與水平）有效溝通；③有接受指揮與解決問題的工作團隊；④具激勵獎賞特質的低工資高獎金薪酬制度；⑤企業能為員工妥善規劃職業生涯發展方案；⑥具知識學習特徵的學習型組織特色；⑦有代替工會組織之員工工作場所策略，做為企業謀求更為和諧的勞資關係之機制／組織；⑧有以內部與外部顧客為出發點的人力資源組織；⑨有堅強紮實以人做為經營管理重心之競爭優勢。

（二）健全遵守法治觀念的勞資關係法則

　　企業組織在現在與未來，必須要具體落實勞資關係法令規章（如：《勞

動基準法》、《工會法》、《勞工保險條例》、《全民健康保險法》、《勞工安全衛生法》、《就業服務法》、《性別工作平等法》、《性騷擾防治法》、《勞資爭議處理法》、《職工福利金條例》、《勞工退休金條例》、《勞工請假規則》等），否則勢必引起員工的抗議與反抗，所以只有落實遵行有關的法令規章，才能達到勞資和諧的境界；也唯有如此，才能建構出以內部與外部顧客為出發點的新經營管理模式。

（三）提升企業倫理行為之承諾與義務

1.培養員工正確的工作態度與敬業精神

諸如：①使員工能夠認識到其工作的重要性與榮譽，以及完成工作目標與任務時的成就感與滿足感；②使員工能夠具有以工作為榮、以公司為榮的價值觀念；③使員工能夠具有「工作就是事業、自己就是老闆」的認同感；④使員工能夠感受到自己受到公司與主管的重視與期待；⑤使員工能夠意識到其工作成果與工作滿足感。

2.建構與維持工作場所的工作紀律

諸如：①建構與維持員工遵守工作紀律的方法；②糾正與指導未遵守工作紀律員工之方法的導入（如：說服與溝通、團體制裁或共同討論、獎賞與懲罰等方法）。

3.加強宣導與建構正確的勞資倫理觀念

企業勞資關係間的倫理關係，以及企業組織對員工的倫理義務，乃呈現在：①職場性別歧視與平等；②職場作業安全；③弱勢勞工雇用；④職場正義；⑤員工福利；⑥行為塑造；⑦培養員工敬業樂群的工作觀；⑧勞資關係倫理規範；⑨數位經濟時代的工作倫理規範等議題之上。

✤ 二、股東滿意的企業倫理行為

企業組織及其高階層管理者必須養成對其投資人的尊重與認知，投資人為企業組織的真正主人，透過委託董監事與各階層管理者的方式，來治理其所投資之企業，所以各階層的管理者與董監事必須要存有對投資人／股東負責，以及不可推卸的法律與道德義務，這就是企業倫理的範疇。此等範疇包括如下：

1. 董監事、經營管理者與員工，必須尊重與維護全體股東／投資人的權益。

2. 企業有義務制定防止利益衝突政策，並提供管道供董監事、經營管理者或員工，主動說明其與企業間有無潛在利益衝突。

3. 企業有義務平等地對待所有的股東／投資人，若有股東／投資人之權益遭受到侵害時，企業有義務做出適當補償。

4. 企業有義務避免董監事、經營管理者與員工之圖謀私利機會。

5. 企業有獲利機會時，其董監事、經營管理者與員工有責任增加其企業所能獲取之正當合法利益。

6. 企業對其本身或供應商、顧客之資訊，經授權或法律所規定公開外，應負保密之義務。

7. 企業有義務尊重其利益關係人之權利，並且要與利益關係人合作，共同創造雙贏的成果。

8. 企業有義務公平對待其各個利益關係人，不得運用權謀以不對稱資訊進行操縱、隱匿，或濫用不公平交易方式以獲取不當利益。

9. 企業有義務保護其企業資產，並確保能夠有效合法地使用在公務之上，以穩定其企業的獲利能力。

10. 企業有義務加強遵循法令規章。

11. 企業有義務將所有有關其企業的實質事項（如：財務狀況、所有權狀況、公司治理狀況等），做及時與明確的揭露。

12. 企業有義務在其內部建立告發任何非法或不道德行為之機制（含相關申訴制度在內）。

13. 企業有義務訂定在其董監事、經營管理者或員工發生違反道德行為之時的懲戒措施（含救濟途徑）。

14. 企業有義務保障董事會所給予的策略性指導，以及董事會對企業組織的有效監督。

15. 企業有義務建立董事會對企業與股東的問責機制。

↳ 三、顧客滿意的企業倫理行為

　　企業組織與顧客（泛指外部顧客，包括消費者、經銷商、中間商、參與體驗者）之間的交易／買賣／契約關係，乃是交易者雙方之間的相互合作與均衡互惠過程。基於這個過程，得於滿足雙方各自在交易／買賣／訂立契約之前的需求，所以這個過程在本質上也是一個好或善的創造過程，因而企業組織與顧客之間的關係，就是一種倫理的關係。理想的企業組織與顧客倫理行為的結果，乃是皆大歡喜與各自獲得需求的滿足，甚至於超乎原先尚未交易買賣之前的需求程度，只是如此的均衡互惠結果，往往會受到各自的不倫理、不道德行為的影響與衝擊，以致於產生交易買賣間的爭議、糾紛與互訟事件。因此企業組織與顧客之間，應該要進行彼此之間的承諾與履行其倫理義務，同時也應回應彼此間的建議與要求之履行義務。

　　企業與其經營管理階層、員工均應承諾如何正面執行對顧客的基本倫理規範、如何善盡有關的倫理義務，以及應該尊重有關的顧客權益。同時企業組織的董事長、專業經理人、高階層管理者，更應率先帶頭宣示其企業應對顧客落實的倫理義務，同時將之付諸在企業願景與政策之中，親自帶領全體員工落實有關對顧客倫理行為之執行，以形塑倫理的企業文化。

（一）對顧客應承諾的有關產品責任方面之倫理義務

1. 必須針對顧客的需求與期待，提供符合顧客要求的商品／服務／活動，並且要能夠在每一方面公平地對待所有的顧客，包括符合顧客要求的品質水準之服務，與快速回應顧客之任何反應或建議。

2. 所提供的商品／服務／活動，必須能夠確保顧客的身體健康與安全；同時也應確保顧客的環境品質，可以經由所提供的商品／服務／活動而獲得改進與維持。

3. 應該在生產製造、組合裝配、包裝搬運、分銷販售等過程中的任一個階段，均應考量到顧客的利益。

4. 應落實在包裝或廣告文案中，將商品／服務／活動的資訊明確公開，以為指引或教育、提醒顧客之選購或使用／體驗過程前後的注意重點事項，均能充分為顧客所了解。

5.應遵行擬銷售地區有關法令規章與傳統習俗、宗教制度之規範。

6.要特別小心婦女、兒童或其他特定族群的法律保護規範。

7.不得以誇大不實的廣告與宣傳手法,讓顧客有受騙的感覺。

8.所提供的商品/服務/活動必須符合品質標準的規範與功能要求。

9.所提供的商品/服務/活動之用途,及任何可合理預見的用途上,乃是安全而無潛在風險的。

10.對所提供的有形商品,在其生產製造、組合裝配、包裝搬運、分銷販售、維修保養、廢棄回收方面,有一套妥善的資訊供顧客採行與了解。

11.對其顧客應善盡其保證責任(包括品質、安全、衛生、方便)。

12.對所提供的有形商品在使用/體驗完成之後的棄置過程,應朝向環境永續發展的原則。

13.應規劃產品責任與安全有關異常時的賠償、回收或補償計畫,諸如:產品安全儲備基金、產品責任保險……等。

14.應規劃一套完整的客訴抱怨公平處理機制,對顧客的任何申訴、抱怨、換貨、退貨、賠償等不滿意商品/服務/活動的公平對待與回應。

15.對於其所提供的商品/服務/活動對於顧客有可能發生的傷害,與潛在危險因素等方面的資訊,應在有形與無形商品/服務/活動之包裝、說明書或宣傳文案上加以揭露,使顧客在使用前/參與前即能有所認知與了解。

(二)應提升說故事的倫理義務化解行銷活動淪為高明騙術

1.問題在編撰符合顧客既有世界觀或看法的高明故事,而不是以美麗辭彙、優雅情節、誘人手法去扭轉顧客,如此才易於獲得他們的信賴與支持。

2.應該將故事建構在足以令人相信,與訴求具有責任性、真實性的故事之基礎上,而不是只要在眼前取得顧客之購買/參與行動而已。

3.必須讓其行銷人員與服務人員更值得企業內部與外部顧客的信賴,而不是只一味地追求行銷績效,而忽略掉對顧客的價值創造。

4.必須教育與訓練其行銷/服務人員成為信任度更高的企業人,所謂的企業人乃是視其企業組織為其事業的行銷/服務人員,而不是只為賺取更多高業績獎金的不負責任者。

5. 策略行銷思考時，應扭轉只著重關心少數幾個顧客所關注焦點選項，而進行只為尋求一個正確解答的傳統垂直思考方式，應該要進行顧客既有與未來所想要的更多選項與解決方案之水平思考方式，如此才能打破以往以企業組織本身為出發點之行銷策略，轉變為以顧客為出發點的行銷策略。

6. 建構商品／服務／活動之市場行銷與廣告宣傳之時，應建構可以尊重顧客與確保顧客尊嚴之行銷廣告策略。

7. 在建構其高明故事時，應該遵守不可以誤導顧客之原則。

8. 不得藉由行銷廣告宣傳活動來破壞顧客的信任，以及利用顧客資訊不足或不知情、經驗不足而欺騙顧客。

9. 所建構之高明故事應遵守當地社會規章、傳統習俗文化、宗教信仰與社會禁忌之規範。

10. 建構高明故事時，應該遵守誠實與真實的一致性。

11. 應確保商品／服務／活動資訊之完整性、透明性，與可理解性地散播與傳遞，不得刻意隱瞞。

（三）企業組織應有的廣告倫理義務

1. 廣告宣傳策略與目標不可混淆不清、不可寄託在所謂的希望之上，無論如何廣告宣傳必須建構在社會秩序上，以及尊重創造者的智慧財產權，不得刻意模仿或盜用他人創作。

2. 廣告宣傳不可以有過度規劃的現象，尤其不要嘗試將無數的策略說明與行動方案併放於某些枝節之上。因此廣告宣傳要有足以量化的目標與企業組織企圖達成的主題，且切忌虛偽誇大不實，也不可以站在企業本身立場來進行，而應站在顧客的立場來進行的。

3. 廣告宣傳不應對同業或有替代性的業者進行誹謗、中傷或攻訐（例如：時下一些運用比較性的廣告，常會因細微的疏忽而引起不公平交易的責難或處罰）。

4. 廣告宣傳之時，不應挑戰既有社會體制下之健全生活習慣，例如：對既有的文化傳統、宗教信仰、人倫常規、人際關係與法令規範，是廣告宣傳之時應該予以尊重的倫理義務。

5. 廣告宣傳必須確保既存的生活品味，不宜有一些足以令顧客心生不愉快、噁心、低俗的廣告印象，以免被批評為「爛廣告」。

6. 廣告宣傳來源的可信賴度必須加以驗證，尤其在選擇廣告經銷商、廣告媒體與廣告代言人之時，更應考量到值得信任（trust worthiness）、專業程度（expertise）、威望（prestige）、喜歡（likability）與熟悉（familiarity）等建立信賴度因素。

7. 廣告宣傳媒體乃在於告訴顧客／閱聽者想些什麼，所以對於廣告議題的設定（agenda setting），必須考量到媒體與閱聽者之間互動與互享的學習關係，所以在議題設定資訊上，必須考慮到閱聽者的興趣、知識與經驗，而不是一種強迫性的複雜訊息，要閱聽者一下子吸收與了解，如此不但浪費廣告資源，更易分散掉議題焦點，反而會導致閱聽者會毫無頭緒、不知所云。

8. 廣告宣傳必須考量到對小孩與少數族群的保護、尊重與引誘的問題，例如：不應該不斷促進孩童購買一些根本不需要商品之欲望，引誘孩童吸菸或收看色情節目、對貧民的不當廣告（如：菸、酒、賭、色），等廣告是應該加以避免的。

9. 廣告宣傳不應使用在一些爭論性的商品／服務／活動之行銷策略中，例如：酒類與菸類的廣告、健康食品之療效廣告、菸商酒商之不當贊助運動比賽與贈品行銷、色情行業之媒體廣告、博弈遊戲之廣告等。

10. 廣告宣傳應具備有社會責任、綠色廣告、消費者保護及公益廣告等責任，廣告乃是有必要衡量這些構面／手法／目標的運用，以免淪為社會有志之士及團體攻擊與發動消費者抵制的對象。

11. 廣告宣傳不應有自吹自擂、不正確訊息與貪得無饜等不倫理行為，因為：①自吹自擂是老王賣瓜，自賣自誇，虛矯掩飾自我缺陷；②不正確訊息是不敢明確揭露其潛在風險，隱匿瑕疵；③貪得無饜則是創造社會需求，不管真需求或假需求，反正要引誘消費者墜入購買的陷阱。

（四）企業組織應將商品資訊完整公開揭露之倫理義務

1. 對於政治法令規章所要求的不實標示、摻雜內容物、瑕疵品的混充、有害物與有毒物的製售，擅加有害健康添加劑等行為的禁止或限制，均應予以遵

行，而且不得在有限條件核准的商業行為中，不予以實際標示清楚。

2. 商品／服務／活動在提供給顧客／消費者使用時，所有可能的損害或傷害，以及所有有關潛在危險的資訊，均應在商品資訊中充分揭露出來，或在消費者／顧客未接受該項服務之時，即應將有關資訊提供出來。

3. 在包裝標示使用上，不得未經驗證通過，擅自使用某些特定驗證合格使用的標記，如：產品安全性標章、環保標章、綠色標記、品質管理系統驗證標章、產品驗證標章、回收標記、材質標記等。

4. 不得仿冒知名企業或產品品牌，混淆消費者之品牌印象。

5. 應該提供消費者在使用／參與過程中的安全正確使用資訊，以及適當的產品回收、再利用或拋棄的資訊，以指引消費者。

6. 應該將該商品／服務／活動的提供者（包括生產廠家、經銷商、服務商）的資訊，予以充分揭露在包裝物或說明書上。

7. 應該將有形易變質商品的保存方法與保存地點、保存期限，在商品包裝上充分揭露。

8. 醫療行為之風險性，應在醫療行為之前或醫療契約中詳細載明。

9. 金融商品與投資型商品（包括證券、期貨在內）契約中應明確載明有關交易規定（包括佣金、手續費、管理費、年費之規定）。

10. 網路交易有關權利義務的詳細載明，供使用者詳讀及自我決定是否接受與進行該社群的有關交易。

11. 必須依照《公平交易法》與《消費者保護法》之規定進行有關的交易行為（如：鑑賞期、退貨退款之規定）。

（五）企業組織對消費者保護應進行的倫理義務

1. 應在商品／服務／活動設計開發階段，即將消費者權利納入設計與開發作業之中，尤其綠色設計、功能設計、價值設計與安全設計方面之議題更為重要。

2. 應在商品／服務／活動之經營管理階段，制訂有關對於消費者應遵行之規範、商品功能／品質／檢驗標準規範、資訊蒐集／整合／製作標示作業規範、售前／售中／售後作業規範等，並應由最高管理階層帶引全體員工共同

遵行。

3. 應建立合乎消費者權利的商業活動作業規範，並妥善教育訓練其組織內部所有涉及和顧客／消費者接觸或互動之員工，使員工認知到消費者權利乃是必須遵行與不可侵犯的超級規範。

（六）企業組織面對同業間激烈競爭的行銷倫理義務

1. 企業組織與其行銷服務人員必須認知行銷倫理與道德，乃和社會風氣、環境景觀、生活水準息息相關，所以必須時時存有維護行銷倫理之意念，才能使社會更活絡、消費者生活品質更提升、消費者權利更保障。

2. 行銷服務人員必須妥適善用行銷傳播工具，不要將之導入不倫理的框架。

3. 行銷服務人員必須與消費者、消費者保護團體、政府主管機關密切溝通，並參與其意見交流活動，以達到能夠時時掌握到消費行為意向與趨勢。

4. 企業組織與其行銷服務人員必須重視消費者運動，力行顧客至上的觀念，以落實社會行銷的意旨。

5. 企業組織與其經營管理階層必須認知與競爭同業之間的關係，乃建立在競合（雙贏）的基礎之上，而不是建立在零和（你死我活）的基礎之上，同業之間應該力求相互依賴與互惠互利的基本原則之實踐。

（七）企業組織面對永續產業發展問題應盡的倫理義務

1. 對於能源的認知與使用，必須認知「能源效率」乃是唯一的真理，所以在商品／服務／活動的設計開發階段開始，一直到消費者使用／參與階段，均應以「效率」為規劃重點。

2. 對於商品／服務／活動之開發設計、生產製造、行銷流通過程中，應該秉持綠色設計、綠色生產、清潔生產、綠色包裝與綠色行銷之原則。

3. 對於消費者／顧客之教育應以「地球永續發展」與「企業永續發展」為主軸，讓他／她們支持節能、綠色與可回收資源化的政策。

4. 對於原物料與零組件之選擇，應該合乎「環境限用物質」（SOC）之規範，以減輕地球大自然環境之負擔與衝擊。

5. 對於拋棄式的末端廢棄物，要力求可回收再利用之資源化政策。

6. 對於（大眾）運輸工具應以節能減碳為第一選擇，同時盡可能利用大眾運輸

與委託運輸業者代運之政策。

7. 盡全力開發生態化設計，從源頭來講究追求綠色生產競爭力。

8. 建立綠色供應鏈體系，從本身的綠色生產／行銷／包裝／產品做起，引導其供應商一併導入綠色產業體系之中。

9. 協助政府努力開發替代能源、回收材料與綠色商品，同時更要落實ISO14001、ISO13485、ISO/TS16949、RoHS 等方面的管理規範。

四、供應商滿意的企業倫理行為

　　企業組織與供應商之間存在有生命共同體關係，所以企業組織必須訂定輔導與培育供應商的計畫與措施，以彌補供應商經營與管理體質之不足，提升其供應品質、速度與問題解決能力，如此才能協助與促進供應商的成長。上述這些輔導方法、重點與策略，均為企業組織對供應商應有的倫理行為，至於其他應有的倫理行為則尚有：

（一）評選供應商時應考量方向

　　①供應商之供應能力與交貨績效評價；②合宜的價格、合適的品質；③產製過程合乎國際標準之要求（如：ISO14001、OHSAS18001、RoHS、WEEE 等國際規範）；④商品須合乎綠色商品／設計／包裝／生產要求、商品／服務／活動須合乎安全規範（如：CE、CNS、UL 等）；⑤其企業營運應合乎當地法令規章之規定要求；⑥品牌形象；⑦組織的人權與民主狀況；⑧對其員工之安全衛生是否有受到不安全、不衛生、不符合勞動法規之待遇／風險；⑨該組織所在地的法律要求、社區倫理規範、文化風俗習慣、宗教規範，以及政治／經濟／社會的安定性等均應列入考量。

（二）與供應商應對方面應考量原則

　　①與供應商或其代表接觸時，須遵守應有品格與形象要求；②應善待供應商之員工與前來洽辦業務之代表；③供應商需要支援時應立即與之溝通，並在不損及雙方利益與法律規範原則下，給予快速服務；④對待供應商員工及其代表應要有禮貌與禮節，不得有鄙視（你是賺我們錢）心態；⑤與供應商員工與代表互動時，應尊重對方人格等原則。

（三）與供應商建立夥伴關係與生命共同體之友好關係

①採購／外包人員與供應商之員工與代表不宜過於親近；②採購／外包／品管人員不可接受供應商之饋贈或宴請；③可考量供應商之經營規模、交易狀況、供需負荷能力、財務狀況等因素，而給予供給合約限度，不宜強人所難；④交易活動必須是嚴正、公平與無私；⑤對待供應商員工與代表，應視之為企業組織之員工，不得有歧視性言語或行動出現。

（四）檢視與供應商建立合作夥伴之倫理行為

1. 供應商經營管理之倫理標準，是否合乎企業組織之要求？
2. 供應商經營管理之活動，是否合乎當地的法令規章與社區倫理規範之要求？
3. 供應商營運活動是否對環境保護、自然及生態保育與環境風險衝擊上，有相當的用心、投入與承諾？
4. 供應商與其利益關係人之間，有無善盡企業公民義務之行動與承擔？
5. 供應商對待其員工是否符合當地勞動法令規章要求？

（五）企業應該具備輔導供應商之倫理義務

1. 輔導與培育供應商的重點

如：協助其商品／服務／活動品質之提高（含可靠度與信賴度在內）、生產與服務之作業效率增加、交期或供應時間的準時與快速供應能力、成本降低、經營管理之品質作業能力提升……等。

2. 輔導與培育供應商的方法

如：①到供應商所在地進行企業診斷與分析，並針對所發現問題點予以協助解決；②召集供應商到企業組織所在地予以輔導與培育；③派駐專家到供應商所在地進行輔導與培育；④補助經費，請供應商派員參加外部機構辦理的教育訓練課程、研討會、發表會；⑤針對供應商所要求企業組織配合事項，在企業內部進行採購／外包人員、品管人員與倉管人員之訓練，以貼近供應商之期待與要求。

3.輔導與培育供應商的策略

可以將供應商當作企業組織之關係企業或某個部門的方式，進行輔導與培育，如：①藉由供應商的加入，使本身企業組織之經營管理基礎更為紮實；②藉由分擔與輔導供應商之技術能力過程，使本身與供應商之技術能力同步提升；③將培養本身與供應商之採購／外包合理化，使雙方均得以同步提升經營管理能力，以使雙方均能達成準時交貨與高品質的商品／服務／活動之目標。

第二節　社會滿意的企業社會責任倫理行為

企業組織的公眾對象包括相當多的利益關係人，這些利益關係人除了員工、股東、顧客與供應商之外，尚有許多的利益關係人（諸如：社區居民、競爭對手、壓力團體、行政機關等）與企業組織之間存在有倫理關係，這些倫理關係對企業組織的永續經營與發展，具有相當重要性與影響程度。同時，現代的企業組織不論其經營規模大小，或是本土型企業與否，均應認知到其企業組織與社會責任乃是無法切割的，因此在這個時代裡，企業經營之目的除了賺取利潤之外，更應達到足以令其員工、股東、顧客、供應商與社會均能獲得滿意的狀態，如此的企業既能穩定經營，更能獲得社會的讚賞與支持，自然是可以達成永續經營之目的。至於企業的社會責任則涵蓋環境保護、生態保育、教育文化的關懷與支持、社會參與、勞資和諧、公司治理、企業倫理、捐贈與關懷弱勢族群等方面。

一、對待社區居民的企業倫理行為

企業組織與社區居民之間，存在著互助合作與均衡互惠的關係，企業組織內部員工、經營管理者、董監事與股東，必須認知到與社區居民的良善、正義與誠信之倫理原則，同時更應該要以自己所期盼被社區居民對待的方式來對待社區居民，就是重視人類社會的基本價值（basic value）。而所謂的人類社會基本價值，包括：①第一類價值為人類的互相支持、忠心、禮尚往來與回報之義務的積極義務；②第二類價值為人類的避免暴力、詐欺、虐待、偷竊、毀

約、背信與侵占等傷害之消極義務；③第三類價值是有關第一類與第二類價值衝突時，所涉及的公平與程序正義（Bok; 1995, p.13~16）。

（一）企業組織對社區應履行的倫理義務

1. 尊重人權與民主之義務。
2. 支持政府與社區所規範的公共政策與措施。
3. 與壓力團體合作，致力改進社區為壓力團體所呼籲要求之事項。
4. 支持社區和平安定、治安維護、幸福和諧、族群融合與積極合作之社會多元要求。
5. 尊重社區宗教、習俗、文化與生活習慣之完整性。
6. 提供社區居民就業機會，促進社區經濟發展之在地化經營策略的推動。
7. 力行企業公民與企業社會責任義務等方面的倫理義務，乃是企業組織必須率先身體力行之前提。

（二）外來企業與社區的融合義務

1. 優先建購一套或多套的「如何與在地社區融合的策略」，以為共同分享同一套的倫理義務，而所謂的同一套倫理義務，即是共同關注所有利益關係人之利益義務。
2. 跨國的企業組織必須引用聯合國有關的全球企業倫理規範，並對在地社區利益關係人加以說服，以取得當地社區居民的諒解與支持（尤其企業組織之未尊重與所實施之不合倫理規範之決定時），至於非跨國企業則應符合當地法令規章與社區倫理規範為最佳策略。
3. 當企業組織之商品／服務／活動非屬在地社區或地主國社區居民歡迎時，則應優先做好安全與妥善的經營規劃，並主動與當地居民誠意溝通，積極參與在地社區決策／活動，進行有效敦親睦鄰工作，以及建構緊急事件防制與矯正預防措施，展開融入社區的誠意與行動。

（三）外來企業應支持與履行在地社區的倫理義務

1. 對社區的宗教信仰與民間習俗的尊重與支持。
2. 對社區族群融合活動應給予支持，主動在組織內部予以落實。

3. 對在地社區與地主國之勞動人權與平等政策之支持與遵行落實。

4. 對在地社區居民的僱用與薪酬、升遷應力行公平、公正與公開之政策。

5. 對在地社區弱勢居民的關懷與照顧，並贊助社區組織與主管機關有關的照顧弱勢居民所需經費。

6. 遵行在地的環境保護與生態保育政策，善盡企業公民義務。

7. 確實控制因企業營運引發的疾病潛在危險因素，極力做好管理措施，以保障所有利益關係人之利益。

8. 率先要求企業內部所有員工，做好維護在地社區交通安全、治安維護、防治愛滋病、防治煙毒物品泛濫、防範流行疾病（如H1N1、禽流感、狂犬病等）流行，以及人際關係與互動交流等示範行為，以引導在地社區居民的共同響應與行動展現。

9. 力行企業倫理與儒家思想的五倫關係，淨化社會與社區居民風氣，提升在地社區居民與利益關係人之生活品質。

✎ 二、對競爭對手的企業倫理行為

企業組織乃是社會的一部分，無法存在於沒有競爭者的社會真空之中，所以企業組織到底要如何對待競爭對手？有待企業組織及其高階層管理者的睿智決定與判斷。所謂公平競爭乃是現今企業所應體認透澈的競爭策略，唯有在公平競爭的環境裡，企業組織在產業環境中才能展現出其優質的商品／服務／活動與永續經營的組織績效，整個社會／國家／人們也才能蒙受到企業營運活動所帶來的利益與福祉。要如何對待競爭對手？應該要履行對待競爭對手的倫理義務有哪些？乃是企業組織應該認知的責任。

(一)企業組織有義務遵行政府頒定的法令規章與國際倫理規範，這些法令規章含有：防止不公平競爭的《公平交易法》及其有關規範、智慧財產保護法令（含《商標法》、《專利法》、《著作權法》及其有關規範）、嚴禁賄賂的《貪汙治罪條例》及其有關規範、遵行《商業會計法》及其有關規範、租稅有關法令規章……等。

而國際倫理規範有：《聯合國跨國企業行為準則》（1994）、《聯合

國世界人權宣言》（1948）、《國際商會國際投資指引》（1972）、《OECD 多國企業指引》（1976, 2000）、《聯合國跨國企業行為守則》（1972）、《高斯圓桌會議經商原則》（1996）、《聯合國全球盟約》（2000）、IFRS 國際會計準則、IPPF 國際專業實務架構，以及各項會計審計公報……等。

(二)企業組織有義務遵行公平競爭市場規範，不得進行違反公平競爭原則之行為。

(三)企業組織有義務遵行對競爭對手尊重之行為，以促進對整體社會或國家競爭力有幫助的競爭行為。

(四)企業組織有義務尊重競爭對手與人們的所有權與智慧財產權，不得未經同意／授權或買賣而侵犯競爭對手與人們。

(五)企業組織有義務不進行惡意併購之行為。

(六)企業組織有義務基於公平競爭原則：不進行圍標、賄賂政府官員、竊取競爭對手商業機密、不向對手進行不當之挖角行為、不惡意爆料或放出不利於對手形象之風聲／謠言等。

(七)企業組織有義務不得：仿冒競爭對手之商品／服務／活動，或仿冒對手商標、以類比手法（如：荐證、見證或廣告）攻擊對手等。

(八)企業組織有義務不與競爭對手聯合哄抬價格、不聯合特定對手進行圍標、不與對手聯合壟斷市場等。

(九)企業組織有義務不得：囤積商品破壞市場經濟、假藉天災人禍哄抬商品／服務／活動之價格（如：台灣每有颱風警報發布，青蔥與其他蔬果即告不正常上漲）、蓄意以低質商品混充高品質商品出售、商品標示不實、廣告不實等。

三、對壓力組織的企業倫理行為

　　所謂壓力組織，乃指各級民意機構與代表、消費者保護組織、環境保護組織、弱勢族群保護組織、婦女兒童保護組織、殘障保護組織、新聞媒體等團體組織。此等組織基本上，乃是以監視與要求企業組織各項營運活動與商品／服

務／活動等方面是否合乎倫理義務，為其組織宗旨。所以此等壓力組織主要業務在於關注企業組織的各項營運活動與商品／服務／活動，是否依照國家（含母國或地主國）法令規章行事？是否遵行社區倫理規範？是否重視、承諾與履行、維護當地社區利益關係人的人權、自由、平等與正義原則？是否給予社區／社會適當回饋？是否不逃漏稅、不破壞環境與生態、不造成當地交通、治安與居民生活品質之傷害？只是企業組織要如何與這些壓力組織和平相處、均衡互惠與相輔相成？這就有待企業組織善盡如下對待壓力組織之企業倫理義務，方可達成此一境界。

（一）支持企業組織內部員工成為社會創造者

企業組織應該鼓勵內部全體員工，把人權、政治民主、女權保障、兒童保護、老人照護、疾病防治、弱勢關懷、醫療衛生、教育普及、消除貧窮⋯⋯等放在一起來看待，並透過員工的人際關係網絡，及網際網路之力量予以發揚，如此每一個企業組織的員工將會是一個勢力／驅動力（driver），驅動全民成為社會的創造者（social entrepreneur），也就是志工企業家。

（二）企業組織應做好企業公民的研究與建構行動方案

企業組織與這些壓力組織應建立經營與行銷的夥伴關係，與其和睦相處、共存共榮、均衡互惠與互相合作，而不是將其看做「專門找毛病」的麻煩製造者。同時企業組織更應該建構一套，與各個壓力團體如何應對與相處的行動方案，並成立公關部門或公民部門專門與之對話，時時與這些壓力團體保持互動交流與資訊互換，使其能夠了解企業組織對其所關注焦點議題的執行狀況，以及壓力組織所建議或要求改進之議題的執行成效，如此企業組織當可與這些壓力組織維持良性互動交流與雙贏之成效。

（三）企業組織應該建構良好的承諾與回饋機制

企業組織的經營管理、市場行銷、生產與服務作業、研發創新、人力資源與組織行為、財務分析與資金管理、廣告宣傳等活動，往往會被這些壓力組織檢視與評估。在其查核過程中會對企業組織提出反應、建議與要求，甚至會有激烈的責難，或直接向政府主管機關告發企業組織的不倫理行為，所以企業

組織應建立一個能與各壓力組織互動交流，以及管理與回應其要求及期待的部門，專門負責對壓力組織的要求作承諾，以及將改進成果回饋給反應的壓力組織等項工作，當然這與之前所討論的危機處理機制是可以並行的，甚至合而為一的。

（四）企業組織應體認社會契約主要條款的意涵

企業組織對社會之社會契約主要條款，乃是現代企業組織所應該承諾與履行的倫理義務，企業組織要想能夠避免這些壓力組織的責難與批判、鬥爭，就應該將此條款納入其企業組織之經營管理系統中，並形成全組織的共同認知與體認共識，如此方能在其「產、銷、人、發、財」體系中順利動作，並能展現出倫理企業的倫理行為。

（五）企業組織應與壓力組織保持良好公眾關係

企業組織對於壓力組織不但不可以迴避或排斥與其互動交流，甚至於應該和這些壓力組織時時保持良好的公眾關係，並且將之看做是夥伴關係，如此企業組織內部員工才能與這些壓力組織及其成員進行良性互動交流，並且與之建立互為建構企業組織倫理行為之諍言者、支持者與協助者的角色。

四、對待行政主管機關的企業倫理行為

企業組織進行營運活動時，會與所有的利益關係人產生互動交流、競爭合作等關係。而這些營運活動中，企業組織應尋求一個能在社區、國家或跨國地區中，獲得所有利益關係人的認同與支持之策略與行動方案，所以企業組織就必須要遵行有關的法律規章與倫理規範，方能獲得與所有利益關係人間共同認知的法律、標準或規範，以為互動交流媒介。而這些媒介的執行乃是依賴當地的各項業務的主管機關，因而企業就必須對這些主管機關承諾並履行某些倫理規範（如：商業法令、金融管理法令、證券期貨法令、稅捐法令、環境保護法令、勞動法令、交通法令、兵役法令、文化資產法令等）。

（一）企業組織應承諾遵行法令與接受主管機關的查驗

企業組織成立之初即應體認到，必須遵行當地社區／國家的法律規章，以

及當地社區／社會的傳統禮俗文化、宗教、禁忌與相關規範，同時必須承諾將這些法令納入其管理規則、程序與標準之中，做為企業組織的倫理行為規範。另外，企業組織更要接受其目的業務主管機關之定期與不定期稽核，而且是不可以拒絕的，但是治安／司法機關之不依法查驗，乃是可以依法拒絕的。

（二）企業組織必須履行法令規章有關的規定

企業組織必須合法繳稅、合法進行營運活動、合法操作機械設備與場地設施、合法管理員工，以及合法進行公司治理，否則企業組織將會被處以行政罰鍰處分、勒令停工、斷水斷電、負責人與代表人被移送法院追究刑事責任及勒令關廠等處分，所以企業組織對待行政／主管機關最重要的倫理義務，乃是遵行法令規章。同時對於執行公務之公職人員，也應予以合作與配合，切莫處處給予刁難阻擋或企圖謊騙、斥責謾罵、毆打傷害，如此不但無濟於事，甚且會遭受妨害公務或傷害罪責之追究。

（三）企業組織必須引導全體員工遵行法律

企業組織有義務教導其員工遵行法令規章，尤其現代的企業乃是講究企業責任的時代，所謂的守法必須是全員動起來，大家一起來守法，絕不是只要求高階經營管理階層守法，就可以達到企業公民之目的。所以現代企業組織就必須由負責人、CEO、經營管理者與全體員工共同來守法，並且透過各個人員的人際關係網絡，傳遞到社區／社會／國家的每一個角落，如此下來所謂的民主、人權、自由、幸福與正義的社會將可形成，那麼不但產業經濟得以發達，國家經濟與全球經濟更得以獲得發達與繁榮。

✍ 五、企業社會責任的倫理行為

（一）企業要實踐社會責任才能成為 CSR 企業或公民企業

企業營運活動不能只著重在財務報表的獲利性多寡，而是應該兼顧到其企業對所有利益關係人應負的社會責任。至於企業應肩負的社會責任到底有多少？本書將之彙總如表 15-1 所示，在表 15-1 中我們將企業應肩負的社會責任區分為七個方面，即：環境生態保護、社會參與、教育文化、社會創業投資、

勞資關係、公司治理、企業倫理等。

表 15-1　企業應肩負的社會責任

社會責任議題	議題涵蓋之領域
環境生態保護	生產／提供綠色商品／服務／活動、環境化設計、不汙染空氣與水源、綠色包裝、綠色／清潔生產、廢棄物減量、節約能資源與減碳、生態保育、生態環保綠建築、資源化技術與再生產品、安全產品、工作間安全、使用可分解及再造原材料……等。
社會參與	老人關懷／救助／服務、殘障關懷／救助、婦女權益促進／保護、弱勢族群關懷與不歧視、男女兩性平等、防止性騷擾、防止家暴與虐待事件、公共衛生醫療、教育文化、環境保護……等。
教育文化	提供優秀／清寒學生獎學金、提供建教合作或實習機會、贊助學校進行國際交流、贊助學生進行國際交流、舉辦人文關懷／文化交流活動、舉辦培育未來菁英之活動、辦理偏遠／落後地區居民知識技能教育……等。
社會創業投資	捐款成立並協助非營利組織的運作、支持社會創業家創設公司上市供大眾交易、協助建立公益組織基礎架構、扮演投資者角色讓捐贈能夠發揮最大效用、扮演公益創投角色……等。
勞資關係	遵守勞工法律、僱用失業工人、僱用弱勢族群、男女兩性工作與待遇平等、童工女工的照護、勞工安全衛生與福利、勞資協商與溝通、提供員工醫療保險與退休撫卹。
公司治理	財務資訊透明度、獨立董事監事、員工分紅、內部控制與內部稽核、經營管理者與員工沒有舞弊行為、不發生掏空公司資源、不剝削員工、不欺騙小額投資人……等。
企業倫理	無誤導與欺騙廣告、無提供不安全產品、對供應商與顧客誠信、對員工與投資人誠信、培育具有公平正義之品德教育與文化、與社區保持良好互動交流、善盡環境保護與生態保育責任、遵守法令與道德規範……等。

（二）應建構環境倫理規範以成為 CSR 企業或公民企業

　　基本上，能夠實行企業社會責任的企業即為 CSR 企業，1991 年國際青年商會（International Chamber of Commerce）制定的永續發展商業契約（Business Charter for Sustainable Development）（如表 15-2 所示），1989 年環境責任經濟聯盟（the Coalition for Environmentally Responsible Economics; CERES）制定的 CERES 原則（如表 15-3 所示），乃是現代企業組織所應建構、認知與執行的環境倫理規範。

表 15-2　永續發展商業契約原則

1.環境管理系統之建置乃是企業經營的一個優先項目。
2.環境管理必須與企業各個管理系統做整合。
3.企業追求永續發展必須兼顧到科技技術發展、顧客需求與期望、社會期待與持續改進。
4.任何新的經營管理／投資計畫均應先做好環境影響評估。
5.企業組織應該發展對環境不會損害的商品／服務／活動。
6.企業組織應該要為顧客提供商品／服務／活動的安全使用、緊急處理與報廢棄置等資訊。
7.企業組織應該使用有效率的設備或活動，以減少對環境與人員的衝擊，以及廢棄物減量。
8.企業組織應努力研究其原材料、零組件與成品，以及生產與服務作業過程對環境衝擊情形。
9.企業組織應制定預警機制／危機預防制度，以防止發生不可挽回的環境衝擊事件。
10.鼓勵供應商、承攬商遵守企業組織的作業標準。
11.企業組織應建構緊急事件應變與處理作業標準。
12.移轉對環境有益的各項科技與技術。
13.企業組織應投身於公共建設，為社會盡一份心力。
14.企業組織應時時敞開心胸，與利益關係人進行有關環境維護的對話。
15.進行環境評核／審查，並將結果通知利益關係人。

（資料來源：葉保強（2005），《企業倫理》（第一版），台北市：五南文化事業公司，p.313）

表 15-3　CERES 原則

1.生態與環境的保護。
2.自然資源的永續與再生使用。
3.減少廢棄物與廢棄物再利用化。
4.節省能源消耗與提高能源效率。
5.減低環境、衛生與安全風險。
6.提供安全的商品／服務／活動。
7.環境復育與賠償、改變不安全的使用。
8.將危險事件與情況告知公眾與採取行動。
9.董事會與經營階層的環境保護承諾。
10.進行環境自我評估，並向公眾提出環境報告。

（資料來源：葉保強（2005 年），《企業倫理》（第一版），台北市：五南文化事業公司，p.309～311）

（三）要成為公民企業的途徑

1.環境保護與生態保育方面

　　例如：①建構 ISO14000 環境管理系統；②推動環境會計管理系統；③設法將商品／服務／活動的產品生命週期延長；④在組織內部的各項作業系統推動 6R（回收 return、再利用 re-use、循環再造 recycle、減少耗用量 reduce、再

思考新的生產／服務方法 re-think、重新設計商品／服務／活動與生產／服務過程 re-design 等）；⑤導入實施環境化設計準則（如：節省能源與資源之設計、節省資源與減量之設計、低毒性設計、易拆解與回收設計等）；⑥避免使用環境限用物質（如：RoHS 公告之六項限用物質等）；⑦生產或提供給顧客之商品／服務／活動，需要秉持為顧客提供一生服務（lifetime service）之理念，同時企業應為其提供之商品／服務／活動決策永遠負責。

2. 社會參與方面

社會參與涵蓋如下三個部分：①社會公益（如：老人救助與服務、殘障救助、保護受虐婦女與兒童）；②慈善捐贈（如：捐款造橋鋪路、救助貧戶、提供清寒學子獎學金、捐贈食物衣物救援災區居民、義診經費支持等）；③社區活動（如：社區建設、防盜設備支援、地方巡防、教育文化活動、環境保護、社區公共衛生與醫療服務、防止傳染病擴散與消毒防疫等）。

3. 教育文化方面

企業可在教育文化方面，站在培養未來人才的高度來參與，例如：①提供優秀學生獎學金；②提供工作機會給學生進行建教合作或現場實習；③贊助學校經費以進行學生跨國學習交流；④贊助學生經費供其進行國際交流；⑤自籌經費辦理培育未來菁英活動；⑥贊助 NPO 組織與學校經費，辦理未來領袖營隊活動；⑦贊助 NPO 組織與學校經費，辦理國際學術或文化交流研討會等。

4. 提升婦女與弱勢族群社經地位方面

企業在其營運活動中落實《勞動基準法》、《性別工作平等法》、《性騷擾防治法》、及其他有關勞動人權的法令規章與倫理規範，乃是誘發社會人們跟隨重視性別與族群平等之社會與經濟地位的原動力，也是善盡社會責任的愛心表現，更為企業跨足 CSR 企業或公民企業推進一大步。

5. 員工滿意方面

例如：①開展順暢的勞資溝通與協商機制；②落實《勞動基準法》、《性別工作平等法》、《性騷擾防治法》、《安全衛生法》、《職工福利金條例》等勞工法律；③建構績效獎賞與激勵制度；④推動專案小組活動，以激發員工潛能與向心力；⑤推動員工因企業獲得顧客滿意，引導員工的成就感與滿足感，促進全體員工一致建構企業核心競爭優勢之向心力與意志行動。

6. 顧客滿意方面

企業組織必須傾聽與鑑別出，其既有與潛在顧客的關注焦點議題與需求、期望，再提供能夠符合顧客要求的商品／服務／活動，同時更為配合顧客的要求與期待心理，提供給顧客超越其要求與期待之商品／服務／活動，也就是將顧客滿意提升到顧客喜出望外之喜悅（customer delight），而此趨勢乃是當前與未來不可避免的趨勢！

7. 企業透明度與公司治理方面

公司治理制度乃在於將其企業組織之經營管理與財務資訊透明化，使其股東、員工與其他相關的利益關係人對於企業之經營狀況有所了解，同時此透明化過程，更是取得其全部利益關係人的信賴與支持之重要措施。

（本章內容取自吳松齡著（2007），《企業倫理》（第一版），台中市：滄海書局，第3～7章，若讀者有興趣進一步了解，請參閱該書。）

APPENDIX

主要參考書目

一、中文部分

二、外文部分

一、中文部分

1. ARC 遠擎管理顧問公司策略績效事業部譯（2001 年），Robert S. Kaplan & David P. Norton 著（2001 年），《策略核心組織——以平衡計分卡有效執行企業策略》（第一版），台北市：城邦文化事業公司。

2. 方至民著（2003 年），《企業競爭優勢》（第一版），台北縣：前程企業管理公司。

3. 戶張真（Tobari Makoto）著（1994 年），《新產品、新事業開發策略》（第一版），台北市：中國生產力中心&豐群基金會辦理研討會講義。

4. 中國生產力中心（1972），《中小企業管理技術彙編》（第三版），台北市：中國生產力中心。

5. 朱延智著（2007 年），《危機管理》（第二版），台北市：五南文化事業公司。

6. 朱凱聲譯（2002 年），Robert S. Kaplan & David P. Norton 著（1996 年），《平衡計分卡——資訊時代的策略管理工具》（第一版），台北市：臉譜公司。

7. 李田樹、李芳齡譯（2001 年），Gary Hamel 著（2000 年），《啟動革命》（第一版），台北市：天下遠見出版公司。

8. 李長貴著（2006 年），《企業管理——企業競爭優勢與卓越管理》（第一版），台北市：華泰文化事業公司。

9. 李長貴、諸承明、余坤泉、許聖芬、胡秀華著（2007 年），《人力資源管理》（第二版），台北市：華泰文化事業公司。

10. 李宗黎、林惠真著（2003 年），《管理會計學》（第一版），台北市：證業出版公司。

11. 李廣仁著（1986 年），《企業診斷學》（第一版），台北市：大中圖書公司。

12. 呂鴻德總編輯，莊清芬等編輯（1989 年），《研究發展管理手冊》（第一版），台北市：經濟部科技顧問室 & 中國生產力中心。

13. 宋偉航譯（1998 年），Francis J. Gouillart & James N. Kelly（1995 年），《企業蛻變》（第一版），台北市：美商 McGraw-Hill 台灣分公司。

14. 吳松齡著（2003 年），《休閒產業經營管理》（第一版），台北縣：揚智文化事業公司。

15. 吳松齡、陳俊碩、楊金源著（2004 年），《中小企業管理與診斷實務》（第一版）；台北縣：揚智文化事業公司。

16. 吳松齡著（2005 年），《創新管理》（第一版），台北市：五南文化事業公司。

17. 吳松齡著（2007 年），《企業倫理》（第一版），台中市：滄海書局。

18. 吳啟銘著（2001 年），《企業評價——個案實證分析》（第一版），台北市：智勝文化事業公司。

19. 吳榮炎譯（1987 年），川名正晃著，《公司診斷 85 要訣——激變環境下的企業危機管理》（第一版），台北市：創意力文化事業公司。

20. 林有田著（1986 年），《突破倒風困境》（第一版），台北市：大成就行銷研究發展中心。

21. 林明杰著（1995 年），《輔導專家如何做好診斷與輔導工作》，台北市：經濟部中小企業處，輔導專家診斷與輔導研習班講義。

22. 林柄滄編著（1995 年），《內部稽核——理論與實務》（第一版），台北市：作者發行。

23. 林隆儀譯（1988 年），Staley R. Rich & David Gumpert 著，《經濟計畫實務》（第一版），台北市：清華管理科學圖書中心。

24. 林錦煌編著（2007 年），《產業分析——競合與策略》（第一版），台中市：滄海書局。

25. 胡伯潛著（2004 年），《企業經營與診斷》（第一版），台中市：滄海書局。

26. 洪坤、賴秀峰譯（2002 年），Lee C. F., J. E. Finnerty & E. A. Norton 著（1997 年），《財務管理》（第一版），台中市：滄海書局。

27. 洪國賜、盧聯生著（1981 年），《財務報表分析》（第一版），台北市：三民書局。

28. 馬秀如等譯（2005 年），Treadway 委員會之贊助機構所組成之 COSO 委員會著（2004 年），《企業風險管理——整合架構》（第一版），台北市：中華民國會計研究發展基金會。

29. 孫震著（2009 年），《企業倫理與企業社會責任》（第一版），台北市：天下遠見出版公司。

30. 陳文光譯（1998 年），長澤良哉著，《經營分析、利益計畫與經營決策——損益平衡點活用法》（第一版），台北市：臺華工商圖書公司。

31. 陳文彬編著（2000 年），《企業內部控制評估》（第一版），台北市：中華民國證券暨期貨市場發展基金會。

32. 陳志安著（1994 年），〈新產品、新事業開發企劃方法〉，台北市：中國生產力中心，《科技研發管理新知交流通訊》第 9 期（1994 年 6 月 20 日），p.32～41。

33. 陳光華著（1989 年），《企業政策》（第一版），台北市：三民書局，p.442～444。

34. 陳明璋總主編，王振東等主編（1990 年），《企業問題解決手冊》（第一版），台北市：中華企業管理發展中心。

35. 陳柏村著（2006 年），《知識管理——正確概念與企業實務》（第一版），台北市：五南文化事業公司。

36. 陳澤義、陳啟斌著（2006 年），《企業診斷與績效評估——平衡計分卡之運用》（第一版），台北市：華泰文化事業公司。

37. 張火燦著（1997 年），《策略性人力資源管理》（第一版），台北縣：揚智文化事業公司。

38. 張哲雄編著（1983 年），《現場管理》（第一版），台北市：中國生產力中心。

39. 張殿文著（2007 年），《融入顧客情境》（第一版），台北市：天下遠見出版公司。

40. 許是祥譯（1985 年），William E. Rothschied 著，《企業經營競爭分析——如何增進競爭優勢》（第一版），台北市：清華管理科學圖書中心。

41. 曾新閭著（1984 年），《經營分析》（第一版），台北市：新太出版社。

42. 曾新閭著（1996 年），《經營管理》（第一版），台北市：將門出版社。

43. 楊仁壽、卓秀如、俞慧芸著（2009 年），《組織理論與管理——個案、衡量與產業應用》（第一版），台北市：雙葉書廊公司。

44. 黃振榮著（1994 年），〈新產品開發流程之展開與管理〉，台北市：中國生產力中心，《科技研發管理新知交流通訊》第 9 期（1994 年 6 月 20 日），

p.42～48。

45. 詹中原著（2004 年），《危機 36——矩陣式管理策略分析》（第一版），台北市：華泰文化事業公司。

46. 潘東傑譯（2002 年），John P. Kotler & Dan S. Cohen 著（2002 年），《引爆變革之心》（第一版），台北市：天下遠見出版公司。

47. 鄭佩玉著（2007 年），《初級財務會計學》（第一版），台中市：滄海書局。

48. 葉保強著（2005 年），《企業倫理》（第一版），台北市：五南文化事業公司。

49. 經濟部標準檢驗局（2009 年），CNS12681 品質管理系統一要求，台北市：經濟部標準檢驗局。

50. 廖月娟、陳琇玲譯（2001 年），Art Kleiner, Charlette Roberts, Richard Ross, George Roth & Bryan Smith 著（1999 年），《變革之舞——持續學習型組織動力的挑戰與策略》（第一版），台北市：天下遠見出版公司。

51. 鄒應瑗譯（1989 年），Tom Peter 著（1989 年），《亂中求勝》（第一版），台北市：中國生產力中心。

52. 劉平文編著（1993 年），《經營分析與企業診斷——企業經營系統觀》（第一版），台北市：華泰文化事業公司。

53. 劉慧玉譯（2009 年），Larry Colin & Laura Colin 著（2008 年），《家族企業》（第一版），台北市：財信出版公司。

54. 戴久永審訂（2002 年），S. Thomas Foster 著，《品質管理》（第一版），台北市：台灣培生教育出版公司。

55. 羅家德著，葉勇助整理（2003 年），《企業關係管理》（第一版），台北縣：聯經出版事業公司。

56. 蘇裕惠著（2000 年），〈實施平衡計分卡的七大迷思與三大要點〉，台北市：中華民國會計研究發展基金會，《會計研究月刊》第 179 期，p.29～34。

二、外文部分

1. Aly H. Y., R. Grabowski, C. Pasurka & N. Rangan (1990), "Technical, Scale and allocative efficiencies in U.S. Banking: An empirical investigation." *The Review of Economics and Statistics*, Vol.72, No. 2, p.211~218.

2. Argenti J. (1976), *Corporate Collapse-The Causes and Symptoms*, London: McGraw-Hill.

3. Banker R. D., A. Charnes, & Cooper, W. W. (1984), Some models for estimation of technical and scale inefficiencies in Data Envelopment Analysis, *Management Science*, Vol.30, No.9, p.1078~1092.

4. Bok Sissela (1995), *Common values*, London: University of Missouri Press, p.13~16.

5. Charnes A., Cooper W. W. & Rhodes E. (1978), Measuring the efficiency of decision making units, *European Journal of Operational Research*, Vol.2, No.6, p.429~444.

6. Chris Bilton (2007), *Management and creativity: From creative industries to creative management (l/e)*, Blackwell Scince.

7. Craig S., Fleisher & Babette E. Bensoussan (2003), *Strategic and competitive analysis: methods and techniques for analyzing business competition*. New Jersey: Prentice Hall.

8. Henry Mintzberg (1987), The strategy conceptl: five ps for strategy, *Calinfornia Management Review*, (Fall 1987), p.11~24.

9. Ivan Png & Dale Lehman (2007), *Managerial economics (3/e)*, John Wiley & Sons INC.

10. Jay B. Barney (2008), *Gaining and sustaining competitive advantage (3/e)*, Prentice-Hall.

11. John L. Maginn, Donald Tuttle, Dennis W. McLearey & Jerald E. Pinto (2007), *Managing investment portfolios: A dynamic process (3/e)*, John Wiley & Sons INC.

12. John Schermerhorn (2009), *Management (9/e)*, John Wiley & Sons INC.

13. Leslie W. Rue & Lloyal L. Byars (2009), *Management: Skills & application (13/e)*, McGraw-Hill.

14. Michael A. Hitt, R. Duane Ireland & Robert E. Hoskisson (2003), *Strategic management: competitiveness and globalization (5/e)*, Thomson Learning INC.

15. O. C. Ferrell, Geoffreg A. Hirt & Linda Ferrell (2009), *Business: A changing world (7/e)*, McGraw-Hill.

16. OECD (1974), *The measurement of scientific and technical activities: Proposal*

standard practice for surveys of research and experimental development, Paris: OECD, 1974, p.15.

17. Olve N. G., Roy J. & Wetter M. (1999), *A practical guide to using the balanced scorecard*, NY: John Wiley & Sons INC.

18. Peter F. Drucker (1977), *An introductory view of management*, NY: Harper's College Press.

19. Phillips Kotler (2000), *Marketing Management: Analysis, planning, implementation, and control (7/e)*, NY: Prentice-Hall.

20. Richard H. McClure & Charles E. Wells (1984), A mathematical programming model for faculty course assignments. *Decision Sciences*, Vol.15, No.3, p.409~420.

21. Richard Newton (2008), *Practice & theory of project management creating value through change (l/e)*, Macmillan.

22. Richard S. Sloma (2000), *How to measure managerial performance*, Beard Books, Incorporated.

23. Rickl Click & Thomas K. Duening (2004), *Business process outsourcing: The next competitive revolution (l/e)*, John Wiley & Sons INC.

24. Robert G. Eccles & Philip Pyburn (1972), Creating a comprehensive system to measure performance, *Management Accounting*, Vol.74, No.4, p.41~44.

25. Robert S. Kaplan & David P. Norton (1996), *The balanced scorecard: Translating strategy into action*, Harvard Business School Press.

26. Shalom H. Schwartz (1994), Are there universal aspects in the structure and contents of human value? *Journal of Issues*. 50, 4, p.19~45.

27. Sharesmerton D. Miller & Franco Modigiliani (1961), Dividend policy, growth, and the valuation of company, *The Journal of Business*, Vol.34, No.4, p.411~433.

28. Sherman H. D. & F. Gold. (1985), Bank branch operating efficiency, *Journal of Banking and Finance*, 9:297~315.

29. Stephen F. O'Byme (1992), Management's valuation of incentive securities, *Benefits Quarterly*, Vpl.8, No.l, p.51~63.

30. Szilagyi A. D. (1981), *Management and Performance*, California: Goodyear

Publishing Company, INC.

31. Uma Sekaran (2002), *Research methods for business: A skill building approach (4/e)*, John Wiley & Sons INC.

國家圖書館出版品預行編目資料

企業診斷／吳松齡著. ――初版.――臺北
市：五南, 2010.11
　　面；　公分
ISBN 978-957-11-5945-4 (平裝)
1.企業管理評鑑
494.01　　　　　　　　　　99004109

1FR6

企業診斷

作　　　者 ― 吳松齡 (65.2)

發 行 人 ― 楊榮川

總 編 輯 ― 龐君豪

主　　編 ― 張毓芬

責任編輯 ― 侯家嵐

文字編輯 ― 李清課

封面設計 ― 盧盈良

出 版 者 ― 五南圖書出版股份有限公司

地　　　址：106台北市大安區和平東路二段339號4樓

電　　　話：(02)2705-5066　傳　　真：(02)2706-6100

網　　　址：http://www.wunan.com.tw

電子郵件：wunan@wunan.com.tw

劃撥帳號：01068953

戶　　　名：五南圖書出版股份有限公司

台中市駐區辦公室/台中市中區中山路6號

電　　　話：(04)2223-0891　傳　　真：(04)2223-3549

高雄市駐區辦公室/高雄市新興區中山一路290號

電　　　話：(07)2358-702　傳　　真：(07)2350-236

法律顧問　元貞聯合法律事務所　張澤平律師

出版日期　2010年11月初版一刷

定　　　價　新臺幣500元